Unité et pluralité
des sciences de l'éducation

Exploration
Recherches en sciences de l'éducation

La pluralité des disciplines et des perspectives en sciences de l'éducation définit la vocation de la collection Exploration, celle de carrefour des multiples dimensions de la recherche et de l'action éducative. Sans exclure l'essai, Exploration privilégie les travaux investissant des terrains nouveaux ou développant des méthodologies et des problématiques prometteuses.

Collection de la Société Suisse pour la Recherche en Education, publiée sous la direction de Rita Hofstetter, André Petitat et Bernard Schneuwly

Gisèle Chatelanat
Christiane Moro
Madelon Saada-Robert
(Ed.)

Unité et pluralité des sciences de l'éducation

Sondages au cœur de la recherche

PETER LANG
Bern · Berlin · Bruxelles · Frankfurt am Main · New York · Oxford · Wien

Information bibliographique publiée par «Die Deutsche Bibliothek»
«Die Deutsche Bibliothek» répertorie cette publication dans la «Deutsche Nationalbibliografie»; les données bibliographiques détaillées sont disponibles sur Internet sous ‹http://dnb.ddb.de›.

Publié avec l'appui du Fonds national suisse de la recherche scientifique et de l'Académie suisse des sciences humaines et sociales (ASSHS)

Réalisation couverture: Thomas Jaberg, Peter Lang AG

ISBN 3-03910-365-3
ISSN 0721-3700

© Peter Lang SA, Editions scientifiques européennes, Berne 2004
Hochfeldstrasse 32, Postfach 746, CH-3000 Berne 9
info@peterlang.com, www.peterlang.com, www.peterlang.net

Tous droits réservés.
Réimpression ou reproduction interdite par n'importe quel procédé, notamment par microfilm, xérographie, microfiche, offset, microcarte, etc.

Imprimé en Allemagne

Table des matières

Madelon Saada-Robert, Gisela Chatelanat et Christiane Moro
Introduction
La recherche en éducation: un dialogue entre unité et pluralité — 1

I. Unité-pluralité dans la constitution de l'objet d'étude en lien avec les disciplines de référence

Bernard Favre
Approches disciplinaires et/ou sciences de l'éducation.
Le cas de la sociologie de l'éducation en Suisse romande — 25

Christiane Moro et Cintia Rodríguez
L'éducation et le signe comme conditions de possibilité
du développement psychologique. Un questionnement
qui transcende les frontières disciplinaires — 61

Joaquim Dolz
L'oral en didactique du français. Un objet irréductible
aux disciplines contributives — 89

Madelon Saada-Robert et Kristine Balslev
Au-delà d'une évidence pluridisciplinaire.
La transposition de deux objets d'étude en littéracie émergente — 113

Cristina Allemann-Ghionda
Points de vue interculturels et internationaux
en pédagogie générale. Traditions et perspectives   137

Anne-Nelly Perret-Clermont et Felice Carugati
Des psychologues sociaux étudient l'apprentissage   159

II. Unité-pluralité dans la constitution de l'objet d'étude en lien avec la demande professionnelle et sociale

Agnès van Zanten
Les sociologues de l'éducation et leurs publics   187

Gisela Chatelanat et Isaline Panchaud Mingrone
De l'intégration nécessaire des connaissances
et des acteurs en éducation spéciale   205

Peter Sieber
Le développement de la compétence d'écrire.
Que peut-on en dire? Qui peut le dire?   227

Eric Delamotte
Les voies et les voix de l'économie de l'éducation   245

Auteur(e)s   263

Madelon Saada-Robert, Gisela Chatelanat
et Christiane Moro

Introduction

La recherche en éducation: un dialogue entre unité et pluralité

L'analyse de la constitution historique des sciences de l'éducation en tant que *champ disciplinaire* (Hofstetter & Schneuwly, 2002) prend appui, entre autres, sur l'analyse de l'émergence d'autres disciplines scientifiques. La définition du champ disciplinaire qui rend compte des sciences de l'éducation intègre à la fois le concept «unitaire» de discipline scientifique et ses caractéristiques plurielles, que les auteurs analysent dans une triple voie. La pluralité réside aussi bien dans les «contours incertains et flottants» des domaines de recherche institués dans les sciences de l'éducation, que dans le «pluriel référentiel» des disciplines qui y sont intégrées, aussi bien que dans les rapports que la recherche entretient avec les exigences des pratiques et des savoirs professionnels (ibidem, p. 1). C'est dire la complexité du champ, que l'analyse historique permet de cerner dans sa dimension émergente et qu'une analyse synchronique de l'état des lieux de la recherche et de ses perspectives de développement permet de compléter.

L'objet du présent ouvrage collectif porte précisément sur cette seconde dimension, qu'elle investigue de l'intérieur des domaines constitutifs du champ disciplinaire, comme dans leur rapport avec les fondements disciplinaires d'une part, avec les demandes professionnelles et sociales d'autre part[1]. Le regard porté sur l'évolution de la recherche en

---

1 Les analyses historique et synchronique faisant respectivement l'objet du volume cité et du présent volume ont pour origine les axes 1 et 2 du Congrès de la Société Suisse de Recherche en Education (SSRE) qui s'est tenu à Genève en septembre 2000. Le troisième axe a été consacré à l'analyse du rôle

sciences de l'éducation est focalisé ici sur *les processus internes de constitution de la recherche*, c'est-à-dire sur la manière dont la recherche fait «dialoguer» ses composantes constitutives: les cadres épistémologiques qu'elle invoque, ses modèles théoriques, ses objets d'étude, ses procédés méthodologiques ainsi que les effets qu'elle entraîne nécessairement sur les stratégies d'action des professionnels de l'éducation. Cette introduction présente dans un premier temps le cadre conceptuel et les questions qui permettent d'orienter la lecture des contributions. Dans un second temps, elle expose le découpage de l'ouvrage et propose une articulation possible entre chacune des contributions.

LES SCIENCES DE L'ÉDUCATION COMME DISCIPLINE PLURIELLE

Le pari de la construction disciplinaire des sciences de l'éducation peut se concrétiser par un certain nombre de questions touchant aux *processus de constitution de la recherche*, questions que cet ouvrage cherche à contextualiser. Elles touchent à l'insertion dans les sciences de l'éducation de chercheurs[2] qui, pour la plupart, ont été formés dans les disciplines constitutives (histoire, sociologie, anthropologie, psychologie, linguistique, économie, etc.) ou de chercheurs formés, en sciences de l'éducation, dans l'une de ces disciplines. Comment décrire les transformations opérées par les chercheurs lorsqu'ils s'expriment depuis les sciences de l'éducation? Plus précisément et s'agissant de leurs recherches, les transformations concernent-elles un *déplacement de l'objet d'étude* en conservant les modèles théoriques de référence et les méthodes d'investigation qui lui sont liées? Concernent-elles plutôt un *changement de cet objet lui-même*, entraînant une reconstruction du cadre conceptuel de départ et l'élaboration d'un paradigme de recherche spécifique? Les retombées scientifiques de ces transformations sont-elles considérées *en retour dans*

---

  des institutions sur l'évolution de la recherche qu'elles produisent (Bain, Brun, Hexel & Weiss, 2001). Par exemple, il s'est interrogé sur l'impact de la position institutionnelle du chercheur, son insertion dans les équipes, les conditions d'émergence et l'évolution de ces dernières, les rapports des centres de recherche entre eux, leur rapport avec la recherche produite à l'université, etc.

2 Nous utilisons le terme dans son acception générique au masculin, recouvrant les personnes des deux genres.

les disciplines de référence-contributives en tant que progression de ces disciplines? Ou, à la différence d'une logique de transformation, font-elles apparaître une autre logique, des modalités autres qui ne se conforment pas à la stricte logique du champ disciplinaire, mais dont la spécificité éducative est indéniable?

De telles questions peuvent se regrouper selon trois problèmes centraux qui traversent les contributions de cet ouvrage, problèmes tous les trois liés à *l'identité paradoxale des sciences de l'éducation*: unité distincte des autres sciences, champ disciplinaire scientifiquement et institutionnellement constitué[3], mais unité fondée sur la diversité des domaines d'étude à l'intérieur du champ et sur la pression des divers champs professionnels et sociaux comme sur la complexité des terrains concernés. Le premier problème se rapportant à l'identité du champ, considérée sous l'angle des processus de constitution de la recherche, est celui du découpage de ses objets d'étude. La recherche en éducation porte-t-elle sur des objets antérieurement définis par les disciplines de référence mais adressés à l'éducation (par exemple la violence pour la sociologie, les ressources financières pour l'économie, l'apprentissage pour la psychologie, l'émergence des institutions pour l'histoire, etc.) ou découpe-t-elle des objets qui lui sont spécifiques, qu'aucune discipline de base n'a pu envisager comme tels et dont le découpage ne peut se comprendre que de l'intérieur (par exemple la violence du non-dit en institution spécialisée ou les processus d'enseignement/apprentissage)? Ou bien encore, de nouveaux objets émergent-ils aux confins des disciplines, dont les sciences de l'éducation (par exemple le coût du stress dans la formation spécialisée)?

Directement lié à la constitution des objets d'étude, le second problème traversant est celui du rapport aux disciplines contributives, tant du point de vue de l'utilisation/reconstruction des modèles théoriques, du découpage des objets d'étude que du point de vue des procédés méthodologiques de la recherche. Le troisième problème qui permet d'éclairer la question de l'identité du champ disciplinaire concerne les tensions incontournables qui existent entre les exigences de la recherche scientifique et les exigences liées aux demandes professionnelles, institutionnelles et sociales. Il s'agit ici de s'interroger sur le double défi posé au

---

3 ou en voie de constitution, dans la mesure où le champ disciplinaire ne peut être saisi que comme fixation artificielle d'un processus de disciplinarisation sans cesse en construction (Hofstetter & Schneuwly, 2002).

chercheur en éducation:[4] produire des connaissances scientifiques nouvelles tout en répondant aux demandes provenant des praticiens et des gestionnaires du système éducatif. Donnant lieu à plusieurs modalités de recherche, classiquement reconnues en tant que recherche fondamentale à un pôle, et recherche appliquée voire recherche-action à l'autre pôle, la recherche en éducation serait-elle à même de construire, sur ce double défi, un paradigme additionnel porteur *à la fois* de connaissances scientifiques nouvelles et de réflexions sur les pratiques et les systèmes professionnels? Le présent ouvrage témoigne de l'acuité d'une telle question et y répond de manière plurielle.

L'unité comme la pluralité des sciences de l'éducation, en ce qui concerne la recherche qu'elles produisent, s'organisent principalement autour de deux axes. Alors que l'un des deux peut être défini selon la *position épistémologique* et les *choix méthodologiques* qui sous-tendent la recherche (Leutenegger & Saada-Robert, 2002; Saada-Robert & Leutenegger, 2002), l'autre axe est constitué de leur *objet de recherche*. Les choix épistémologiques et le découpage de l'objet de recherche procèdent d'une double tension, dans laquelle se retrouvent à la fois l'unité et la pluralité. Une tension qualifiée de «primaire», dans le sens du premier processus de disciplinarisation distingué par Stichweh (1987), cité par Hofstetter et Schneuwly (2002), qui concerne les rapports des sciences de l'éducation avec les disciplines de référence, les champs scientifiquement constitués, et une tension «secondaire» (ibidem) qui réfère aux rapports que la recherche en éducation entretient avec les champs professionnels et les instances politiques et sociales. Le questionnement autour de la dimension plurielle du champ disciplinaire constitué par les sciences de l'éducation (voir aussi Moro & Rodríguez, dans ce volume) va donc être conduit selon les trois problèmes principaux qui en fondent l'identité: celui de la constitution de ses objets d'études, celui de ses rapports aux disciplines de référence/contributives et celui de ses rapports aux demandes sociales.

---

4 Un tel défi n'est pas propre aux sciences de l'éducation seulement. Il a été analysé par exemple en science politique (Gottraux, Schorderet & Voutat, 2002) et en médecine (Barras, 2002).

La recherche en éducation: un dialogue entre unité et pluralité 5

LA PLURIDISCIPLINARITÉ DU CHAMP À TRAVERS LA CONSTITUTION DE SES OBJETS DE RECHERCHE

La pluridisciplinarité propre aux sciences de l'éducation, pour autant qu'elle soit de «convergence» selon la distinction faite par Resweber (2000, p. 50) ou de «cohérence» (Plaisance & Vergnaud, 1999), peut être considérée comme un véritable levier, un «ressort» de la recherche (Hofstetter & Schneuwly, 2002, p. 13), dans la mesure où elle favorise l'émergence de nouveaux domaines et des problématiques qui lui sont spécifiques. On peut donc considérer que l'identité du champ disciplinaire comme la dimension plurielle des sciences de l'éducation est en partie liée à la diversité de son objet d'étude. Considérée depuis l'intérieur des sciences de l'éducation, l'unité du champ s'organise en effet autour d'un objet d'étude pluriel. En ce sens, les sciences de l'éducation bénéficient des apports et des avancées scientifiques des autres disciplines qu'elles reformulent dans l'élaboration et l'approche de ses propres objets de recherche.

Dans le cadre de cet ouvrage, l'ensemble des contributions fait ressortir le caractère pluridisciplinaire des objets formulés dans le champ des sciences de l'éducation. Cependant, elles mettent plutôt l'accent sur les déplacements des objets d'étude par rapport aux disciplines contributives (par exemple les contributions de Dolz, de Saada-Robert & Balslev, de Perret-Clermont & Carugati, de Sieber ou de Delamotte) ou plutôt sur la nécessité de s'en tenir aux paradigmes scientifiques propres aux disciplines contributives (par exemple les contributions de Favre ou de Moro & Rodriguez) ou encore sur la diversité des cadres conceptuels convoqués et la nécessité de leur reconstruction originale en regard de la compréhension ou de l'explication des objets d'étude (par exemple les contributions de Chatelanat & Panchaud Mingrone, de Dolz, ou de Saada-Robert & Balslev). Ce qui semble ressortir au premier abord d'une pluridisciplinarité qui «fait varier la perspective posée sur l'objet […] et renvoie chaque discipline à ses propres limites» (Resweber, ibidem, p. 45) pourrait bien dans certains cas la dépasser en présentant les propriétés de l'interdisciplinarité: une ouverture et une divergence de regards sur le même objet, une confrontation féconde des regards, un dépassement de la confrontation par une «représentation commune qui se trouve reconstruite ‹entre› les disciplines» ou regards (ibidem, p. 43). Car la recherche en éducation, dans la mesure où son objet «ne possède pas un profil unique mais des profils qui sont eux-mêmes des variables des points de vue adoptés» (Resweber, 1981, p. 75) nécessite des analyses plurielles mais aussi des analyses qui questionnent les fondements disciplinaires et qui aboutissent à une synthèse nouvelle faisant apparaître «la cohésion de l'objet [...] relative aux langages qui le désignent» (ibidem, p. 77). L'interdisciplinarité dans la recherche ne mènerait-elle pas alors à l'émergence d'une nouvelle discipline?

La recherche en éducation, recherche disciplinaire?

La diversité de la recherche en éducation est en partie liée aux rapports qu'elle entretient avec les disciplines de référence ou contributives. Les sciences de l'éducation en tant que champ disciplinaire en constitution entretiennent en effet avec les sciences contributives des rapports multiples. Ils vont de la *reproduction* des modèles et paradigmes de recherche des disciplines de référence, dans un rapport de «dépendance voire de soumission» (selon l'expression de Hofstetter & Schneuwly, 2002, p. 9), à la *spécificité* – voire dans certains cas à *l'autonomie* – par la construction de paradigmes nouveaux qui empruntent aux disciplines contributives et peuvent en retour rejaillir sur elles, dans un rapport de «différenciation voire d'opposition» (ibidem). Les rapports entre sciences de l'éducation et disciplines contributives peuvent également être ceux d'une interdépendance dans laquelle se construit un objet d'étude unique, non identifiable comme relevant exclusivement des unes ou des autres. Liée à la question du rapport entre sciences de l'éducation et disciplines contributives, se pose également celle du statut de la recherche en sciences de l'éducation: recherche fondamentale? recherche appliquée? recherche-action? pratique réflexive? La pluralité des réponses issues des contributions de cet ouvrage témoigne des variations entretenues par les sciences de l'éducation dans leurs rapports avec les autres sciences humaines et sociales d'une part, avec les demandes institutionnelles et les champs professionnels d'autre part.

La recherche entre exigence scientifique et réponse aux demandes sociales

La diversité de la recherche en sciences de l'éducation tient également aux tensions qu'elle ne peut ignorer entre la production de connaissances scientifiques et la réponse aux demandes sociales. En effet, les chercheurs en sciences de l'éducation sont concernés directement ou indirectement par leur contribution aux transformations des formations et des pratiques professionnelles ou par leur prise de position par rapport à ces pratiques. Les contributions de la seconde partie de l'ouvrage analysent les rapports pluriels, tantôt harmonieux et mutuellement enrichissants, tantôt contraignants, ambigus et parfois conflictuels, qui se développent entre la recherche en sciences de l'éducation et les terrains ou la demande sociale (contributions de Chatelanat & Panchaud Mingrone et de Sieber). Elles abordent également les difficultés qui naissent d'une gestion simultanée des impératifs de la recherche scientifique et des représentations des acteurs sociaux de la recherche associées aux besoins des professions éducatives ou encore des volontés ou velléités politiques en matière d'éducation (contributions de Delamotte et de van Zanten).

SONDAGE AU CŒUR DE LA RECHERCHE

L'émergence du champ disciplinaire des sciences de l'éducation a été analysé par ailleurs dans une dimension à la fois historique et institutionnelle (voir pour un état des lieux international Hofstetter & Schneuwly, 2002; Plaisance & Vergnaud, 1999). Cependant, pour être validé en tant que système en voie de constitution sinon constitué, ce champ doit encore être interrogé sous l'angle de la complexité des *processus constitutifs de la recherche elle-même*, dans une dimension interne, microanalytique et du point de vue de ses acteurs/auteurs. Encore actuellement, la quasi-totalité des chercheurs en sciences de l'éducation a été formée dans les disciplines de base comme l'histoire, la sociologie, l'ethnologie, la psychologie, l'économie. Quelques-uns, minoritaires, viennent des disciplines du «savoir savant» en didactique (des mathématiques, de la linguistique, de l'histoire, etc.), quelques rares viennent des sciences de l'éducation elles-mêmes mais en se spécialisant dans l'une ou l'autre des disciplines contributives voire en se référant exclusivement à l'une ou l'autre d'entre elles. Or les trajectoires des insertions de ces chercheurs en sciences de l'éducation sont diverses. Deux pôles peuvent être distingués, entre lesquels chacun peut se situer: soit les chercheurs font un usage direct, pour les sciences de l'éducation, de leur expertise acquise en discipline de base, soit ils reconstruisent en sciences de l'éducation des paradigmes de recherche, dans une dimension souvent pluridisciplinaire voire interdisciplinaire, autour d'un modèle théorique systémique contraint par un nouvel objet d'étude découpé à partir du champ des sciences de l'éducation.

L'évolution de la recherche en éducation ne peut donc être comprise par le seul mécanisme de l'histoire institutionnelle des lieux et des espaces dans lesquels elle a émergé et dans lesquels elle se déroule actuellement. Elle doit également être examinée sous l'angle de trois approches complémentaires, comme le souligne van Zanten (ce volume): l'analyse des logiques internes de ses propres transformations, concernant ses problématiques et ses méthodes, l'analyse des liens entre ces logiques et l'organisation des équipes de chercheurs, enfin l'analyse de ses rapports avec le fonctionnement et l'évolution des contraintes sociales. Ainsi, un sondage au cœur de la recherche, par le biais d'une microanalyse de ses procédés de constitution, pourrait ne pas aboutir aux mêmes conclusions que celles de l'analyse historique et institutionnelle, ni faire apparaître les mêmes tensions constructives ou les mêmes processus d'élaboration du champ. En effet, chacune des contributions présentées ici montre le danger réductionniste d'une tentation classificatoire qui figerait la recherche. Au contraire, elles font apparaître la complexité des dimensions prises en compte dans chaque cas et la subtilité des processus de construction de la recherche.

Présentation de l'ouvrage, de son découpage et des contributions

S'agissant de l'examen des recherches conduites à l'heure actuelle dans les principaux domaines des sciences de l'éducation et vues sous l'angle de la constitution de leurs objets de recherche, un choix devait être fait. C'est ainsi que les domaines de recherche représentés dans ce volume ont été principalement choisis selon trois critères. Tout d'abord, celui de l'impact en sciences de l'éducation des disciplines de référence majeures comme la psychologie, la sociologie, l'histoire, la philosophie, la linguistique, l'économie, etc.; ensuite, le travail des groupes de recherche internes à la Société suisse de recherche en éducation; finalement, la constitution d'équipes de chercheurs travaillant sur des problématiques émergentes (ou ré-émergentes) comme par exemple celle des mécanismes de partenariat en éducation spéciale, ou celle des processus de fonctionnement des systèmes éducatifs en économie de l'éducation, ou encore celle qui aboutit au découpage d'objets d'étude nouveaux en éducation scolaire (comme l'enseignement du langage oral, l'écriture «parlée», l'apprentissage situé de la lecture/écriture ou encore les processus de sémiose).

Le découpage de l'ouvrage intègre la tension «unité-pluralité» constitutive du champ disciplinaire des sciences de l'éducation, tension développée plus haut en trois points, celui de la constitution des objets d'étude, celui des rapports de la recherche avec les disciplines de référence ou contributives, et celui de ses rapports avec la demande professionnelle et sociale. La première partie de l'ouvrage recouvre les contributions traitant de la manière dont les objets d'étude se constituent en rapport à ceux des *disciplines contributives* (constitution plus ou moins autonome, constitution conjointe, etc.), alors que les contributions de la seconde partie mettent plutôt l'accent sur le rôle de la *demande sociale et de ses acteurs* dans la constitution des objets d'étude.

La première partie de l'ouvrage traite de l'*unité-pluralité de l'objet d'étude dans ses rapports aux disciplines contributives*. Six contributions traitent des transformations récentes ou actuelles touchant la recherche en éducation sous l'angle de ses rapports aux disciplines contributives. *Bernard Favre*, en sociologie de l'éducation, fait état de la complexité des objets d'étude en sciences de l'éducation et de la difficulté à tracer les frontières disciplinaires propres à chaque recherche. Pour pallier au «flou» qui en résulte, il met en avant la nécessité de recourir à la «force» des cadres théoriques et méthodologiques propres aux disciplines contributives, en l'occurrence la sociologie. *Christiane Moro* et *Cintia Rodríguez* font valoir la solidarité fondamentale des sciences de l'éducation et de la psychologie dans l'approche des pratiques de transmission des savoirs acquis et de formation de la personne et ce dès le plus jeune âge. Elles exemplifient leur propos en montrant les relations d'interdépendance profonde de ces sciences au sein de leur objet d'étude dont l'intelligibilité se situe au carrefour de l'éducatif, du cognitif et du sémiotique; elles insistent sur la nécessité de dépasser, s'agissant de leur domaine d'étude, la logique de fractionnement entre ces sciences et montrent l'apport d'un cadre conceptuel unifié (en l'occurrence le cadre conceptuel vygotskien) pour approcher le fait éducatif et le fait psychique sans réduire l'un à l'autre. Leur démarche, s'agissant de la problématique éducative, se distingue de la logique d'emprunt-reconstruction à proprement parler sans s'identifier pour autant à la logique applicationniste. Contrairement aux suivantes, ces deux contributions dressent un *état des lieux synchrone* de domaines de recherche «au présent» et des difficultés de leur identification en éducation.

En contradiction partielle avec les positions précédentes, les quatre contributions suivantes ont en commun une *approche synchronique* (à échelle plus ou moins grande) centrée essentiellement sur les *transformations des objets* étudiés. *Joaquim Dolz* montre pour la didactique du français qu'un processus d'emprunts et de reconstruction à partir des disciplines contributives amène la recherche en didactique à construire de nouveaux objets, grâce à l'autonomisation progressive qu'elle assume par rapport aux disciplines de base. Dans la même optique et plus en détail, *Madelon Saada-Robert* et *Kristine Balslev*, décrivent, à l'intérieur d'une même recherche, comment s'opère le déplacement d'un objet d'étude défini au départ en psychologie (les apprentissages scolaires) et en psycholinguistique (l'acquisition de la langue écrite) vers l'objet triadique de la didactique (les processus d'enseignement/apprentissage de la littéracie en classe). La contribution de *Cristina Allemann-Ghionda* développe une autre forme d'autonomisation, cette fois-ci à l'intérieur même des sciences de l'éducation. Dans une analyse qui intègre plusieurs dimensions, l'histoire, la philosophie et la méthodologie, la pédagogie interculturelle est positionnée comme sous-discipline émergente de la pédagogie générale et dont l'autonomie est marquée par l'émergence d'un rapport nouveau entre universalisme et particularisme.

En clôture de cette première partie, la contribution d'*Anne-Nelly Perret-Clermont* et *Felice Carugati* analyse les transformations qui ont entraîné un déplacement progressif de l'objet d'étude de la psychologie sociale, portant dans leur domaine d'étude sur la construction sociale de l'intelligence, vers un objet d'étude relativement récent en sciences de l'éducation, le système didactique triadique. Ce dernier, présenté comme l'espace d'argumentation et de construction des savoirs par les élèves et leur enseignant, constitue finalement pour ces auteurs l'objet auquel la psychologie sociale aboutit nécessairement, après plusieurs phases de tensions et de transformations.

La seconde partie de l'ouvrage est consacrée à l'examen de l'*unité-pluralité de l'objet d'étude dans ses rapports aux demandes professionnelles et sociales*. Quatre contributions présentent l'état des lieux ou l'évolution de la recherche en sciences de l'éducation, analysés sous l'angle des pressions exercées par les champs professionnels et sociaux. En sociologie de l'éducation, *Agnès van Zanten* analyse le rôle des acteurs sociaux sur le développement de la recherche en sociologie de l'éducation. Si celle-ci est suscitée et «reçue» par des publics de plus en plus larges et des chercheurs d'horizons divers, elle pourrait se heurter corrélativement à un risque majeur, celui de répondre aux pressions immédiates au détriment du développement de la démarche scientifique elle-même.

C'est sous un angle différent que sont analysés les rôles sociaux dans la contribution de *Gisela Chatelanat* et *Isaline Panchaud Mingrone*, en éducation spéciale. Il s'agit plutôt pour ces auteures de montrer qu'ils n'ont pas suffisamment été pris en compte jusque-là, et que la connaissance des mécanismes de partenariat, objets de leur recherche, devrait déboucher sur une mise en œuvre dans les pratiques professionnelles. Dans un tout autre domaine, les dimensions sociales de la communication orale sont étudiées dans la contribution de *Peter Sieber*. Ancrée en linguistique communicationnelle, cet auteur examine les effets des pratiques sociolangagières orales sur la production écrite de jeunes adolescents, ce qui l'amène à la construction d'un nouvel objet de recherche, l'écrit-parlé *(le parlando)*, non constitué en tant qu'objet jusque-là dans la discipline linguistique. Ici comme dans la contribution précédente, les pratiques sociales contraignent le chercheur à formuler de nouveaux objets de recherche. En économie de l'éducation enfin, *Eric Delamotte* développe une position voisine. Sa contribution remet en cause l'usage du seul paradigme mathématique en économie de l'éducation, dans la mesure où la complexité du champ contraint à la constitution de paradigmes compréhensifs, plus axés sur l'étude des processus de fonctionnement des systèmes. Dans ce cas également, les caractéristiques propres au terrain d'étude entraînent un changement de perspective de la démarche scientifique.

Examinons plus en détail pour chacune des parties les positions respectives des auteurs, les arguments qu'ils invoquent et les tensions qu'ils mettent en lumière.

UNITÉ-PLURALITÉ DANS LA CONSTITUTION DE L'OBJET D'ÉTUDE EN LIEN AVEC LES DISCIPLINES DE RÉFÉRENCE

Dès la formulation du titre de sa contribution «Approches disciplinaires et/ou sciences de l'éducation», *Bernard Favre* montre que le débat identitaire des sciences de l'éducation est complexe, pour deux raisons au moins. D'une part, la définition des frontières disciplinaires est difficile à énoncer lorsqu'on analyse les objets de recherche de ces vingt dernières années, et d'autre part la sociologie de l'éducation a, plus récemment, déplacé son objet d'étude en investissant celui d'autres disciplines tout en développant son propre cadre conceptuel et ses propres paradigmes de recherche. En sciences de l'éducation, il devient ainsi difficile de définir clairement dans une recherche si l'objet est analysé du point de vue sociologique, didactique, historique voire philosophique. Le «flou» qui empêche de tracer clairement les frontières disciplinaires est-il alors à considérer comme un appauvrissement, un abâtardissement de la recherche en sciences de l'éducation, ou comme une construction scientifique pluridisciplinaire de nouveaux objets (ou d'objets redéfinis) au moyen de paradigmes reconstruits? La contribution de Favre pose clairement la question et pointe les conflits qu'elle entraîne chez les chercheurs, ceux qui se situent sur le plan de la norme scientifique déjà constituée dans la discipline de référence, et ceux qui assument la légitimité scientifique de leur recherche à travers un déplacement de leur objet d'étude, issu de l'intérieur du champ des sciences de l'éducation considéré comme point de départ d'une recherche qui se veut fondamentale et non comme point d'aboutissement voire d'application. L'auteur estime finalement que *le déplacement de la sociologie vers les sciences de l'éducation constitue un enrichissement scientifique*, à condition toutefois que de forts liens soient maintenus avec la discipline d'origine, garantie de l'interdisciplinarité spécifique aux sciences de l'éducation. En effet,

> plus s'approfondit la réflexion théorique et méthodologique au plan disciplinaire, […] et plus la rencontre risque d'être à la fois possible et féconde avec les autres disciplines […], à condition toutefois que celles-ci, à leur tour, restent fidèles à l'évolution et à l'élargissement de leurs disciplines de base, peut-être parce qu'en s'approfondissant, les différentes disciplines des sciences sociales tendent à se rejoindre sur des paradigmes de base communs (p. 14 du manuscrit).

Pour ce qui est de ces derniers, Favre fait état de l'approche normative explicative, largement reconnue en sciences sociales, mais également d'une démarche analytico-descriptive et compréhensive, plus à même de rendre compte des intentions et des valeurs propres aux acteurs sociaux.

Un même refus de considérer les disciplines comme entités aux contours clairement définis s'exprime également chez *Christiane Moro* et *Cintia Rodríguez*. Mais, au niveau de leurs recherches qui s'inscrivent dans le paradigme historico-culturel et sémiotique vygotskien, il s'agit cette fois de mettre en avant le rôle déterminant de l'intervention éduca-

La recherche en éducation: un dialogue entre unité et pluralité 13

tive (ressaisie au travers du signe) dans la formation des connaissances et du psychisme humains. Au sein de leurs travaux, le développement est considéré comme produit de la culture, l'éducation et le signe en devenant alors les conditions de possibilité. C'est ainsi que Moro et Rodríguez revendiquent, pour leurs objets, une multi-appartenance de champs et argumentent la co-détermination de leurs recherches aussi bien par la psychologie des apprentissages et du développement que par les sciences de l'éducation et la sémiotique. Elles défendent, au-delà d'une simple pluridisciplinarité, une transdisciplinarité qui rend caduque les frontières mêmes entre les disciplines, sans pour autant nier l'importance des fondements épistémologiques et théoriques de chacune d'entre elles. Elles exemplifient leur position à partir de travaux réalisés *sur la construction de l'usage canonique de l'objet par l'enfant entre 7 et 13 mois dans l'interaction triadique bébé-objet-adulte* en explicitant les aspects clés de la méthodologie sémiotique qu'elles ont été amenées à élaborer pour l'appréhension de la construction des connaissances conçues dès lors comme appropriation de significations publiques par le sujet-apprenant au sein de la situation éducative. La méthodologie qui a impliqué la reconceptualisation du concept de médiation sémiotique de Vygotski à l'aide du signe de Peirce est examinée dans ses articulations épistémologiques profondes. Ainsi que le soulignent les auteurs, le sémiotique permet de formuler un nouvel espace de problèmes autour de méthodes qui lient organiquement les sciences de l'éducation et la psychologie, et de poursuivre la réflexion sur le statut de la connaissance et de la conscience humaines et les conditions de leur constitution dans une perspective qui unit fondamentalement éducation, apprentissage et développement.

Pour la didactique, champ de recherche constitué par l'apport croisé de la psychologie, de l'anthropologie, de la sémiologie, des sciences de la communication et des disciplines-contenus d'enseignement ou de formation (mathématique, langue, histoire, biologie, etc. ainsi que les contenus professionnels), *Joaquim Dolz* analyse dans sa contribution comment un objet d'étude, le langage oral, peut constituer un nouvel objet, émergeant à la fois du croisement entre plusieurs disciplines contributives et des attentes éducatives, notamment scolaires. La linguistique, la psychologie et la sociolinguistique y sont examinées en tant que disciplines de référence pour la didactique. L'auteur montre comment cette dernière se constitue, pour ce qui est de l'étude du langage oral comme objet d'enseignement/apprentissage scolaire, dans un *double mouvement apparemment opposé de dépassement et d'autonomie par rapport aux disciplines de base*. En effet, ni l'analyse linguistique des propriétés du langage oral, ni la dimension psychologique de l'acquisition de l'oral chez l'enfant, ni l'analyse sociolinguistique des déterminants sociaux de cette acquisition, ne permettent, à elles seules, de comprendre et d'expliquer les processus d'enseignement/apprentissage de l'oral en situation scolaire. La didactique par contre, considérant son objet triadique (savoir-apprenant-enseignant), suppose un *déplacement des points de vue adoptés isolément par les disciplines contributives vers une prise en compte systémique et forcément pluridisciplinaire du nouvel objet d'étude* résultant de ce déplacement. Rendant compte des changements internes à la recherche en didactique du français, Dolz invoque la nécessaire reconstruction des savoirs de référence pour produire des connaissances scientifiques en didactique. Il énonce trois types de tensions constitutives de la recherche actuelle en didactique du français et plus spécifiquement de l'oral: une tension interne au champ entre la nouveauté des objets d'étude et leur continuité par rapport aux objets antérieurement analysés; une tension entre les nouveaux savoirs produits par les disciplines contributives et les nouveaux savoirs produits par la recherche en didactique; une tension enfin entre la recherche académique et la demande sociale concernée par l'école. Entre disciplines contributives et didactique du français s'exercent donc à la fois un mouvement d'*autonomisation* de la didactique, et des *processus d'emprunts aux disciplines*, emprunts de modèles théoriques, de concepts, de paradigmes et de procédés méthodologiques. L'analyse menée par Dolz aboutit à l'explicitation de trois opérations qui définissent les liens de la recherche en didactique du français-oral avec les disciplines contributives. Le chercheur *sélectionne les emprunts* en fonction de son objet d'étude; il *adapte* ces emprunts, notamment les concepts disciplinaires (par exemple l'«oral» vu par les sociolinguistes) à la situation scolaire qu'il va analyser; enfin, ce faisant, il *transforme les savoirs contributifs* en de nouveaux savoirs propres à la recherche en didactique. En bref, la position développée dans cette contribution se démarque des deux précédentes. Si Favre revendique une recherche en sociologie de l'éducation fortement et directement ancrée sur la sociologie elle-même, tout comme Moro et Rodríguez pour la psychologie et la sémiotique, la contribution de Dolz en didactique du français témoigne au contraire d'un processus d'autonomisation de la recherche propre aux sciences de l'éducation, à partir de plusieurs disciplines contributives.

Une position identique apparaît dans la contribution de *Madelon Saada-Robert* et *Kristine Balslev*. A travers une analyse des emprunts conceptuels et méthodologiques issus de cadres disciplinaires construits par ailleurs, leur contribution explicite en profondeur chaque étape de la reconstruction d'un nouvel objet d'étude. Mais contrairement aux autres contributions qui investiguent un champ entier de recherches, on est ici en présence d'une microanalyse effectuée sur une seule recherche, issue il est vrai d'un programme plus vaste ancré sur la psychologie des apprentissages scolaires et aboutissant à l'étude des processus d'enseignement/apprentissage. Cette contribution fait apparaître les choix opérés par le chercheur en sciences de l'éducation lors de chacune des étapes du déroulement de sa recherche, depuis l'emprunt pluridisciplinaire (psychologie génétique et socioconstructivisme, linguistique génétique, psycholinguistique discursive et cognitiviste, didactique) jusqu'à la construction d'un nouvel objet d'étude propre à l'enseignement/apprentissage de la littéracie. *Emprunt, transposition constructive et production de connaissances scientifiques nouvelles* constituent les trois opérations qui témoignent d'une *démarche de recherche propre aux sciences de l'éducation, jouant à la fois sur la typicité de l'objet d'étude et sur la nécessité d'emprunts pluridisciplinaires.*

La contribution de *Cristina Allemann-Ghionda*, comme d'autres, rend compte du processus d'autonomisation de la recherche, mais cette fois-ci l'autonomisation concerne une sous-discipline à l'intérieur des sciences de l'éducation. En effet, à travers trois approches différentes, historique, philosophique et méthodologique, l'auteure montre comment la pédagogie interculturelle, partiellement ancrée dans la pédagogie générale, s'en détache progressivement, avec pour effet d'apporter un éclairage nouveau à l'un des problèmes-clés de l'éducation, celui des *rapports entre universalisme et particularisme*. La pédagogie interculturelle, parce qu'elle est centrée sur l'étude de la pluralité culturelle et sur celle de son caractère constitutif des processus éducatifs, pourrait, en retour, être à même de proposer une solution nouvelle au problème formulé ci-dessus et qui concerne l'ensemble des phénomènes éducatifs.

En conclusion de cette première partie, la contribution d'*Anne-Nelly Perret-Clermont* et *Felice Carugati* témoigne d'un processus de déplacement contraire par rapport aux contributions précédentes, qui ont fait état de la constitution des sciences de l'éducation en regard des disciplines de référence et d'une sous-discipline en regard des sciences de l'éducation. Dans cette contribution, c'est le *déplacement d'une discipline de base, la psychologie sociale, vers un domaine d'étude des sciences de l'éducation, la didactique*, qui est analysé. Partant de l'étude des apprentissages socialement construits, vers celle des «conflits sociocognitifs», cette discipline déplace progressivement son objet, en résultat de tensions historiques et scientifiques, vers l'analyse des interactions adulte-enfant puis vers celle des apprentissages dans la vie quotidienne de la classe et finalement celle de la relation triangulaire – enseignant, objet du savoir, élèves – qui s'y déroule. Loin d'être considéré comme un objet d'étude propre à la psychologie sociale ultérieurement appliqué à l'éducation, *le nouvel objet constitué, la triade didactique, est étudié à travers les paradigmes de la recherche fondamentale*, même si ces derniers ne se déroulent pas en copie mécanique des paradigmes disciplinaires de base. Au-delà *d'un processus de différenciation* de la recherche interne à la discipline, les ressorts d'un tel déplacement sont également analysés par les auteurs en termes de débats, d'échanges et de discussions dans les réseaux de chercheurs, et en termes de pressions sociales émanant du champ professionnel des enseignants/formateurs comme des institutions décisionnelles.

Les contributions de la première partie de cet ouvrage visent à montrer que dans certains cas (cf. les deux premières contributions), la recherche en éducation ne présente pas de frontière marquée avec les disciplines de référence, chaque recherche participant aussi de la discipline correspondante. Dans d'autres cas, la recherche en sciences de l'éducation, ancrée sur les disciplines contributives plurielles comme la sociologie, la psychologie, la didactique notamment, ou sur la pédagogie, procède en majorité par emprunt, par transposition et par re-construction. Un tel processus de développement de la recherche en éducation peut également caractériser les disciplines contributives elles-mêmes, comme la psychologie sociale par exemple, qui s'autonomisent par différenciation de leur champ d'origine en procédant à un élargissement de l'objet d'étude, au départ bien circonscrit, et devenant progressivement systémique et pluriel. En complément des rapports que la recherche en éducation entretient avec ses disciplines contributives, cette dernière se développe également sous la pression des demandes professionnelles et sociales, à laquelle est consacrée la deuxième partie de l'ouvrage.

La recherche en éducation: un dialogue entre unité et pluralité 17

UNITÉ-PLURALITÉ DANS LA CONSTITUTION DE L'OBJET D'ÉTUDE EN LIEN AVEC LA DEMANDE PROFESSIONNELLE ET SOCIALE

De même que pour la partie précédente de l'ouvrage, la première contribution, celle d'*Agnès van Zanten*, offre un large examen de recherches en sociologie de l'éducation, non pas dans leur rapport avec la discipline mère, mais cette fois-ci du point de vue de *l'impact des différents acteurs*, ou publics, sur lesquels porte la recherche, auxquels elle est destinée, ou par lesquels elle est commanditée. L'hypothèse investiguée par van Zanten revient à mettre *les destinataires de la recherche au premier plan de la constitution des objets d'étude et des démarches du chercheur*. Différemment selon les cinq types de publics présentés (les collègues chercheurs, les étudiants, les acteurs de terrain, les décideurs et les journalistes), leur rôle est examiné quant à l'évolution actuelle de la recherche en sociologie de l'éducation, qu'il s'agisse des problématiques et des thèmes de recherche, des démarches méthodologiques ou de la présentation et de la discussion des résultats. L'évolution récente de la recherche en sociologie de l'éducation est marquée non seulement par le nombre des publications internes au domaine, mais également par l'intérêt qu'y portent l'ensemble des chercheurs en sciences de l'éducation, les chercheurs externes au champ, ainsi que les responsables politiques et ceux de la formation. Cependant, l'auteure relève qu'une telle évolution ne se fait pas toujours dans le sens prévu par les chercheurs, dans la mesure où ce qui est souvent attendu d'eux tient plus de la légitimation scientifique des innovations que d'une mise à distance analytique, rigoureuse et ardue qui ne trouve pas forcément de terrains immédiats d'applications et ne vise pas l'efficacité des systèmes dans le court terme. Les effets pervers de l'implication des publics sur la recherche scientifique sont finalement traités.

L'intégration des acteurs comme déterminants centraux de la recherche apparaît également dans la contribution de *Gisela Chatelanat* et *Isaline Panchaud Mingrone*, dans le domaine de l'éducation spéciale. Le partenariat entre médecins, psychologues, professionnels de la santé, de l'éducation, de l'instruction, parents et enfants ou adultes handicapés, constitue en effet l'objet privilégié de leurs recherches. *Les apports mais surtout les tensions, les conflits, les négociations entre les acteurs – et les terrains dans lesquels ils interviennent – sont analysés et font apparaître là aussi la nécessité d'un recours à des cadres explicatifs et à des concepts pluridisciplinaires*, notamment la psychologie du développement et son modèle écosystémique, les modèles sociologiques du partenariat et du fonctionnement des institutions, les recherches en sociologie de l'éducation sur les relations famille-école. En outre, l'impact du chercheur en sciences de l'éducation, comme «intervenant» sur les terrains à travers sa recherche, montre les possibles transformations des pratiques et des représentations des acteurs-sujets de la recherche, comme leurs limites, dues à leurs positions asymétriques et aux tensions que celles-ci entraînent. A travers une recherche portant sur le partenariat entre parents et professionnels les auteurs exemplifient et analysent les tensions, en regard notamment du processus de prise de conscience d'un pouvoir de décision actif (empowering) chez les parents. Concluant sur les positions différentes que le chercheur en éducation doit assumer, à plus forte raison lorsque son objet d'étude est directement constitué des pratiques et des représentations propres aux acteurs sociaux, Chatelanat et Panchaud Mingrone soulignent la difficulté mais aussi le défi scientifique auquel le chercheur en sciences de l'éducation est nécessairement confronté, consistant d'une part à «produire des savoirs qui interrogent et mettent en question la compréhension que nous avions jusque-là d'un phénomène et à contribuer à l'intelligibilité d'une notion» et d'autre part à «réfléchir sur des pratiques en vue de leur amélioration» (ce volume).

La contribution de *Peter Sieber* rend compte de l'émergence d'un objet d'étude nouveau en sciences de l'éducation – et plus précisément en didactique du langage écrit –, objet inconnu de la linguistique et largement influencé par les nouvelles institutions sociales que sont les médias. Partant d'un objet d'étude scolaire, l'enseignement/apprentissage de l'écriture pris dans le sens de l'activité créatrice d'auteur, Sieber s'appuie sur les *origines des recherches* portant sur l'écriture et sur leur *évolution* pour argumenter son plaidoyer en faveur d'un *ancrage interdisciplinaire* de la recherche en didactique des langues. Il explicite le modèle développé par son équipe pour analyser, dans les textes écrits d'élèves, le rapprochement opéré de plus en plus fréquemment entre langage écrit et langage parlé – d'où l'étude du *parlando*, en tant que nouvel objet d'analyse. Or ce modèle a été élaboré sur une base à la fois empirique et théorique, celle-ci dépassant les cadres de la linguistique proprement dite et empruntant à la fois aux théories de la communication, aux modèles de l'évolution du langage dans sa dimension socio-communicative, aux concepts sociolinguistiques de formation de l'identité culturelle par l'expression langagière, aux théories des compétences de sens commun et finalement aux modèles de l'enseignement. Il semble que *l'interface de ces emprunts attribués à l'objet étudié, les compétences rédactionnelles, et leur reconstruction en un modèle unitaire, permettent à l'auteur d'invoquer le caractère interdisciplinaire de son programme de recherche, au-delà d'une simple pluridisciplinarité.* Répondant à des exigences sociales nouvelles, les compétences rédactionnelles des élèves prennent des formes jusque-là inédites, qu'aucune discipline actuellement constituée et prise isolément ne peut rendre intelligible.

En clôture de ce volume, la contribution d'*Eric Delamotte* prend l'économie de l'éducation comme un cas particulier mais aussi prototypique du processus identitaire de disciplinarisation des sciences de l'éducation. Ce n'est pas tant la constitution d'un nouvel objet d'étude qui est ici investigué, que la pertinence de l'utilisation, pour l'économie de l'éducation, d'un outil méthodologique voire épistémologique, l'outil mathématique, qui définit majoritairement la recherche et les applications de la discipline économique. *L'identité de l'économie de l'éducation est résolument affirmée dans cette contribution sur la base de deux sources, une source qui la rattache à la discipline économique et à l'objet éducation, l'autre qui résulte du regard porté sur elle par les acteurs sociaux,* économistes, chercheurs en sciences de l'éducation, praticiens de l'éducation, responsables politiques, décideurs, etc. Selon les enjeux propres à chacun de ces secteurs, l'économie de l'éducation sera en effet identifiée comme sous-discipline marginale ou science appliquée, comme domaine essentiel de l'économie voire son «noyau dur», comme discipline centrale à l'éducation seule capable de porter un regard scientifique d'expert à l'évaluation du système éducatif, ou encore comme domaine concurrent sur le plan de développement de la recherche scientifique. Delamotte développe dans sa contribution une *position originale qui analyse sous un angle nouveau les rapports de l'économie de l'éducation, en tant que discipline scientifique,* avec l'économie notamment. Plutôt que sous-discipline d'application dépendante des paradigmes de recherche de la discipline de référence, l'économie de l'éducation, en raison même des contraintes imposées par la complexité de l'objet d'étude, la situation ou l'action éducative et son fonctionnement, est à même de proposer une alternative au paradigme mathématique, largement majoritaire en économie. Ce sont en particulier les faits liés au *fonctionnement du système éducatif,* à son développement historique, à la position des acteurs sociaux, aux processus d'enseignement et d'apprentissage s'y déroulant, etc., qui contraignent les jeunes chercheurs à envisager actuellement les faits économiques non pas seulement comme des *produits*, des effets statiques décantés des agents sociaux, mais comme des *processus* se déroulant entre des personnes en constantes transformations. Une bipolarité entre sciences économiques et sciences de l'éducation, reposant sur «un ensemble d'interdépendances durables» est finalement ce qui définit pour l'auteur l'économie de l'éducation, même si les difficultés de définition identitaire subsistent sur les plans scientifique et institutionnel.

En conclusion

La ligne de force de ce volume, centré sur la question de la production des connaissances scientifiques émanant de la recherche en sciences de l'éducation, consiste à établir la double identité disciplinaire du champ qu'elles constituent: celle qui ressort de son unité et celle qui ressort de sa pluralité. Apparaissant surtout à travers l'analyse diachronique (l'étude synchrone des objets et des paradigmes faisant plutôt apparaître les chevauchements disciplinaires), l'identité du champ est marquée en effet par un processus de différenciation voire d'autonomisation à partir des disciplines contributives – voire même à l'intérieur du champ – qui lui confère son unité. Mais l'identité des sciences de l'éducation est aussi définie par son ancrage nécessaire dans les autres disciplines, dans leur propre développement, et le plus souvent dans plusieurs d'entre elles que l'objet étudié contraint à croiser, ancrage qui lui confère sa pluralité. Enfin, c'est également par la complexité des terrains étudiés et par la pression des champs professionnels et sociaux sur la constitution des objets d'étude, que cette double identité unitaire et plurielle s'élabore. Les sciences de l'éducation et la recherche qu'elles produisent pourraient ainsi constituer un champ d'étude fécond pour expliquer et comprendre les ressorts des développements scientifiques actuels et futurs (Hameline, 1985), notamment dans leur dimension pluridisciplinaire, interdisciplinaire voire même transdisciplinaire (Morin, 1998; Resweber, 1981).

Références bibliographiques

Bain, D., Brun, J., Hexel, D. & Weiss, J. (Ed.) (2001). *L'épopée des centres de recherche en éducation en Suisse 1960-2000*. Neuchâtel: Publications de l'Institut de recherche et de documentation pédagogique.

Barras, V. (2002). La médecine et ses professionnels, 19e-20e siècles. In R. Hofstetter & B. Schneuwly (Ed.), *Sciences de l'éducation 19e-20e siècles. Entre champs professionnels et champs disciplinaires* (pp. 335-347). Berne: Lang.

Gottraux, P., Schorderet P. A. & Voutat, B. (2002). La science politique: une discipline sous influence. Demande sociale et représentations de l'univers politique. In R. Hofstetter & B. Schneuwly (Ed.), *Sciences de l'éducation 19e-20e siècles. Entre champs professionnels et champs disciplinaires* (pp. 311-334). Berne: Lang.

Hameline, D. (1985). Le praticien, l'expert et le militant. In J.-P. Boutinet (Ed.), *Du discours à l'action. Les sciences sociales s'interrogent sur elles-mêmes* (pp. 80-103). Paris: L'Harmattan.

Hofstetter, R. & Schneuwly, B. (Ed.) (2002). *Sciences de l'éducation 19e-20e siècles. Entre champs professionnels et champs disciplinaires*. Berne: Lang.

Leutenegger, F. & Saada-Robert, M. (Ed.) (2002). *Expliquer et comprendre en sciences de l'éducation*. Bruxelles: De Boeck.

Morin, E. (1998). *Articuler les savoirs*. Paris: CNDP.

Plaisance, E. & Vergnaud, G. (1999). *Les sciences de l'éducation*. Paris: Editions La Découverte.

Saada-Robert, M. & Leutenegger, F. (2002). Expliquer/comprendre: enjeux scientifiques pour la recherche en éducation. In F. Leutenegger & M. Saada-Robert (Ed.), *Expliquer et comprendre en sciences de l'éducation* (pp. 7-28). Bruxelles: De Boeck.

Stichweh, R. (1987). Profession und Disziplinen. Formen der Differenzierung zweier Systeme beruflichen Handelns in modernen Gesellschaften. In K. Harney, D. Jüutting & B. Koring (Ed.), *Professionalisierung der Erwachsenenbildung* (pp. 210-267). Berne: Lang.

Resweber, J.-P. (1981). *La méthode interdisciplinaire*. Paris: PUF.

Resweber, J.-P. (2000). *Le pari de la transdisciplinarité. Vers l'intégration des savoirs*. Paris: L'Harmattan.

Que les personnes qui ont accepté d'assumer la fonction de lecteur critique d'une des contributions de cet ouvrage trouvent ici l'expression de toute notre reconnaissance: Elisabeth Bautier, Matthias Behrens, Jean-

Michel Bouchard, Jean-Paul Bronckart, Glaís Sales Cordeiro, Pierre-André Dupuis, Heinz Gilomen, Silvia Grossenbacher, Jean-Luc Gurtner, Siegfried Hanhart, Rita Hofstetter, Cléopâtre Montandon, Christiane Perregaux, Bernard Schneuwly, Maria-Luisa Schubauer-Leoni, Jacques Weiss, Martine Wirthner.

Nous tenons également à remercier Erika Hofmann pour son précieux soutien dans la finalisation du manuscrit.

Première partie

Unité-pluralité dans la constitution de l'objet d'étude en lien avec les disciplines de référence

Bernard Favre

Approches disciplinaires et/ ou sciences de l'éducation

Le cas de la sociologie de l'éducation en Suisse romande[1]

INTRODUCTION

Quels ont été en Suisse romande, au cours de ces *vingt* dernières années, les apports d'une discipline particulière, la sociologie de l'éducation, à l'exploration du champ de l'éducation et de l'enseignement? La réponse à cette question, qui pourrait être reprise pour chacune des disciplines particulières qui arpentent ce champ, paraît un préliminaire indispensable à une meilleure compréhension des jeux (jeux intellectuels mais aussi jeux de pouvoir) qui se tissent entre approches disciplinaires, «sciences de l'éducation» et pédagogie.

Toutefois, la difficulté du débat m'est apparue dans la réalisation même de ce bilan qui s'est heurtée à un double écueil. Le premier concerne la définition de frontières disciplinaires claires et, par suite, l'attribution de telle ou telle recherche à une discipline déterminée. Le second écueil concerne l'évolution même de la sociologie de l'éducation qui, centrée jusqu'à la fin des années quatre-vingt sur la problématique de l'échec scolaire, a élargi son champ d'étude et a «colonisé» en quelque sorte des champs jusque-là explorés par d'autres disciplines pour les aborder avec ses cadres conceptuels et ses méthodologies propres.

---

1 Ce texte n'engage que son auteur et non le Service de la recherche en éducation.

Effacement des frontières disciplinaires?

Des problématiques, au départ essentiellement sociologiques, ont pénétré la pensée sur l'éducation et se trouvent reprises dans des études qui ne sont pas menées par des sociologues; mais qu'en est-il alors de la construction de l'objet et du cadre conceptuel adopté? Il n'est plus possible, au seul énoncé d'un thème ou d'un objet d'étude, de définir s'il s'agit de sociologie de l'éducation, de didactique, d'histoire ou même de philosophie de l'éducation. Les frontières sont devenues plus floues, les auteurs des recherches sont moins clairement situables comme sociologues ou comme historiens ou comme psychologues.

Cette difficulté d'identifier dans la production scientifique ce qui relève vraiment de la «sociologie de l'éducation» paraît aussi témoigner de l'entrée en crise de ce qu'il convient d'appeler «recherche» en sciences de l'éducation, ainsi que de désaccords profonds entre chercheurs sur les critères de scientificité dans le domaine des sciences humaines et sur la place des chercheurs et des «experts» dans l'élaboration et l'évaluation des politiques de l'éducation[2]. Certains chercheurs paraissent vouloir échapper aux frontières disciplinaires. Et cela est particulièrement vrai d'une part pour les travaux qui adoptent des conclusions de type normatif quant aux politiques à mener et aux pratiques à privilégier dans le domaine de l'éducation et de la formation et, d'autre part, pour les travaux d'évaluation des mêmes politiques et pratiques, ou encore lorsqu'il s'agit d'aborder un thème lui-même transversal: la violence à l'école par exemple, ou l'échec scolaire ou encore les pratiques d'évaluation.

Elargissement du regard sociologique?

La seconde évolution concerne les travaux des sociologues eux-mêmes. Partis d'approches le plus souvent macrosociales pour mettre en lumière le rapport différencié des élèves et des familles à l'institution scolaire et

---

2 Voir à ce sujet les actes du colloque de Penthes, organisé en février 1998 à l'occasion du départ à la retraite de W. Hutmacher, sur le rapport entre expertise et décisions dans les politiques de l'enseignement (Lurin & Nidegger, Ed., 1999). Les communications figurant dans cet ouvrage mériteraient une méta-lecture qui mette en évidence des désaccords «agis» plutôt que vraiment conceptualisés.

par suite la distribution socialement marquée de l'échec et de la réussite scolaires, ils ont tenté progressivement de pénétrer dans les lieux où se fabrique l'échec scolaire et où, plus généralement, s'opèrent les changements que vise l'institution: l'école en tant qu'organisation d'abord, avec ses différents niveaux, ses différents acteurs et les rapports de pouvoir qui sous-tendent leurs interactions, qu'il s'agisse de l'autorité scolaire, des enseignants, des intervenants divers (psychologues, infirmières scolaires, etc.), des familles et des enfants eux-mêmes. Ces interactions se déroulent le plus généralement dans des établissements et dans des classes qui, de ce fait, relèvent aussi du regard des sociologues. Enfin les pratiques elles-mêmes, les représentations qu'elles mobilisent, les comportements qu'elles impliquent peuvent aussi faire l'objet d'un regard sociologique et/ou ethnologique.

Cette extension du regard du sociologue est également liée à l'obsolescence des paradigmes dominants dans les années soixante et septante, qu'il s'agisse du paradigme fonctionnaliste ou du paradigme structuralo-marxiste (voir en particulier Petitat, 1982). Ceux-ci ont été progressivement supplantés ou complexifiés par le recours au paradigme interactionniste ou à celui de la construction sociale de la réalité, qui accordent une importance centrale aux acteurs, à leurs choix, à leurs stratégies, à leur créativité. Comme cette évolution des paradigmes ne concerne pas que la sociologie, des rapprochements s'opèrent aussi avec la psychologie sociale et la psychologie, notamment dans leurs approches constructivistes et socio-constructivistes.

Faut-il dès lors penser que nous allons vers la constitution d'une discipline nouvelle, ou vers un champ de recherche et des approches unifiés qui rendraient compte de la complexité de l'objet d'étude et représentés aujourd'hui par «les sciences de l'éducation» ou par la «pédagogie générale»? Une telle évolution serait à mes yeux stérilisante et conduirait à terme, de façon apparemment paradoxale, à une vision simplificatrice et normative des réalités éducatives. Nous apporterons quelques appuis à cette thèse dans le cadre même de ce rapide bilan de la sociologie de l'éducation en Suisse romande.

LES ACTEURS: UNE APPROCHE INTERACTIONNISTE

En 1982, Busino présente les premières étapes du développement de la sociologie de l'éducation en Suisse romande. Il souligne que jusqu'à la fin des années 1970, les apports le plus clairement connus et reconnus de la sociologie de l'éducation au champ de l'éducation concernent d'une part la problématique des relations entre mobilité sociale et système d'enseignement et d'autre part les différences de réussite en fonction de la catégorie sociale des parents. Girod a consacré l'essentiel de son effort de recherche à montrer la relative indépendance de la mobilité sociale par rapport à la problématique de l'échec scolaire. En contrepoint des très nombreux travaux de ce pionnier de la sociologie de l'éducation en Suisse romande, d'autres sociologues genevois sont entrés dans l'école, son histoire et son fonctionnement avec le propos d'aller bien au-delà de la mise en évidence du fait de la réussite ou de l'échec différencié selon l'origine sociale des élèves. Qu'il s'agisse de la thèse de Bain (1979) ou de celles de Perrenoud (1984) et de Petitat (1981)[3], elles constituent toutes trois, à des niveaux différents (pratiques d'orientation et d'évaluation, organisation du système scolaire) une analyse du processus de fabrication de l'échec. Cette orientation a été celle aussi du Service de la recherche sociologique de Genève[4]: le SRS, relève Busino dans l'article cité, est persuadé qu'il est possible de découvrir les multiples facteurs qui sont à l'origine de l'échec scolaire, «d'où son attention pour la genèse de l'échec et des inégalités à travers l'interaction quotidienne en classe» (p. 285).

Cette entrée dans la boîte noire, qui a été pour une part importante initiée par Perrenoud, mérite d'être rappelée car elle est aussi celle de nombreux travaux plus récents dont il sera question dans cet article: l'échec scolaire ou l'inégalité devant l'école se construit dans l'ensemble

---

3   Pour une histoire et un état de situation de la sociologie de l'éducation en Suisse romande jusqu'au début des années quatre-vingt, on se référera au n° 63 de la *Revue Européenne des Sciences Sociales* (tome XX, 1982) entièrement consacré à «la sociologie de l'éducation en Suisse romande» et en particulier à l'article de synthèse de Busino (pp. 251-302). Dans le présent article, le regard porte sur les travaux *postérieurs à 1982*. Toutefois même dans ces limites temporelles, notre recension ne se prétend pas exhaustive. Une autre lecture des travaux de sociologie de l'éducation de ces vingt dernières années aurait certainement conduit à d'autres insistances et à la mise en valeur d'autres travaux. Le lecteur voudra donc bien excuser les oublis et les partis-pris inévitables et sans doute injustes qui grèvent la synthèse proposée du fait de l'information limitée de son auteur.

4   Aujourd'hui intégré dans le Service de la Recherche en Education (SRED). Pour une synthèse plus récente et plus générale des travaux du SRS en matière de sociologie de l'éducation, on se référera à Hutmacher (2001).

Approches disciplinaires et/ou sciences de l'éducation

des interactions entre acteurs par lesquelles se définit concrètement le fonctionnement interne d'un système scolaire et ses interactions avec son environnement: interactions entre familles et écoles, entre enseignants à l'intérieur des écoles, entre les différents niveaux du système scolaire (d'où l'intérêt pour les travaux sur les transitions, mais aussi sur les institutions de la petite enfance), interactions aussi entre enseignants, autorités scolaires, formateurs d'enseignants et chercheurs. S'il y a une spécificité de la sociologie de l'éducation romande des vingt dernières années, c'est sans doute celle-ci[5].

LES STRATÉGIES ÉDUCATIVES DES FAMILLES

L'école se trouve aujourd'hui confrontée non seulement à des demandes très diverses de la part des familles mais surtout à des élèves dont les apprentissages réalisés en famille sont très divers aussi bien sur le plan cognitif que sur le plan socio-affectif. C'est de cette diversité que rend compte l'étude de Kellerhals et Montandon (1991, 1992) sur *les stratégies éducatives des familles*, avec en sous-titre «Milieu social, dynamique familiale et éducation des pré-adolescents». L'étude a été réalisée auprès d'un échantillon représentatif de familles selon trois types de variables: catégorie socio-professionnelle, niveau d'instruction, *type de fonctionnement familial*, chacune de ces variables se révélant avoir un poids différentiel selon les pratiques étudiées. On peut lire dans ces stratégies familiales la source de multiples difficultés et conflits entre l'école et les familles notamment quant aux valeurs sous-jacentes à la socialisation scolaire.

Attirons surtout l'attention sur le fait que cette recherche a beaucoup puisé dans les travaux antérieurs de Kellerhals dans le domaine de la sociologie de la famille. C'est un trait commun à de nombreuses recherches de sociologie de l'éducation: dans la mesure où elles sont réalisées par des sociologues venus d'autres champs, elles apportent aux sciences de l'éducation de nouveaux cadres conceptuels et des méthodologies originales.

---

5   Cette réorientation de la recherche en sociologie de l'éducation apparaît clairement dans l'ouvrage collectif: *Qui maîtrise l'école?* (Perrenoud & Montandon, Ed., 1988), fruit d'une rencontre entre les chercheurs du SRS et ceux de l'Université Paris V.

Le champ des relations entre les familles et l'école

On a assisté au cours des vingt dernières années à d'importants changements dans le rapport des usagers aux services publics. Cette évolution caractérise de nombreux domaines de la vie sociale et économique. Mais elle a particulièrement affecté l'école dans ses relations avec les familles; celles-ci acceptent de moins en moins d'être considérées comme un public captif soumis à des exigences sur lesquelles elles n'ont que très peu de prise. Le mouvement a évidemment des significations diverses selon qu'on met l'accent sur l'émergence d'un rapport de plus en plus utilitaire à l'école (les parents «consommateurs d'école») ou selon qu'on met l'accent sur les rapports de partenariat et de complémentarité entre l'école et les familles.

Dans le domaine des sciences de l'éducation, ces transformations ont entraîné une double orientation: d'un côté un effort de compréhension en profondeur des pratiques et des stratégies des familles face à l'école et de l'école face aux familles, d'un autre côté des discours plus pragmatiques visant à développer chez les enseignants de nouvelles attitudes et de nouvelles pratiques pour répondre aux demandes des familles[6].

La plupart des travaux de sociologie de l'éducation ont suivi la première orientation. Quelques-uns de leurs sous-bassements théoriques sont esquissés dans l'ouvrage de Montandon et Perrenoud (1987): *Entre parents et enseignants: un dialogue impossible?* Le sous-titre exprime clairement l'approche adoptée «Vers l'analyse sociologique des interactions entre la famille et l'école». Mais on ne s'en est pas tenu à ce premier balisage théorique. De nombreuses recherches empiriques ont suivi. A Genève, nous avons d'abord une sociographie des pratiques des enseignants de l'école primaire en matière de relations avec les familles. Cette sociographie n'est toutefois pas réalisée pour elle-même, elle débouche sur l'analyse des représentations et attentes des professionnels à l'égard des familles, de la signification des pratiques observées par rapport aux changements que certains groupes d'acteurs (en particulier les parents) souhaiteraient et sur une typologie des enseignants en fonction de leurs stratégies en face des parents (Favre & Montandon, 1989).

---

6 Sur les transformations des politiques et des pratiques de l'école en matière de relations avec les familles dans les différents cantons suisses, on consultera le rapport de tendance CSRE, n° 4, rédigé par Cusin (2000).

En ce qui concerne les familles elles-mêmes, Montandon (1991), reprenant certains des résultats de l'analyse de leurs stratégies éducatives, explore les multiples formes d'implication des parents dans la scolarité de leurs enfants, en fonction de leur catégorie socio-professionnelle, de leurs modes d'interaction internes, de leur conception de l'action éducative. Ces travaux réalisés à Genève ont leur équivalent dans le canton de Vaud, où des enquêtes du même type ont été menées par Bataillard Jobin (1993) pour ce qui concerne les enseignants et par Nicolet et Kuscic (1997) pour ce qui concerne les familles. Mais dans ce cas, on a davantage à faire à des enquêtes d'opinion, visant à l'utilité immédiate: repérer les problèmes et les publics auxquels les autorités scolaires doivent être attentives dans leurs politiques vis-à-vis des familles. L'analyse ne se veut donc pas proprement sociologique au sens fort du terme.

D'autres enquêtes sur les relations entre les familles et l'école approfondissent ou éclairent certains aspects de leurs interactions. En réalisant le même genre d'enquête auprès des enseignants et auprès des familles de *vingt écoles* de caractéristiques très différentes du point de vue de leur recrutement (catégorie socioprofessionnelle et origine nationale), j'ai moi-même tenté de vérifier dans quelle mesure certaines écoles avaient des stratégies plus homogènes ou plus clairement adaptées aux caractéristiques de leur public que d'autres (Favre, 1994). L'étude n'a pas permis de mettre en lumière des liens forts entre stratégies de relations avec les familles et caractéristiques de l'environnement de l'école particulière. Ce constat débouche sur le problème de l'autonomie des écoles et des rapports qu'elles entretiennent avec leur environnement spécifique, problème qui présente un intérêt tout particulier pour le sociologue et sur lequel nous reviendrons plus loin (voir Bueler, Favre & Szaday, 1996).

Une recherche récente, réalisée auprès de familles de *milieu populaire* dans la banlieue genevoise (Osiek & Jaeggi, 2003), tente de mieux comprendre, par des entretiens en profondeur, certains des constats auxquels avait conduit l'enquête par questionnaire menée dix ans plus tôt par Montandon. Le propos est de repérer les différences dans les stratégies vis-à-vis de l'école et dans les représentations selon que l'enfant est en situation de réussite ou connaît des difficultés scolaires, en introduisant la variable «capital social», c'est-à-dire tout ce qui concerne la richesse des interactions à l'intérieur de la famille et dans les relations des familles avec leur environnement (école, quartier, famille élargie, etc.). Il apparaît que plus nombreuses et plus solides sont ces interactions, plus les chances de réussite de l'enfant sont grandes, l'enfant en difficulté scolaire souffrant, pour reprendre les termes de Lahire (1995), d'une double solitude: il est seul à l'école et il est seul en famille. En d'autres termes encore, plus les familles sont en mesure de comprendre et de partager (de façon critique) les normes et les valeurs en vigueur dans la société d'accueil grâce notamment à leur réseau de relations, plus le suivi scolaire de leurs enfants est en phase avec l'action de l'école. De là l'introduction dans la réflexion sociologique du concept de *capital social*.

A LA FRONTIÈRE DE L'ÉCOLE...

La sociologie de l'éducation des dix dernières années a voué une attention particulière non seulement aux familles, mais aussi aux nombreux acteurs qui interviennent dans le champ de la socialisation des enfants et des jeunes, dans ces espaces incertains où apparaissent de nouveaux types de pratiques et se cherchent de nouvelles identités professionnelles.

Il y a d'abord l'univers des *infirmières scolaires* exploré par Osiek (1994). Cette exploration a été précédée d'une enquête qui relève autant de la sociologie de la santé que de la sociologie de l'éducation où l'on retrouve la rencontre entre deux champs de la sociologie qui s'enrichissent l'un l'autre comme c'était le cas plus haut en ce qui concerne les stratégies éducatives familiales. Dans le cahier du SRS, *C'est bon pour ta santé* (1990), Osiek présente en effet une enquête auprès des familles genevoises sur leurs représentations de la santé et leur perception de ce qui revient à la famille et ce qui revient à l'institution scolaire dans la prise en charge de la santé, en fonction des milieux sociaux. L'interrogation porte donc sur les pratiques de *délégation* de certaines familles à l'école (en ce qui concerne l'éducation sexuelle par exemple), ou encore, de la part de familles des classes moyennes, sur la demande de *renforcement* de l'éducation familiale («les enfants ne nous écoutent plus...»).

D'où l'attention portée aux *infirmières scolaires*: il s'agit de comprendre comment des professionnels qui ne sont pas des enseignants s'insèrent dans l'institution scolaire et se trouvent pris dans un système relationnel incluant les professionnels de l'enseignement d'une part et les familles d'autre part. Dans ce système relationnel, où sont les infirmières scolaires, qu'ont-elles à faire, qu'attend-on d'elles, quel est leur terrain d'intervention propre et quels liens avec les terrains d'intervention des familles et de l'école? La recherche est particulièrement intéressante et novatrice sur le plan méthodologique puisqu'elle a impliqué d'un côté un travail prolongé avec deux groupes d'infirmières scolaires réfléchissant sur leurs pratiques et de l'autre, dans la ligne de l'intervention sociologique tourainienne, des groupes permettant l'interaction entre infirmières scolaires et autres professionnels intervenant dans l'école: psychologues du SMP (Service médico-pédagogique), assistants sociaux, enseignants, afin de repérer les représentations réciproques, les craintes d'empiétement de territoire, etc. Sont ainsi apparus quelques traits particuliers de l'identité professionnelle: dans l'univers hospitalier, les infirmières occupent une position subalterne, à l'ombre du pouvoir médical en quelque sorte, alors que dans l'école, elles ont à se faire reconnaître activement dans leur spécificité. Travail donc sur le statut des infirmières dans l'institution scolaire, sur la culture professionnelle, sur le choc culturel que peut représenter la rencontre avec des familles «différentes», etc., et donc travail enrichi cette fois par les apports de la sociologie des professions.

Autres acteurs intervenant à divers titres dans l'institution scolaire: *les psychologues*, qui ont fait l'objet du mémoire de licence de Dupanloup (1998): *Un psychologue dans l'école: la construction sociale d'un rôle professionnel*. L'auteure commence par insérer le personnage du psychologue dans l'ensemble des agents éducatifs qui se mobilisent autour de l'enfant: l'enseignant certes, mais ses collègues de l'école, la maîtresse d'appui, les maîtres de disciplines spéciales, l'inspecteur et, du côté des psychologues, le logopédiste, l'orthophoniste, le clinicien, etc. De par ses liens avec l'école, de plus en plus fréquents depuis 1960, le psychologue amène les enseignants à déplacer leur regard du groupe des élèves à chacun de ses membres et en particulier à ceux qui en troublent le fonctionnement. C'est à un nouveau quadrillage du champ éducatif que l'on aboutit, quadrillage que l'auteur analyse en se référant au modèle de la société disciplinaire développé par Foucault (1993):

> L'insertion du psychologue scolaire va de pair avec une multiplication des agents éducatifs. Cette segmentation de l'action éducative modifie l'organisation structurelle et conjointement les mentalités, dans un fonctionnement de perpétuelle négociation. Chaque agent n'est que l'infime maillon d'un long processus d'exercice disciplinaire qui n'est souvent pas perçu dans son ensemble. Cette subdivision du travail, en sus de donner une certaine invisibilité et inconsistance au pouvoir, permet aux agents de se dégager de la responsabilité – culpabilisante – d'un exercice coercitif.[7]

---

7   Résumé proposé par l'auteure sur la fiche CSRE, 99.038, p. 2.

Analysant les entretiens qu'elle a réalisés auprès d'enseignants, Dupanloup suggère que les idéologies pédagogiques de la différenciation (entendues souvent comme individualisation de l'enseignement) et de la centration sur l'enfant, devenues aujourd'hui dominantes, pourraient être considérées comme la rencontre entre la théorie de la reproduction de Bourdieu (la reproduction n'est si efficace que parce des enfants différents au départ sont soumis au même traitement) et le regard du psychologue qui par définition tente de comprendre ce qui, dans la singularité de certains enfants, les met en marge de la communauté éducative. Cette analyse affleure dans le texte, sans être menée jusqu'à son terme. Mais c'est dire l'intérêt du regard du sociologue dans l'analyse de certaines dérives de la pensée commune s'alimentant à la fois à des travaux de sociologues et à des pratiques de psychologues.

L'identité d'autres acteurs encore de la socialisation de l'enfance et de la jeunesse est explorée dans les travaux de Vuille (1992) autour de l'évaluation et de l'auto-évaluation du travail des *animateurs* de centres de loisirs et de jeunesse. Le titre résume bien le propos de la recherche: *L'évaluation interactive: entre idéalités et réalités. Recherche sur les pratiques d'évaluation en animation socio-culturelle*. Il s'agit d'élaborer un modèle interactif d'évaluation qui tienne compte de la complexité des actions d'animation et de la multiplicité des acteurs engagés et qui vise à donner aux professionnels et à leurs partenaires des outils leur permettant de mieux comprendre, identifier et coordonner leurs pratiques quotidiennes.

VERS UNE SOCIOLOGIE DE L'ENFANCE

L'enjeu des relations entre les familles et l'école, ce pour quoi de nombreux professionnels de l'extérieur pénètrent dans l'institution scolaire, c'est *l'enfant*. Nous retrouvons Montandon dans l'exploration du champ de la *sociologie de l'enfance*. Ce chapitre de la sociologie de l'éducation a fait l'objet de deux numéros de la revue *Education et Sociétés*[8] à la naissance de laquelle les sociologues de l'éducation de Suisse romande ont été associés. Dans l'introduction à ces numéros, Sirota (1998) définit de la façon suivante ce qui fait le cœur de cette approche. Traditionnellement, écrit-elle,

---

8 N° 2 (1998) et n° 3 (1999b), avec des contributions notamment de Montandon et Petitat.

Approches disciplinaires et/ou sciences de l'éducation 35

l'enfance sera essentiellement reconstruite comme objet sociologique à travers ses modes de prise en charge sociale, l'école, la famille, la justice par exemple. C'est principalement par opposition à cette conception de l'enfance considérée comme un simple objet passif d'une socialisation prise en charge par des institutions en termes de reproduction sociale que vont apparaître et se mettre en place les premiers éléments d'une sociologie de l'enfance [...] (p. 11).

Citant Mollo-Bouvier (1994), elle ajoute: «Les enfants sont des acteurs sociaux, participent aux échanges, aux interactions, aux processus d'ajustement constants qui animent, perpétuent et transforment la société. Les enfants ont une vie quotidienne, dont l'analyse ne se réduit pas à celle des cadres institués» (p. 12).

C'est dans cette perspective que prend toute son importance la recherche de Montandon à la réalisation de laquelle a été associée Osiek (Montandon & Osiek, 1997a et 1997b): *L'éducation du point de vue des enfants*, avec le sous-titre significatif «Un peu blessés au fond du cœur». Le propos s'articule en effet ici autour de trois axes:

1. les représentations que les élèves se font de l'enseignant, de l'école, du savoir[9];
2. leurs émotions – positives et négatives – face à certains événements vécus à l'école[10];
3. les stratégies qu'ils adoptent dans certaines situations déterminées, à l'école et dans la famille[11].

Sur le plan théorique, on relèvera le lien établi avec un autre champ de la sociologie, qui a fait l'objet de nombreux travaux aux Etats-Unis et que Montandon introduit dans la réflexion francophone: les études sur la socialisation des émotions (Montandon, 1992). Sur le plan méthodologique, l'entretien classique s'enrichit de multiples supports permettant aux enfants de faire part de leurs expériences: récit auto-biographique de la scolarité, vision du bon professeur, vision du savoir (différents types de rapports au savoir: rapport utilitariste – ce qu'on apprend, c'est

---

9   On notera ici que certaines disciplines particulières avaient fait antérieurement l'objet de travaux plus spécifiques. On mentionnera en particulier le travail de synthèse de Hexel et Pini pour l'allemand au Cycle d'orientation (1994).
10 Voir aussi Montandon (1996).
11 Voir aussi Montandon (1995) et Montandon et Dominicé (2000).

utile pour plus tard –; rapport hédoniste – aimer apprendre des choses nouvelles –, etc.). Derrière ces rapports au savoir, on retrouve évidemment les stratégies parentales dont il a été question plus haut.

Cette centration sur l'acteur me paraît essentielle pour comprendre les difficultés actuelles de la sociologie de l'éducation: dès le moment en effet où l'on quitte une sociologie de l'éducation fonctionnaliste et/ou structuraliste mettant en valeur non seulement l'histoire et le contexte qui font l'enfant, mais aussi les ressources de créativité qui l'habitent, plus rien de ce qui concerne l'école et la socialisation n'échappe vraiment au regard du sociologue.

Cette sociologie s'élabore à la fois comme une extension de la sociologie de l'éducation centrée sur la vie scolaire (tenir compte de l'enfant comme acteur dans sa vie scolaire) et comme une descolarisation de la sociologie de l'éducation: d'où l'intérêt d'abord pour la socialisation familiale, puis pour l'emploi du temps extrascolaire de l'enfant, et pour l'ensemble des acteurs qui constituent ce que nous avons appelé au SRED la communauté éducative. C'est dans ce contexte qu'il convient de signaler la recherche en cours auprès d'un large échantillon de familles sur l'emploi du temps extra-scolaire des enfants genevois, sous la responsabilité de Richiardi et Casassus (2001). Ce travail s'appuie lui aussi sur d'autres travaux classiques de sociologie: les études de budget-temps.

UNE VISION RENOUVELÉE DU PROCESSUS DE SOCIALISATION

Les travaux de Petitat constituent une illustration remarquable des apports de la sociologie générale à la sociologie de l'éducation et d'une approche résolument interdisciplinaire mais fortement ancrée dans la discipline d'origine. Après un ample détour par une étude sur les effets du «secret» sur les formes des relations humaines et dans le fonctionnement des sociétés, Petitat (1998) revient plus directement dans ses travaux récents à la sociologie de l'éducation, notamment dans son analyse des contes. Celle-ci, en particulier, met en lumière certaines dimensions des processus de socialisation rarement analysés. Cette dernière, en effet ne consiste pas en l'intériorisation pure et simple de schèmes, de règles, de valeurs; elle consiste aussi en l'apprentissage des jeux autour de la règle, c'est-à-dire des modulations de la règle: «ses camouflages, ses distorsions, ses reformulations, sa jurisprudence, ses exceptions, ses esquives et ses voies de transformation» (Petitat, 1999a, p. 41). Cette diversité des formes d'interaction apparaît tout particulièrement dans les contes:

Approches disciplinaires et/ou sciences de l'éducation 37

En explorant des possibles transformationnels, en illustrant les multiples formes des échanges et leur régulation, [le conte] remplit un rôle socialisateur au sens fort du terme. Non pas seulement un rôle d'initiation à quelques postures usuelles de nos interactions quotidiennes, mais une *initiation au surgissement réflexif des possibles relationnels* (Petitat, 2000[12]).

L'ANALYSE DU SYSTÈME D'ENSEIGNEMENT

Je passerai en revue dans ce chapitre quelques travaux qui me paraissent relever de la sociologie de l'éducation et portent sur le système d'enseignement dans son ensemble d'une part, sur chacun de ses niveaux d'autre part.

LE SYSTÈME D'ENSEIGNEMENT DANS SON ENSEMBLE

La plupart des systèmes d'enseignement tentent de rassembler le plus grand nombre possible d'informations sur leur fonctionnement. Il est rare, dans les cantons romands, que la publication de ces informations fasse l'objet d'un travail systématique, de grande ampleur et à large diffusion[13]. Depuis le début des années quatre-vingt, la situation n'a guère changé. Seuls Genève et plus récemment le canton de Vaud publient régulièrement un annuaire statistique de l'enseignement. Genève élabore aussi désormais un recueil d'indicateurs sur le fonctionnement de l'enseignement (SRED, 2000). Ces informations sont évidemment précieuses pour le sociologue, mais une chose est de disposer de faits, de données chiffrées, de statistiques, une autre est de construire à partir de ces faits une meilleure compréhension et analyse du fonctionnement du système d'enseignement. En ce sens, la construction d'indicateurs constitue un pas en avant, mais cette construction elle-même, pour apporter vraiment de nouvelles connaissances et une nouvelle compréhension du système d'enseignement, suppose à son tour un ensemble de recherches et d'analyses qui aillent bien au-delà des données disponibles actuellement.

---

12 Voir aussi Petitat et Baroni (1999a, 2000a, 2000b).
13 Un certain nombre de ces informations sont aujourd'hui accessibles dans *Les indicateurs de l'enseignement en Suisse* (voir l'édition de 1999, Neuchâtel: Office fédéral de la statistique).

L'étude des transitions[14] à l'intérieur du système d'enseignement, des carrières d'élèves, du passage à la vie active est l'une des activités régulières du SRED à Genève, mais nous ne disposons encore d'aucune analyse sociologique des transformations récentes du système d'enseignement: nouvelle maturité, création des hautes écoles professionnelles, etc., bien que des projets de recherche s'esquissent en ces domaines.

Nous ne disposons pas non plus d'études d'envergure sur *l'administration de l'éducation* et les *processus de décisions* dans les divers systèmes d'enseignement romands[15], bien qu'il s'agisse d'un champ de la sociologie de l'éducation qui connaît de larges développements dans les pays anglo-saxons et en France. Il est vrai que la dimension très restreinte de nos systèmes d'enseignement n'autorise guère d'analyse distanciée, permettant une analyse des processus en jeu plutôt que celle des stratégies de quelques acteurs, une relative opacité étant l'une des conditions de survie de tels systèmes d'enseignement. En ce domaine, ce sont les historiens qui pourront nous éclairer, mais malheureusement dans l'après-coup.

En ce qui concerne le système d'enseignement dans son ensemble, sans doute est-ce le lieu ici de signaler d'une part les enquêtes d'opinions sur le système d'enseignement suisse et les travaux, très rares, consacrés aux principaux acteurs de l'école, à savoir les enseignants.

En ce qui concerne les *études d'opinion*, bien que portant sur l'ensemble du système d'enseignement suisse, elles ont été réalisées par des sociologues romands:

– Il s'agit d'abord de l'enquête Univox réalisée de manière régulière pour ce qui concerne les opinions sur l'enseignement par Hutmacher; on consultera en particulier le rapport intitulé *Les Suisses critiquent l'école publique, mais n'entendent pas la privatiser* (Hutmacher, 1997), texte dans lequel l'auteur relève que les Suisses à 77% prônent un renforcement du rôle de la Confédération, considérant que la coopération intercantonale ne parvient pas à ses fins; il note également les nombreuses critiques émises à l'encontre du rôle éducatif de l'école: les jeunes n'apprendraient pas assez à respecter les autres, à donner du sens à leur vie, etc.

---

14 Les transitions ont été au centre du Congrès de la SSRE de 2001 et des publications sont annoncées.
15 Voir plus loin l'esquisse d'un tel travail pour le Cycle d'orientation genevois.

Approches disciplinaires et/ou sciences de l'éducation

- La seconde enquête a été menée par Gros (1999), dans le cadre du PNR 33: *Représentations du système de formation au sein de la population suisse*. Ce n'est pas le lieu ici de résumer l'ensemble des résultats obtenus, mais on retrouve dans ce travail le souci de dépasser les clivages cantonaux et de considérer le système d'enseignement suisse comme un tout.

En ce qui concerne les études réalisées sur les *enseignants*, ceux-ci sont présents, mais rarement pour eux-mêmes, dans de très nombreux travaux de sociologie de l'éducation, mais aussi de psychologie sociale. Je pense ici à tout le discours développé sur la professionnalisation des enseignants, dont les bases empiriques restent pour l'instant relativement faibles, au moins en Suisse romande[16]. Peu de travaux les étudient en tant que groupe social, dans leur identité professionnelle spécifique et sur des bases empiriques solides. En ce domaine toutefois, une étude fait exception, c'est l'enquête par questionnaire menée par deux sociologues indépendants, Dumont et Gaberel (1997) sur mandat du Département de l'Instruction publique vaudois, auprès de 1 740 enseignants vaudois.

C'est ici qu'il conviendrait de situer l'abondante production de Perrenoud. Se fondant sur sa connaissance du terrain et du métier d'enseignant acquise notamment au cours de la recherche-action Rapsodie et dans ses nombreuses rencontres avec des enseignants et formateurs d'enseignants, ainsi que sur un large travail de synthèse et de mise en ordre de la littérature pédagogique, il s'est penché sur les multiples facettes de la professionnalité enseignante (Perrenoud, 1994a; 1996; 1999), sur le métier d'élève (1994b), sur les stratégies de différenciation (1995, 1997), sur le rôle de l'évaluation dans la régulation des apprentissages (1998), et plus récemment sur la dimension réflexive du métier d'enseignant (2001). Il me semble toutefois que ce ratissage tout-terrain des problèmes posés par les pratiques d'enseignement relève davantage de la pédagogie générale telle que la définit Hameline (2001)[17], avec sa triple fonction d'intellection critique, de circulation sociale des idées et de

---

16 C'est pour l'instant en Suisse romande un thème «mobilisateur» ou destiné à mobiliser les enseignants, objet de dissertations et d'articles brillants, mais les bases théoriques et méthodologiques paraissent manquer (voir les contributions de Perrenoud, dans Altet, Paquay et Perrenoud (Ed.), 2002 et dans Paquay, Altet, Charlier et Perrenoud (Ed.), 1996).
17 Voir aussi Houssaye, Soëtard et Fabre (2002).

prescription de normes, que de la sociologie de l'éducation en tant que discipline scientifique. En d'autres termes, avec les travaux récents de Perrenoud, sommes-nous encore dans le champ de la sociologie de l'éducation, même si la dimension «intellection critique» porte ici l'empreinte de la sociologie critique, française *et* anglo-saxonne, des années 1970 et 1980?

LES DIFFÉRENTS NIVEAUX DU SYSTÈME D'ENSEIGNEMENT

Les institutions de la petite enfance. Placer les recherches sur les institutions de la petite enfance dans le cadre même du système d'enseignement ne va nullement de soi. Ces institutions et les interrogations qu'elles provoquent du côté de la recherche sont certes liées à l'évolution de la famille et au travail des mères. Il apparaît toutefois que de nombreux parents les considèrent comme une préparation directe ou indirecte à la scolarité de l'enfant (Osiek & Jaeggi, 2003).

C'est en 1987 que s'ouvre vraiment[18] en Suisse romande ce chapitre de la sociologie de l'éducation. A la demande de l'autorité politique (M. Segond alors conseiller administratif à la ville de Genève), une étude est réalisée sur les usages et les usagers des institutions de la petite enfance (crèches, garderies, jardin d'enfant) du canton de Genève (Troutot, Trojer & Pecorini, 1989).

Peu après, dans le sillage de l'enquête précédente, Troutot entreprend, dans un but de recherche, une étude sur les choix d'activités des mères et la prise en charge socio-éducative des enfants de 0 à 5 ans. Il ne s'agit plus ici d'une simple sociographie des usages et des demandes de placement en crèche, mais l'auteur se propose de mettre en relation le travail de la mère et les solutions adoptées pour la prise en charge éducative des enfants de moins de 5 ans, en particulier dans les familles ouvrières (l'enquête précédente a mis en effet en lumière le fait que celles-ci sont de moins en moins usagères des institutions de la petite enfance, créées pourtant pour elles au début du siècle). Les résultats de cette enquête n'ont pas pu être exploités mais ses principaux objectifs seront prochainement repris dans une recherche en cours d'élaboration au SRED.

---

18 Il y avait déjà eu une étude de Hutmacher en 1964 sur «les problèmes de placement d'enfants d'âge préscolaire à Genève, plus particulièrement dans les crèches» à la demande de M. Chavanne, chef du DIP, et de M. Ganter, maire de la ville de Genève.

Dans la foulée de l'enquête genevoise, une enquête sociographique romande est réalisée dans le cadre du PNR 29 «Changements des modes de vie et avenir de la sécurité sociale» (Richard-de Paolis *et al.*, 1995). Elle porte sur les institutions de la petite enfance, les politiques et les pratiques de la prime enfance en Suisse romande. Cette enquête est particulièrement remarquable dans le paysage de la sociologie de l'éducation romande:

- c'est une enquête *romande*; c'est à mon sens bien trop rarement le cas, la dimension comparative étant essentielle en sociologie de l'éducation (qu'il s'agisse d'étudier le fonctionnement des systèmes d'enseignement, les processus d'innovation, les établissements scolaires, les relations entre les familles et l'école, etc.);
- c'est une enquête à laquelle ont collaboré les chercheurs de plusieurs institutions: ESSP à Lausanne, SRED et CRPP à Genève; ces chercheurs appartiennent à des disciplines différentes, en particulier la sociologie et la psychologie sociale;
- l'une des co-requérantes est directrice de l'Ecole d'Etudes Sociales, à Lausanne; plusieurs chercheurs appartiennent à la même institution. Cela, me semble-t-il, laisse bien augurer de l'engagement futur des Hautes Ecoles de Travail Social dans la recherche (il faut relever à ce sujet que plusieurs travaux de diplômes aussi bien de l'EESP que de l'IES pourraient figurer dans cette revue des travaux de sociologie de l'éducation)[19].

Le travail dans ce même champ de la sociologie de la petite enfance se poursuit à Genève, avec la création au SRS puis au SRED d'un Observatoire de la petite enfance en partenariat avec la Ville de Genève qui publie désormais des «indicateurs de la petite enfance».

On notera toutefois que, dans tous ces travaux de type sociographique, il s'agit moins de véritable recherche de sociologie de l'éducation que de la mise à disposition des politiques et des professionnels d'instruments d'orientation et de pilotage de la politique de la petite enfance. Il n'est pas toujours simple pour les services de recherche insé-

---

19 Voir les nombreux travaux d'étudiants publiés dans la collection «Champs professionnels» des Editions de l'Institut d'Etudes Sociales de Genève. Voir aussi les travaux menés dans le cadre de l'Unité de recherche de l'Ecole d'Etudes Sociales et Pédagogiques de Lausanne.

rés dans une institution ou pour les instituts de formation de poursuivre la démarche jusqu'à un véritable approfondissement des problèmes que soulèvent les données sociographiques.

Sur ce terrain de la petite enfance, je signalerai enfin, à la frontière entre histoire et sociologie, l'exposition récemment présentée à Genève sur l'histoire des institutions de la petite enfance et de l'école enfantine. La réalisation d'une telle exposition exige un véritable travail de recherche, notamment historique et fournit ainsi un riche matériel pour le sociologue[20].

L'école primaire. Les sciences de l'éducation ont toujours témoigné une prédilection marquée pour ce niveau d'enseignement: psychopédagogues, didacticiens, mais aussi sociologues se disputent ce territoire, d'une façon qui n'est pas toujours pacifique et l'on peut se demander si le débat entre approches disciplinaires et sciences de l'éducation ne tient pas à la multiplicité des chercheurs et experts qui travaillent *à ce niveau* de l'enseignement.

Les sociologues de l'éducation se sont principalement intéressés aux changements et aux innovations qui se succèdent à vive allure à ce niveau, du fait sans doute de la forte présence dans la proximité des instances de décision de ce nouveau groupe d'acteurs que sont les chercheurs et les formateurs.

Mais dans un premier temps, jusqu'au début des années 1980, ce qui les a surtout mobilisés, c'est l'analyse des liens entre origine sociale et réussite scolaire. Pour mieux comprendre les mécanismes en jeu, les sociologues sont entrés dans les écoles et se sont intéressés aux pratiques des enseignants et à leur interprétation des innovations introduites en matière de didactique et d'évaluation (voir par exemple Allal, Bain & Perrenoud, 1993). On rappellera ici les études réalisées à l'ex-SRS sur l'introduction de l'enseignement renouvelé du français (stratégies de formation des enseignants, accueil réservé aux nouvelles pratiques, passage du «dire au faire», etc.) ainsi que la recherche-action Rapsodie. Si les prises d'informations ont été nombreuses ainsi que les mises au point d'ordre méthodologique (sur l'évaluation interactive dans le premier

---

20 L'histoire et la sociologie de l'éducation occupent une place de choix dans les expositions organisées à Genève par la CRIEE (Communauté de recherche interdisciplinaires sur l'éducation et l'enfance). Voir CRIEE (1990; 1997; 2001).

cas, sur la recherche-action dans le second), la synthèse systématique des résultats obtenus n'a pas été réalisée[21] et, par ailleurs, on attend toujours une thèse de sociologie sur l'introduction des nouvelles didactiques (mathématique et français notamment) dans les écoles primaires romandes[22].

Innovation plus récente, la rénovation de l'enseignement primaire à Genève pose le problème du rôle des experts – ici précisément des sociologues appartenant à un service de recherche rattaché à l'administration, des didacticiens rattachés à l'université ou aux services de formation continue – dans la préparation du terrain[23], la définition, la gestion et le pilotage des innovations. Quelques tentatives dans le sens d'une analyse plus distanciée apparaissent dans *Le changement: un long fleuve tranquille* (Favre et al., 1999). Cette rénovation voit en effet s'affronter des points de vue de «sociologues» ou de «pédagogues généralistes» ou de didacticiens ou d'idéologues de l'éducation, d'enseignants militants et d'enseignants «de la base», et pose le problème de la place des experts face à l'administration et aux instances politiques. Tout sociologue intéressé aux processus de décision et d'innovation dans le système d'enseignement trouvera là matière à analyse, ne serait-ce qu'en raison de l'énorme production écrite dont les premiers pas de la réforme ont fait l'objet, alors même que les processus et les stratégies d'innovation ont pour l'instant échappé à l'analyse distanciée.

L'un des chapitres du dossier cité plus haut fournit quelques informations sur un champ d'études ouvert récemment au SRED (voir Favre, Osiek & Vuille, 1997a et 1997b), l'analyse des «*communautés édu-*

---

21 Une exception peut-être, résultant de la collaboration entre un sociologue et une formatrice en didactique du français: Favre, avec la collaboration de Zanone, 1993. A signaler l'analyse de l'image de l'enseignement renouvelé du français donnée aux parents par le biais des devoirs dans Favre et Steffen (1988).
22 En ce qui concerne l'introduction de l'informatique dans le système d'enseignement genevois, on mentionnera toutefois le remarquable travail de Felder (1989), qui mériterait d'être poursuivi.
23 Voir les travaux déjà évoqués de Perrenoud et ceux de Hutmacher, en particulier son étude du redoublement (1993). Dans ce dernier cas, le discours sociologique qui enrobe les données empiriques est brillant, mais celles-ci permettent-elles véritablement de fonder une rénovation, comme on a pu le penser dans un premier temps?

catives», c'est-à-dire des écoles considérées au plan local, dans leur fonctionnement interne et dans leurs relations avec l'ensemble des acteurs de la socialisation. C'est ici la sociologie des organisations dans ses développements récents qui est mise à profit par la recherche (Favre, Osiek, Vuille & Jaeggi, 1999; Favre & Osiek, à paraître)[24].

Autre travail en cours: celui que nous menons sur une commune genevoise dont la population s'est transformée au cours des dernières années, dans le sens *d'une moindre mixité sociale* (Gros, 2001). Quelles conséquences pour la prise en charge scolaire – le fonctionnement des écoles sur le plan social et sur le plan des apprentissages – et quelles conséquences pour la prise en charge de la jeunesse au plan communal ou au plan du quartier, avec là encore l'élargissement du champ de recherche à l'ensemble des acteurs engagés, de l'îlotier à l'inspecteur en passant par l'animateur, le psychologue, l'assistant social.

Le secondaire 1. Dans la plupart des cantons romands, la structure et l'organisation du secondaire 1 ont fait l'objet de multiples réflexions qui intéressent au premier chef le sociologue. Le fonctionnement du Cycle d'orientation genevois a été suivi, depuis sa création, par les chercheurs de l'ex-CRPP[25] comprenant à la fois des psychologues, des psychologues sociaux et des sociologues (voir Bain, 1994). Ces chercheurs ont fourni une synthèse de leurs travaux, notamment en ce qui concerne les élèves faibles et les élèves en grande difficulté regroupés (relégués?) dans les sections Générale et Pratique dans *Nous, on s'en fout, on est en G...*[26] Ce titre a fait fortune, mais il ne devrait pas faire oublier la qualité des contributions qui s'y trouvent rassemblées.

L'actualité politique plus récente (projet de loi généralisant la 7e hétérogène à l'ensemble du Cycle d'orientation) a conduit ou contraint les chercheurs du SRED à s'engager dans une analyse des structures du Cycle d'orientation, dans une perspective multidimensionnelle et pluridisciplinaire. Cette recherche (Rastoldo *et al.*, 2000) comprend en effet les dimensions suivantes:

---

24 On consultera aussi pour le canton de Vaud le travail de Besençon, Pasquini et Petitpierre (2000), ainsi que les travaux plus récents menés par l'Unité de recherche pour le pilotage des systèmes pédagogiques (URSP) de Lausanne.
25 Aujourd'hui intégré au SRED.
26 Gabriel (dir.), 1995.

Approches disciplinaires et/ou sciences de l'éducation 45

- une dimension historique, avec une attention particulière aux processus de décision présidant à l'introduction d'innovations;
- une dimension comparative avec la prise en compte des différentes solutions adoptées sur le plan national et international pour la prise en charge des élèves du secondaire 1;
- une dimension plus proprement pédagogique avec les problèmes liés à la différenciation de l'enseignement;
- une attention forte accordée à l'ensemble des acteurs: directions de collèges, parents, enseignants et élèves.

On relèvera toutefois que l'approche apparaît ici plus générale, moins liée à telle ou telle discipline. C'est sans doute que la dimension évaluative est forte: il s'agissait de comparer les 7es hétérogènes et les 7es à sections coexistant au Cycle d'orientation. Les élèves apprennent-ils davantage lorsqu'ils sont dans un système ou dans l'autre, ont-ils une meilleure image d'eux-mêmes? Les enseignants et les parents ont-ils une préférence pour un système ou pour l'autre? Il s'agissait donc plus de mettre en évidence des ressemblances ou des différences que de comprendre en profondeur chacun des deux systèmes. Il me semble que tant qu'on en reste à cette dimension évaluative, on peut échapper à l'approche disciplinaire. Celle-ci intervient à partir du moment où on vise à l'explication. N'est-il pas significatif que plus l'on est proche de la décision ou de l'établissement de *faits* justifiant telle ou telle décision, le scientifique, avec sa définition de l'objet, son cadre conceptuel, ses outils méthodologiques particuliers, s'efface au profit du technicien qui fournit des données, si possible chiffrées. Cette proximité de la pratique ne se retrouve-t-elle pas dans la formation des enseignants dans laquelle le savoir dispensé s'encombre en général assez peu d'arguties disciplinaires?

On ajoutera dans ce chapitre qu'au secondaire 1, un groupe d'acteurs retient particulièrement l'attention des sociologues: les élèves en échec ou en difficulté. Ils se recrutent souvent parmi les enfants de migrants, mais comme l'a montré Hutmacher (1987), dans un travail qui reste d'actualité *(Le passeport ou la position sociale)*, la nationalité, le statut de migrant, la langue parlée en famille ne sont jamais indépendants de la catégorie socioprofessionnelle des parents lorsqu'il s'agit d'expliquer l'échec ou les difficultés scolaires. On notera dans ce domaine les travaux de Rey (1985), Kaiser et Rastoldo (1995), Rastoldo et Rey (1996), Rastoldo et Nicolet (1997) sur les élèves des classes d'accueil ou les enfants de migrants, ainsi que la recherche menée par Kaiser et Rastoldo sur le collège des Grandes-Communes (Kaiser, Rastoldo & Badoud-Volta, 2001)[27].

Les enfants de migrants ont fait l'objet récemment de travaux vaudois, mais de la part de chercheurs qui ne sont pas sociologues: je pense à la recherche de Doudin (1996), *L'école vaudoise face aux élèves étrangers*, à compléter par celle du même chercheur et de Blanchet sur l'organisation de l'appui pédagogique (Blanchet & Doudin, 1993).

Toujours au secondaire 1, on signalera le travail important mené par l'équipe de Clémence (2001) de l'université de Lausanne sur la violence dans les collèges, dans le cadre d'un projet de fonds national. Travail important, parce qu'il s'étend à un échantillon de l'ensemble des collèges de Suisse romande et confronte en particulier les représentations différenciées que les divers acteurs de l'école se font des actes de violences et de ce qu'il convient d'appeler «violence».

Une attention particulière devrait être portée au travail exploratoire de Richiardi (1988) sur la *négociation* de l'orientation à la fin du secondaire 1 entre parents, élèves et enseignants. Cette étude montre l'intérêt du paradigme interactionniste pour l'analyse des décisions d'orientation et mériterait d'être reprise et poursuivie.

Le postobligatoire. Pour le sociologue de l'éducation (et pour la recherche en éducation en général), le postobligatoire constitue une sorte de «terra incognita». Rares sont les travaux d'envergure à signaler en Suisse romande et les choses ont peu changé depuis la fin des années 1970. La nouvelle maturité interpellera certainement les chercheurs dans les prochaines années. On peut déjà mentionner à ce sujet une thèse récente rédigée sous la direction de Gurtner par Robin[28]. Celui-ci, après avoir refait l'histoire de l'élaboration de la nouvelle maturité gymnasiale, «s'intéresse aux conditions requises favorisant l'ouverture à des disciplines inédites, à l'approche historique de ces deux nouvelles disciplines et à leur transposition didactique explicitant les pro-

---

27 Voir aussi Vuille et Favre (2001) pour une autre intervention dans un collège de milieu populaire du Cycle d'orientation genevois.
28 Cette thèse a été soutenue en 2002, mais je n'ai pas eu accès au texte. Je la signale toutefois ici dans le cadre de la problématique importante et rarement abordée dans des travaux empiriques de la transformation des curricula.

Approches disciplinaires et/ou sciences de l'éducation 47

cédures, les choix, les options permettant le passage d'un plan d'études à un curriculum»[29].

Le champ de la formation professionnelle est sans doute, dans le postobligatoire, celui qui est le moins délaissé par les sociologues, notamment sans doute du fait des liens étroits existant entre sociologie du travail et sociologie de la formation professionnelle. A Genève, Marina Decarro (1991, 1995, par exemple) a fidèlement suivi depuis de très longues années l'orientation des élèves après l'obtention de leur diplôme (maturité, diplôme de culture générale, CFC). Pour une vue d'ensemble de la situation de la formation professionnelle en Suisse, on consultera plus l'étude de Tabin (1989), autre sociologue romand spécialisé dans le domaine du travail social. On accordera également une attention particulière à l'étude des trajectoires atypiques d'élèves qui ont quitté le système d'enseignement sans qualification professionnelle (Eckmann-Saillant, Bolzman & De Rham, 1994)[30]. Il faut ajouter que dans le domaine de la formation professionnelle, les sociologues romands actifs dans ce domaine (Amos par exemple) sont engagés dans des recherches de dimension nationale (recherche TREE par exemple ou recherche sur le nouveau plan d'étude de culture générale destiné aux apprentis)[31].

Le champ universitaire. Quelques recherches en sociologie de l'éducation ou proches de la sociologie de l'éducation commencent à arpenter le champ universitaire. Je signalerai d'abord les travaux de Rege Colet (1993) qui, sur la base d'observations et d'entretiens avec des enseignants universitaires (notamment de la FPSE), relève le décalage entre une planification curriculaire interdisciplinaire et une pratique enseignante restée disciplinaire et développe sur cette base un modèle d'évaluation de la pratique enseignante interdisciplinaire (Rege Colet, 2002). Il convient aussi de mentionner dans ce champ le mémoire de licence de Rossier Delaloye qui étudie la signification des ruptures dans les parcours de formation universitaires et pose, dans ce contexte, la question

---

29 Résumé figurant sur la fiche CSRE no 98:020, p. 1.
30 Une étude analogue est actuellement menée, sous la direction de Vuille et Gros, dans le cadre de l'étude d'une commune genevoise de milieu populaire.
31 Cette dimension nationale explique que je ne fasse que signaler ce champ de recherche pluridisciplinaire dans le cadre de cet article qui concerne en priorité la sociologie de l'éducation en Suisse romande.

des différences de genre dans le rapport au savoir (Rossier Delaloye, 1997). Ohannessian (2000) a suivi également le cursus universitaire des étudiants de droit à Genève et Ricci et Weber Cahour (1998) l'insertion professionnelle de quelques docteurs issus de l'EPFL. La situation du corps intermédiaire dans l'ensemble des hautes écoles suisses a, quant à elle, fait l'objet du travail de Levy, Roux et Gobet (1997). Autant d'indices d'une attention de plus en plus forte accordée par la recherche au champ universitaire au cours des dernières années.

DE LA SOCIOLOGIE AUX SCIENCES DE L'ÉDUCATION

Je proposerai dans cette troisième partie, un certain nombre de réflexions sur la relation entre sociologie de l'éducation et sciences de l'éducation directement issues du bilan qui vient d'être très sommairement et incomplètement esquissé.

DU CENTRE À LA PÉRIPHÉRIE?

Si l'on examine les travaux présentés dans la première partie de ce texte, on pourrait parler d'un déplacement des travaux de sociologie de l'éducation du centre du système scolaire (le problème de l'échec scolaire) à la périphérie. En d'autres termes, on est passé de l'analyse des «produits» de l'école à celle de l'ensemble de ses acteurs, en particulier les familles et les élèves. D'une certaine façon, pour rester sociologue, il semble nécessaire de garder une certaine distance par rapport au cœur de l'action pédagogique! De nombreuses recherches portant sur les pratiques ont bien souvent un versant sociologique mais ne peuvent être considérées comme des recherches de sociologie de l'éducation ou ne sont pas l'œuvre de sociologues. Je pense aux travaux sur la relation pédagogique, sur les didactiques, sur l'évaluation, sur les plans d'études, sur la collaboration entre enseignants. Est-ce parce que l'analyse des pratiques est trop disputée par les différentes disciplines classiques (psychologie du développement, psychologie sociale, didactique, etc.)? Est-ce parce que l'analyse du cœur de l'action pédagogique ne peut échapper à une approche spécifiquement «pédagogique», mixte de psychologie, de psychologie sociale, de sociologie critique et de prises de position normatives? Il est difficile de répondre à la question ainsi posée et peut-être mal posée.

Approches disciplinaires et/ou sciences de l'éducation 49

Renouvellement et enrichissement des sciences de l'éducation

Ce qui apparaît clairement en tout cas, c'est que la sociologie de l'éducation a beaucoup puisé dans le renouveau de la théorie sociologique et dans ses développements (qu'on pense par exemple à l'importance prise par l'interactionnisme ou par la sociologie de l'action) et dans la diversification de ses méthodes (approche tourainienne des mouvements sociaux, entretien biographique, utilisation de scénarios divers dans les entretiens, référence à la sociologie des professions, aux enquêtes de budget temps, etc.). De ce point de vue, il me paraît que le maintien de liens forts avec les disciplines d'origine constitue une source de renouvellement et d'enrichissement des approches spécifiquement centrées sur l'école et l'éducation.

Je soutiendrais donc volontiers la thèse suivante: plus s'approfondit la réflexion théorique et méthodologique au plan disciplinaire, en d'autres termes, plus le sociologue de l'éducation reste sociologue et reste branché sur son champ d'origine et ses multiples développements, et plus la rencontre risque d'être à la fois possible et féconde avec les autres disciplines: psychologie sociale, psychologie, histoire, économie, à condition toutefois que celles-ci, à leur tour, restent fidèles à l'évolution et à l'élargissement de leurs disciplines de base, peut-être parce que, en s'approfondissant, les différentes disciplines des sciences sociales tendent à se rejoindre sur des paradigmes de base communs. En ce sens, dans l'état actuel de leur développement, il me paraît que les sciences de l'éducation ont tout à gagner des approches disciplinaires. Ce jugement mériterait évidemment d'être nuancé par le fait, observé à propos de nombreuses recherches mentionnées dans cette revue de littérature, que l'unité se fait aussi autour d'objets de plus en plus spécialisés et non plus de disciplines étudiant un large éventail d'objets. Toutefois les approches interdisciplinaires supposent de la part des chercheurs qui s'y engagent non seulement l'ouverture à des théories et à des méthodologies autres que celles de leur discipline d'origine mais aussi une maîtrise d'autant plus grande de leur propre discipline.

Les activités de recherche et les autres...

On ne peut ignorer toutefois que le travail de recherche ne constitue que l'une des tâches des facultés de sciences de l'éducation ou des services de recherche rattachés à l'administration des écoles. Les activités de formation et d'enseignement (y compris de formation des enseignants), d'expertise, d'intervention et d'accompagnement occupent une place importante. Si l'on peut soutenir que les activités de recherche ont tout à gagner à un enracinement disciplinaire fort au sens où on l'a dit plus haut, en est-il de même de la formation et notamment de la formation des enseignants? Peut-on se satisfaire dans ce cas de la juxtaposition de savoirs empruntés à différentes disciplines, si fortement reliées entre elles qu'elles soient, du fait de l'importance prise par les approches interdisciplinaires? L'objet principal de la formation (mais aussi de l'intervention et de l'accompagnement) n'est-il pas constitué par la pratique enseignante et la personne en formation n'impose-t-elle pas son unité aux savoirs, savoir-faire et savoir-être que la formation a pour ambition de lui transmettre?

Il en est de même pour les activités d'expertise. Les spécialistes en sciences de l'éducation sont de plus en plus fréquemment sollicités pour «conseiller le prince» non seulement dans la solution des multiples problèmes que posent la définition des politiques de l'éducation et la gestion des systèmes d'enseignement (le problème de la violence dans les écoles, celui de l'hétérogénéité des publics, celui de l'échec scolaire, celui de la gestion et de l'administration même des systèmes scolaires, etc.), mais aussi pour éclairer les décisions dans le domaine de la politique de la jeunesse (voir en particulier Vuille & Gros, 1999).

Les services de recherche en éducation sont eux-mêmes de plus en plus sollicités pour intervenir dans l'*évaluation* des systèmes d'enseignement, participer au pilotage des innovations ou simplement fournir les indicateurs nécessaires à une bonne gestion du système d'enseignement.

Enseignement, expertise, évaluation, production d'indicateurs: autant d'activités qui s'accommodent mal du caractère pluriel des disciplines et des savoirs qu'engage la recherche en tant que telle. La collectivité attend par exemple de l'expert qu'il donne un avis autorisé sur un problème controversé et non qu'il alimente la controverse en multipliant les angles de vue ou les approches. D'autres logiques sont donc sollicitées que des logiques trop exclusivement disciplinaires. L'expert qui veut imposer son point de vue ou l'évaluateur qui entend que ses jugements soient recevables ou fassent autorité tend à gommer le caractère toujours partiel ou partial de ses analyses et évite de se référer à une orientation disciplinaire particulière.

Approches disciplinaires et/ou sciences de l'éducation 51

QUELLE SOCIOLOGIE DANS LE CHAMP DE L'ÉDUCATION?

On dira que la sociologie de l'éducation a beaucoup à apporter dans l'analyse de ce champ complexe où s'affrontent non seulement des orientations disciplinaires diverses, mais surtout des acteurs porteurs de perspectives inégalement empruntées aux différentes disciplines des sciences de l'éducation. La difficulté toutefois tient au fait qu'elle est juge et partie, et bien davantage aujourd'hui qu'il y a une vingtaine d'années. Beaucoup pensent en effet que la place centrale ou dominante occupée autrefois par la psychologie et notamment la psychologie de l'enfant dans les sciences de l'éducation est aujourd'hui relayée par la sociologie de l'éducation[32], dont le point de vue serait privilégié dans l'approche des faits éducatifs.

Ainsi restructuré, le champ des sciences de l'éducation tendrait même à occuper une place de plus en plus grande dans les décisions politiques en matière d'éducation et beaucoup reprochent aux «sociologues» mais aussi aux «pédagogues» de se substituer aux instances de décision, notamment dans la gestion des innovations et dans l'orientation des politiques de l'éducation. De ce fait la sociologie de l'éducation n'a pas nécessairement bonne presse parmi les autres spécialistes en sciences de l'éducation: elle tendrait à jouer aujourd'hui le rôle qu'avait joué jusqu'au début des années 70 la psychologie comme discipline de référence dans la réflexion pédagogique.

Cela ne va pas sans problème et ceux, parmi les sociologues, qui estiment que les sciences de l'éducation ne sont en mesure ni de légitimer ni de dicter une politique de l'éducation et que leur rôle est plutôt d'apporter aux acteurs et aux praticiens des outils pour penser les problèmes qu'ils rencontrent, se mettent en retrait et insistent sur la rigueur de l'approche scientifique, sur la fidélité au terrain et aux faits, sur l'aller et retour incessant entre le travail théorique et l'empirie. Plusieurs des remarques formulées dans cet article vont dans ce sens. En ce domaine, je suivrais volontiers, dans un premier temps au moins, la position formulée par Heinich (2002) à propos de la sociologie de l'art (voir en particulier la conclusion de l'ouvrage, pp. 100ss), objet chargé de valeurs comme le sont les multiples objets de la sociologie de l'éducation. Faut-il, se demande-t-elle, adopter une orientation critique et normative (ce

---

32 Voir sur ce point les remarques de Meirieu dans Meirieu et Le Bars (2001).

pourrait être la position de l'école de Bourdieu mais surtout telle qu'elle est perçue dans la pensée commune) ou faut-il suspendre tout jugement de valeur en faveur d'une approche essentiellement analytico-descriptive? Celle-ci me paraît devoir être privilégiée, principalement parce que le sociologue n'a pas à se substituer aux acteurs et aux praticiens de l'éducation. La critique et les choix de valeurs leur appartiennent. Toutefois, dans le domaine de l'éducation comme dans le domaine de l'art, l'approche analytico-descriptive ne peut se contenter d'une visée explicative, construite sur le modèle des sciences de la nature, consistant à «dégager, notamment grâce à l'outil statistique, des corrélations entre les faits étudiés (objets, actions, opinions...) et des causalités extérieures à eux (contextes matériels ou économiques, origines sociales)» (p. 106); elle doit nécessairement et de façon complémentaire, se doubler d'une dimension compréhensive, visant à «dégager les logiques sous-jacentes qui confèrent sa cohérence à l'expérience telle qu'elle est vécue par les acteurs, en s'appuyant notamment (mais pas exclusivement) sur les comptes rendus qu'eux-mêmes sont en mesure de produire, soit spontanément, soit par sollicitation» (p. 106)[33].

LES CHERCHEURS COMME ACTEURS DANS LE CHAMP DE L'ÉDUCATION

Là toutefois me paraît s'arrêter l'analogie avec la sociologie de l'art. Car, qu'on le veuille ou non, les chercheurs, sociologues, psychologues, historiens, économistes, sont de fait devenus des acteurs dans le champ de l'éducation. On l'a relevé plus haut. De là, une double exigence: pas plus que les autres acteurs, ils ne sauraient échapper au regard analytico-descriptif et compréhensif du sociologue: que font-ils dans ce champ? quel type de relations entretiennent-ils avec les autres acteurs? quelle est la logique et quels sont les effets de leur action et de leurs publications[34]. Il devrait en être de même de tous les acteurs qui tirent leur légitimité de la recherche ou qui s'appuient sur elle dans leur action (experts, «pédagogues», formateurs d'enseignants, accompagnateurs, etc.).

---

33 On notera que cette dimension compréhensive est bien présente dans plusieurs des travaux présentés plus haut, notamment ceux qui concernent les différents acteurs du champ de l'éducation.

34 C'est ici qu'on pourrait situer l'étude de Davaud et Hexel (2002) sur la réception dans la presse de la recherche sur l'hétérogénéité au Cycle d'orientation genevois.

Seconde exigence: en tant qu'acteurs, sollicités pour soutenir le travail des enseignants, accompagner leur réflexion, instrumenter leurs pratiques ou pour participer à l'élaboration et à l'évaluation des programmes d'études, des innovations, des décisions, ils ne sauraient renoncer aux exigences de la recherche. C'est à ce point, me semble-t-il, que l'interdisciplinarité s'impose car les pratiques s'inscrivent dans des situations complexes, engagent des acteurs insérés dans des réseaux eux-mêmes complexes. Toutefois cette complexité, dont la recherche n'est pas en mesure de rendre compte complètement, ne devrait pas encourager une pensée tout-terrain, un savoir sans frontière ou fortement unifié. La conscience des limites de nos savoirs disciplinaires devrait inciter plutôt à plus de rigueur dans l'apport de chacun à la compréhension de l'action éducative.

Si élitaire que puisse paraître cette position, elle me semble, dans l'état actuel de ma réflexion, la seule à peu près tenable de la part des chercheurs. La raison principale en est, en définitive, que dans une société sécularisée comme la nôtre, dans laquelle plus aucune instance transcendante n'est en mesure de légitimer nos choix, les différentes disciplines des sciences de l'éducation doivent refuser ce rôle d'instance de légitimation des pratiques que beaucoup attendent d'elles. Leur apport est essentiel dans la recherche de meilleures pratiques, de décisions plus réfléchies, de solutions aux problèmes que les différents acteurs se posent, mais cet apport a ses propres limites.

RÉFÉRENCES BIBLIOGRAPHIQUES

Allal, L., Bain, D. & Perrenoud, P. (Ed.) (1993). *Evaluation formative et didactique du français*. Neuchâtel & Paris: Delachaux & Niestlé.
Altet, M., Paquay, L. & Perrenoud, Ph. (Ed.) (2002). *Formateurs d'enseignants: quelle professionnalisation?* Bruxelles: De Boeck.
Amos, J. (1984). *L'entrée en apprentissage: capital scolaire et marché de l'apprentissage à Genève (1970-1981)*. Genève: Service de la recherche sociologique.
Bain, D. (1979). *Problèmes de l'orientation scolaire et fonctionnement de l'école*. Berne: Lang.
Bain, D. (1994). Comment fonctionnent nos systèmes d'éducation? *Education et recherche, 3*, 285-287.

Bain, D., Favre, B., Hexel, D., Lurin, J. & Rastoldo, F. (2000). *Hétérogénéité et différenciation au Cycle d'orientation. Le débat genevois dans le contexte national et international: pratiques et recherches*. Genève: Service de la recherche en éducation.

Bataillard Jobin, M. (1993). *Ecole et familles: le point de vue des enseignantes*. Lausanne: CVRP (Centre vaudois de recherches pédagogiques).

Besençon, P.-A., Pasquini, R. & Petitpierre, C. (2000). *Innovation et vie des établissements scolaires: compétences et rôles des acteurs*. Genève: FPSE; Lausanne: Burofco.

Blanchet, A. & Doudin, P.-A. (1993). *Vers une meilleure intégration de la pédagogie compensatoire*. Lausanne: CVRP.

Bueler, X., Favre, B. & Szaday, C. (1996). *Recherches sur la qualité et le développement des écoles: tendances, synthèse et perspectives d'avenir*. Aarau: CSRE.

Busino, G. (1982). Réflexions rhapsodiques et asymptotiques en marge des transformations-évolutions de la sociologie de l'éducation en Suisse romande de 1960 à 1982. *Revue Européenne des Sciences Sociales, XX, 63*, 251-302.

Clémence, A., Rochat, F., Cortolezzis, C., Dumont, P., Egloff, M. & Kaiser, C. (2001). *Scolarité et adolescence: les motifs de l'insécurité*. Berne: Haupt.

CRIEE (Communauté de recherche interdisciplinaire sur l'éducation et l'enfance), C. Détraz *et al.* (Ed.) (1990). *Les cahiers au feu... Usages des souvenirs d'école*. Genève: SRS; Musée d'ethnographie.

CRIEE (Communauté de recherche interdisciplinaire sur l'éducation et l'enfance), C. Renevey Fry (Ed.) (1997). *En attendant le prince charmant. L'éducation des jeunes filles à Genève 1740-1970*. Genève: SRED; Musée d'ethnographie.

CRIEE (Communauté de recherche interdisciplinaire sur l'éducation et l'enfance), C. Renevey Fry (Ed.) (2001). *Pâtamodlé: l'éducation des plus petits, 1815-1980*. Genève: Service de la recherche en éducation.

Cusin, C. (2000). *Au cœur des redéfinitions: l'interface école/famille en Suisse*. Aarau: Centre suisse de coordination pour la recherche en éducation.

Davaud, C. & Hexel, D. (2002). *Un rapport de recherche avant une votation. What the papers say: douze mois qui régleront (provisoirement) le sort de l'hétérogénéité au Cycle d'orientation*. Genève: Service de la recherche en éducation.

Doudin, P.-A. (1996). *L'école vaudoise face aux élèves étrangers*. Lausanne: CVRP.

Dumont, P. & Gaberel, P.-E. (1997). *Enseigner ou la quadrature du cercle.* Lausanne: CVRP.

Dupanloup, A. (1998*). Un psychologue dans l'école: la construction sociale d'un rôle professionnel et ses enjeux.* Genève: Université de Genève/ FPSE.

Eckmann-Saillant, M., Bolzman, C. & De Rham, G. (1994*). Jeunes sans qualification: trajectoires, situations et stratégies.* Genève: Les éditions de l'Institut d'Etudes Sociales.

Favre, B. (1994). *Les relations entre les familles et l'école dans 20 écoles primaires genevoises.* Document de travail. Genève: Service de la recherche sociologique.

Favre, B. & Montandon, C. (1989). *Les parents dans l'école.* Genève: Service de la recherche sociologique.

Favre, B., Nidegger, C., Osiek, F. & Saada, E. H. (1999). *Le changement: un long fleuve tranquille?* Dossier établi à la fin de la phase d'exploration de la rénovation de l'enseignement primaire genevois. Genève: Service de la recherche en éducation.

Favre, B. & Osiek, F. (à paraître). *Ecoles en quête d'identité.* Genève: Service de la recherche en éducation.

Favre, B., Osiek, F. & Vuille, M. (1997a). *Les formes de l'action collective dans les écoles primaires genevoises, projet de recherche.* Document de travail. Genève: Service de la recherche en éducation.

Favre, B., Osiek, F. & Vuille, M. (1997b). *Les écoles primaires genevoises: projet de recherche et premiers résultats.* Document de travail. Genève: Service de la recherche en éducation.

Favre, B., Osiek, F., Vuille, M. & Jaeggi, J.-M. (1999*). Dix écoles primaires genevoises.* Genève: Service de la recherche en éducation (édition provisoire).

Favre, B. & Steffen, N. (1988). *Tant qu'il y aura des devoirs...* Genève: Service de la recherche sociologique.

Favre, B. & Zanone Y. (collab.) (1993). *«Prête-moi ta plume...». Ecrire à l'école primaire: pour de vrai ou pour plus tard?* Genève: Service de la recherche sociologique.

Felder, D. (1989). *L'informythique ou l'invention des idées reçues sur l'ordinateur à l'école.* Genève: Service de la recherche sociologique.

Foucault, M. (1993). *Surveiller et punir.* Paris: Gallimard.

Gabriel, F. (dir.) (1995). *«... nous on s'en fout, on est en G...»: description du processus d'orientation/ sélection au cycle d'orientation de Genève.* Genève: CRPP.

Gros, D. (1999). *Regards sur l'école suisse*. Berne et Aarau: FNRS-PNR 33.
Gros, D. (2001). *L'école confrontée à la transformation sociale des quartiers*. Communication au Congrès de la Société Suisse de Sociologie, Genève, 20-22 septembre 2001.
Hameline, D. (2001). Art. «Pédagogie», Encyclopædia Universalis.
Heinich, N. (2002). *La sociologie de l'art*. Paris: La Découverte.
Hexel, D. & Pini, G. (1994). Les attitudes des élèves face à l'apprentissage de l'allemand. Bilan d'une série de travaux réalisés au Cycle d'orientation de Genève. *Education et Recherche, 1*, 112-128.
Houssaye, J., Soëtard, M. & Fabre, M. (2002). *Manifeste pour les pédagogues*. Paris: ESF.
Hutmacher, W. (1987). Le passeport ou la position sociale? Quelques données sur la réussite et l'orientation scolaire d'enfants suisses et étrangers compte tenu de la position sociale de leur famille. In CERI/OCDE. *Les enfants de migrants à l'école* (pp. 228-256). Paris: OCDE.
Hutmacher, W. (1993). *Quand la réalité résiste à la lutte contre l'échec scolaire: analyse du redoublement dans l'enseignement primaire genevois*. Genève: Service de la recherche sociologique.
Hutmacher, W. (1997). *Les Suisses critiquent l'école publique mais n'entendent pas la privatiser*. Rapport Univox «Education et enseignement 1996». Genève: Service de la recherche en éducation.
Hutmacher, W. (2001). Naissance et évolution du Service de la recherche sociologique genevois. In D. Bain, J. Brun, D. Hexel & J. Weiss (Ed.), *L'épopée des centres de recherche en éducation en Suisse 1960-2000* (pp. 243-280). Neuchâtel: IRDP.
Kaiser, C. A. & Rastoldo, F. (1995). Adolescents et adolescentes face au monde du travail: représentation de différents secteurs professionnels. *Education et Recherche, 17, 1,* 70-88.
Kaiser, C. A., Rastoldo, F. & Badoud-Volta, B. (2001). *Projet d'établissement secondaire 1*. Genève: Développement et innovation pédagogique au cycle d'orientation.
Kellerhals, J. & Montandon, C. (1991). *Les stratégies éducatives des familles: milieu social, dynamique familiale et éducation des pré-adolescents*. Neuchâtel & Paris: Delachaux et Niestlé.
Kellerhals, J., Montandon, C., Ritschard, G. & Sardi, M. (1992). Le style éducatif des parents et l'estime de soi des adolescents. *Revue française de sociologie, XXXI, 3,* 313-333.
Lahire, B. (1995). *Tableaux de familles: heurs et malheurs scolaires en milieux populaires*. Paris: Gallimard/Le Seuil.

Approches disciplinaires et/ou sciences de l'éducation

Le système d'enseignement et de formation genevois: Ensemble d'indicateurs (2001). Genève: Service de la recherche en éducation.
Levy, R., Roux, P., & Gobet P. (1997). *La situation du corps intermédiaire dans les hautes écoles suisses.* Berne: Conseil suisse de la science.
Lurin, J. & Nidegger, C. (Ed.) (1999). *Expertise et décisions dans les politiques de l'enseignement.* Actes du colloque de Penthes, février 1998. Genève: Service de la recherche en éducation.
Marina Decarro, N. (1991). *Après le diplôme de culture générale, quelles formations?* Genève: Service de la recherche sociologique.
Marina Decarro, N. (1995). *Après le certificat de maturité: parcours, études et activités professionnelles.* Genève: Service de la recherche sociologique.
Meirieu, P. & Le Bars, S. (2001). *La machine-école.* Paris: Gallimard.
Mollo-Bouvier, S. (1994). Introduction à *Enfances et Sciences sociales. Revue de l'Institut de sociologie* (Université Libre de Bruxelles), *1-2*, 11-13.
Montandon, C. & Perrenoud, P. (1987). *Entre parents et enseignants: un dialogue impossible: vers l'analyse sociologique des interactions entre la famille et l'école.* Berne: Peter Lang.
Montandon, C. (1991). *L'école dans la vie des familles.* Genève: Service de la recherche sociologique.
Montandon, C. (1992). La socialisation des émotions: un champ nouveau pour la sociologie de l'éducation. *Revue française de pédagogie, 101,* 105-122.
Montandon, C. (1995). La socialisation scolaire: de l'expérience des enfants à l'analyse sociologique. *Revue Européenne des Sciences Sociales, XXXIII, 102,* 95-119.
Montandon, C. (1996). Processus de socialisation et vécu émotionnel des enfants. *Revue française de sociologie, XXXVII, 2,* 263-285.
Montandon, C. (1998). La sociologie de l'enfance: l'essor des travaux en langue anglaise. *Education et Sociétés, 2,* 91-118.
Montandon, C. & Osiek, F. (1997a). *L'éducation du point de vue des enfants: «Un peu blessés au fond du cœur...».* Paris; Montréal: L'Harmattan.
Montandon, C. et Osiek, F. (1997b). La socialisation à l'école du point de vue des enfants. *Revue française de pédagogie, 118,* 43-51.
Montandon, C. & Dominicé, L. (2000). Le point de vue des enfants sur la construction des liens sociaux: l'exemple de la violence entre élèves. *Revue suisse de sociologie, 26, 2,* 319-344.
Nicolet, M. (1995). *Quelle intégration de l'enfant non francophone dans l'enseignement primaire et secondaire?* Lausanne: CVRP.

Nicolet, M. & Kuscic, D. (1997). *Ecole et familles: le point de vue des parents*. Lausanne: CVRP.
Nicolet, M. & Rastoldo, F. (1997). *Regard de l'élève migrant sur son parcours scolaire et personnel*. Lausanne: Loisirs et Pédagogie.
Ohannessian, S. (2000). *Les déterminants du cursus universitaire en fin de premier cycle:* une analyse empirique de la volée d'étudiants entrée en Faculté de droit en octobre 1998. Mémoire de licence: SES, Université de Genève.
Osiek, F. (1990). *«C'est bon pour ta santé»: représentations et pratiques familiales en matière d'éducation à la santé*. Genève: Service de la recherche sociologique.
Osiek, F. (1994). *Infirmières dans l'école: partage de l'action éducative et enjeux identitaires*. Genève: Service de la recherche sociologique.
Osiek, F. & Jaeggi, J.-M. (2003). *Familles, école et quartier. De la solitude au sens*: échec ou réussite scolaire d'enfants de milieu populaire. Genève: Service de la recherche en éducation.
Paquay, L., Altet, M., Charlier, E. & Perrenoud, P. (Ed.) (1996). *Former des enseignants professionnels: quelles stratégies? quelles compétences?* Bruxelles: De Boeck.
Perrenoud, P. (1984/1995). *La fabrication de l'excellence scolaire: du curriculum aux pratiques d'évaluation*. Genève: Droz.
Perrenoud, P. (1994a). *La formation des enseignants entre théorie et pratique*. Paris: L'Harmattan.
Perrenoud, P. (1994b). *Métier d'élève et sens du travail scolaire*. Paris: ESF.
Perrenoud, P. (1995). *La pédagogie à l'école des différences: fragments d'une sociologie de l'échec*. Paris: ESF.
Perrenoud, P. (1996). *Enseigner: agir dans l'urgence, décider dans l'incertitude. Savoirs et compétences dans un métier complexe*. Paris: ESF.
Perrenoud, P. (1997). *Pédagogie différenciée: des intentions à l'action*. Paris: ESF.
Perrenoud, P. (1998). *L'évaluation des élèves: de la fabrication de l'excellence à la régulation des apprentissages*. Bruxelles: De Boeck.
Perrenoud, P. (1999). *Dix nouvelles compétences pour enseigner: invitation au voyage*. Paris: ESF.
Perrenoud, P. (2001). *Développer la pratique réflexive dans le métier d'enseignant: professionnalisation et raison pédagogique*. Paris: ESF.
Perrenoud, P. & Montandon, C. (1988). *Qui maîtrise l'école? Politiques d'institutions et pratiques des acteurs*. Lausanne: Réalités Sociales.

Petitat, A. (1981). *Production de l'école, production de la société. Analyse socio-historique de quelques moments décisifs de l'évolution scolaire en Occident*. Genève: Droz.
Petitat, A. (1982). Ecole et société: le paradigme de la reproduction et ses limites. *Revue Européenne des Sciences Sociales, XX*, 63, 5-27.
Petitat, A. (1998). *Secret et formes sociales*. Paris: PUF.
Petitat, A. (1999a). Réversibilité symbolique, hétérogénéité et socialisation. In: J. Lurin & C. Nidegger, (Ed.), *Expertise et décision dans les politiques d'enseignement* (pp. 38-44).
Petitat, A. (1999b). Contes et réversibilité symbolique: une approche interactionniste. *Education et Sociétés, 3,* 1, 55-71.
Petitat, A. (2000). Dynamique du récit et théorie de l'action. *Poétique, 123,* 353-379.
Petitat, A. & Baroni, R. (1999). Contes de fées et socialisation. *Résonances,* 6, 16-17.
Petitat, A. & Baroni, R. (2000). Contes, mensonge et lien social. *L'Educateur, 2,* 10-11.
Rastoldo, F., Bain, D., Davaud, C., Favre, B., Hexel, D., Lurin, J. & Soussi, A. (2000). *Hétérogénéité et différenciation au Cycle d'orientation. Classes hétérogènes et classes à section au 7e degré: carrières d'élèves et discours d'acteurs. 1. Synthèse des résultats et résumés des six volets de recherche. 2. Enquêtes et analyses de référence.* Genève: Service de la recherche en éducation.
Rastoldo, F. & Nicolet, M. (1997). *Regard de l'élève migrant sur son parcours scolaire et personnel.* Lausanne: LEP.
Rastoldo, F. & Rey, F. (1996). Les incidences des classes d'accueil du cycle d'orientation de Genève sur les chances éducatives des jeunes immigrés. *InterDialogos, 1,* 33-35.
Rege Colet, N. (1993). *Pluridisciplinarité, interdisciplinarité, transdisciplinarité: quelles perspectives en éducation?* Genève: Université: FPSE.
Rege Colet, N. (2002). *Enseignement universitaire et interdisciplinarité: un cadre pour analyser, agir et évaluer.* Bruxelles: De Boeck Université.
Rey, F. (1985). *Des élèves abandonnent l'école en cours d'année.* Recherche sur l'ensemble des rejets et retraits du CO pendant l'année scolaire 1981-1982. Genève: CRPP.
Ricci, J.-L. & Weber Cahour, I. (1998). *L'insertion professionnelle des docteurs ès sciences et ès sciences techniques EPFL de la promotion 1994.* Lausanne: EPFL, UNEED'IP.

Richard-De Paolis, P., Troutot, P.-Y., Gaberel, P.-E., Kaiser, C., Meyer, G., Pavillard, S., Pecorini, M. & Spack, A. (1995). *Petite enfance en Suisse romande: enquête sur les institutions, les politiques et les pratiques de la prime éducation.* Lausanne: Réalités Sociales.

Richiardi, J.-J. (1988). *Négocier l'orientation en famille: parents et adolescents au seuil de la formation postobligatoire.* Genève: Service de la recherche sociologique.

Robin, G. (2002). *La psychologie et la pédagogie, deux nouvelles disciplines dans une maturité réformée pour le XXIe siècle.* Thèse, Faculté des Lettres, Université de Fribourg (Suisse).

Rossier Delaloye, C. (1997). *Comprendre l'abandon des études universitaires: parcours féminins, parcours masculins.* Genève: Université/FPSE.

Sirota, R. (1998). L'émergence d'une sociologie de l'enfance: évolution de l'objet, évolution du regard. *Education et Sociétés, 2*, 9-33.

Tabin, J.-P. (1989). *Formation professionnelle en Suisse: histoire et actualité.* Lausanne: Réalités sociales.

Troutot, P.-Y., Trojer, J. & Pecorini, M. (1989). *Crèche, garderies et jardins d'enfants: usage et usagers des institutions de la petite enfance.* Genève: Service de la recherche sociologique.

Vuille, M. (1992). *L'évaluation interactive, entre idéalités et réalités: recherche sur les pratiques d'évaluation en animation socio-culturelle.* Genève: Service de la recherche sociologique.

Vuille, M. & Favre, B. (2001). *Construction sociale et sociologique d'une intervention dans un collège du Cycle d'orientation.* Communication au Congrès de la Société Suisse de Sociologie, Genève, 20-22 septembre 2001.

Vuille, M. & Gros, D. (1999). *Violence ordinaire.* Genève: Service de la recherche en éducation.

Christiane Moro et Cintia Rodríguez

L'éducation et le signe comme conditions de possibilité du développement psychologique

Un questionnement qui transcende les frontières disciplinaires[1]

La réflexion menée au sein de cet ouvrage autour de la pluridisciplinarité en sciences de l'éducation et, au-delà, sur le statut des sciences de l'éducation à partir de leurs objets d'étude, de leurs problématiques et de leurs méthodes, pose notamment la question des rapports complexes, sans cesse recomposés, entre les sciences de l'éducation et les autres disciplines en sciences humaines/sociales. Dans ce cadre, notre contribution abordera plus spécifiquement la question des liens entre les sciences de l'éducation et la psychologie – ou tout au moins l'une des formes que ceux-ci peuvent prendre – à partir d'un objet de recherche d'intérêt commun qui transcende les frontières disciplinaires et dont nous considérons qu'il ouvre des perspectives nouvelles tant pour l'appréhension du fait psychique que du fait éducationnel.

---

1 Nous remercions Pierre-André Dupuis de l'Université Nancy 2 pour sa lecture attentive de la version initiale de ce texte et pour son apport critique qui a contribué à améliorer de façon importante la version ici présentée.

INTRODUCTION

Ce qui est central, s'agissant de notre propos en ces lignes, c'est de comprendre comment un objet de recherche[2] qui a émergé sur le terrain de la psychologie développementale s'est mué en un questionnement sur l'intervention éducative intéressant fondamentalement les sciences de l'éducation. Sur le plan épistémologique, ce (re)positionnement rompt avec le dualisme hérité de Descartes en ce qu'il permet d'envisager la conduite humaine dans ses dimensions sociales et culturelles constitutives. On déborde ici les frontières de la psychologie «officielle»[3], ce qui a l'avantage d'inclure immédiatement dans la démarche psychologique la perspective éducative et donc de (re)solidariser les problématiques d'apprentissage et de développement au sein de la démarche éducative elle-même.

Si notre problématique peut, en première approximation, s'inscrire dans l'optique plurielle (ou pluridisciplinaire) des sciences de l'éducation (Hofstetter & Schneuwly, 1998, p. 14), cette seule caractérisation, «trop peu sensible», ne nous permet pas d'individualiser ce qui touche à la logique spécifique de constitution de notre objet de recherche, i.e. aux considérations et aux choix épistémologiques et méthodologiques qui la sous-tendent. Dans cette affirmation, nous nous appuyons plus précisément sur les définitions théoriques de la pluridisciplinarité (versus la mono-, l'inter- et la transdisciplinarité) telles que proposées par Morin (1998) et Resweber (1981, 2000).

Dans les lignes qui suivent, nous développerons les aspects-clés d'une démarche qui s'inscrit dans le projet théorique vygotskien (et plus particulièrement dans la version sémiotique qui en est proposée dans *Pensée et langage*, 1934/1997, chapitres 1 et 7) ainsi que dans le Manifeste pour une psychologie culturelle de Bruner (cf. *Acts of Meaning*, 1990), plaidoyer pour (r)établir la signification comme objet central de la psychologie. Pour Vygotski comme pour Bruner chez qui le développement intègre à titre constitutif la dimension historico-culturelle et sociale, l'éducation est la condition du développement et devient ainsi «le domaine obligé de l'observation et le champ principal où se traduit en termes pragmatiques

---

2 La construction de l'usage canonique de l'objet chez l'enfant entre 7 et 13 mois dans l'interaction triadique bébé-objet-adulte, cf. infra, notre rubrique «Questionnement théorique et objet de recherche».
3 Selon l'acception de Bruner (1990).

la psychologie scientifique», (Rivière, 1990, p. 37; Vygotski, 1930/1985, p. 45; Bruner, 1996, pp. 7ss), le sémiotique constituant la clé de voûte qui assure l'intégration de la dimension éducative et de la dimension psychologique.

Dans notre perspective, la notion de champ déborde l'acception disciplinaire pour s'organiser autour d'un paradigme qui lui-même convoque différentes disciplines dont le lien est fondamentalement épistémologique et théorique. Ainsi défini, le champ renvoie à «l'espace d'interactions d'éléments propres [...à cet] ensemble de disciplines apparentées» (Resweber, 2000, p. 359) qui précisément se déploient autour du paradigme. Cette définition du champ, moins académique et institutionnelle que théorique, tout en nous permettant d'insister sur le lien «organique» qui unit – dans notre reformulation – psychologie et sciences de l'éducation, ne conduit pas pour autant à la dissolution des enjeux spécifiques de l'une et de l'autre discipline. Cette précision est d'importance parce que, à notre avis, cette position ouvre, quant aux sciences de l'éducation, la possibilité d'une *autre* voie dans les débats actuels entre «révérence» et «référence» eu égard aux disciplines «contributives», la première voie étant classiquement invoquée comme étant de nature à faire obstacle au procès d'autonomisation (et de disciplinarisation) des sciences de l'éducation, tandis que la seconde serait en quelque sorte garante de ce processus.

Dans ce qui suit, nous tenterons de montrer l'articulation épistémologique profonde existant entre les sciences de l'éducation et la psychologie telle que permet de la faire ressortir le paradigme historico-culturel vygotskien. Pour ce faire, nous présenterons, dans une première partie, l'objet de recherche et la problématique qui nous permettront d'en réaliser l'illustration. Dans une seconde partie, organisée en trois rubriques, nous ferons état de certains des aspects méthodologiques[4] qui nous ont permis d'élaborer plus avant le paradigme vygotskien de manière à pouvoir cerner notre objet. Seront ainsi abordées différentes problématiques: 1) la situation éducative comme espace d'interaction triadique; 2) la signification comme unité d'analyse du fait psychologique; 3) le signe pour ressaisir les processus de construction de la signification dans la situation éducative. Dans une troisième et dernière partie, nous

---

4 Nous employons ce terme selon la tradition russe (et particulièrement vygotskienne) qui articule fondamentalement épistémologie et méthode (cf. Davidov & Radzikovskii, 1985).

présenterons deux brefs exemples d'analyse conduits à l'aide de l'approche sémiotique qui illustreront notre manière d'accéder aux significations en construction. Pour conclure, nous avons choisi d'aborder deux problématiques qui se trouvent renouvelées par notre approche, celle de la conscience et celle de la connaissance – toutes deux interpellant aussi bien les sciences de l'éducation (et singulièrement les didactiques) que la psychologie.

QUESTIONNEMENT THÉORIQUE ET OBJET DE RECHERCHE

Le questionnement à la source de la formulation initiale de notre objet de recherche émerge sur le terrain de la psychologie développementale. Il s'inscrit dans un projet fondamental qui vise à poser les linéaments d'une approche sémiotique intégrée[5] de la construction du psychisme et de la conscience *depuis ses prémices*. Plus spécifiquement, dans le cadre des travaux évoqués en ces lignes, il s'agit de mettre à l'épreuve l'hypothèse selon laquelle la construction des connaissances, dès l'étape préverbale, s'établit comme le produit d'actes de culture et est donc sémiotiquement médiatisée[6]. Notre questionnement s'inscrit dans le débat classique, maintes fois réitéré au fil des siècles par la tradition philosophique puis psychologique, sur le statut et les conditions de constitution

---

5 Dans cette approche (cf. Moro, 2000) qui s'inscrit dans le projet théorique vygotskien, nous considérons que l'enfant se trouve en permanence confronté à une «réalité fabriquée» (Bruner, 1996; Goodman, 1978) – recélant des significations publiques – qui, pour une large part, s'organise en systèmes sémiotiques d'activités autour d'objets spécifiques. Le développement résulterait alors de l'entrée de la personne dans ces systèmes et de l'instrumentation corrélative du psychisme, laquelle implique une réorientation constante en un sens artificiel du psychisme initial (Vygotski, 1930/1985). Cette approche intégrée (visée à terme dans nos travaux) implique notamment de considérer les interactions entre les différents systèmes impliqués dans les situations d'apprentissage (formelles comme informelles) et leur impact au plan du développement.

6 Vygotski (1927/1999) ne considère la médiation (qui implique une relation indirecte du sujet avec la réalité) effective qu'au niveau des fonctions psychiques supérieures, soit à partir de l'avènement du langage. Ce que nos travaux – relatifs à l'étape préverbale du développement – mettent précisément en question.

des connaissances et du développement humains. Au travers de notre objet, la problématique sémiotique s'étend alors à l'amont du langage, et réinterroge la coupure traditionnellement opérée entre fonctions de communication et de cognition par la psychologie (y compris par Vygotski s'agissant des fonctions psychiques dites «inférieures»).

Prenant appui sur la conception sémiotique du développement selon Vygotski – tout en énonçant la nécessité d'en étendre la conceptualisation à l'étude du préverbal et à la communication *on line* –, nous supposons que le développement humain consiste, pour une large part, en l'appropriation d'un capital culturel initialement excentré, recelé dans les construits de la culture que sont les œuvres de toutes sortes (objets artefacts[7], langage, systèmes de normes et de valeurs, systèmes théoriques, etc.) autour desquelles se déploient les activités humaines. Nous postulons que cette appropriation par le jeune enfant ne peut se réaliser que dans le cadre de situations d'éducation-apprentissage sous la médiation de l'adulte. Plus encore, considérant que les construits culturels sont un lieu de sédimentation de significations sociales au travers de leurs usages – lesquels sont le fruit de conventions historiquement et collectivement élaborées –, la question centrale devient alors celle de comprendre comment ces significations se transmettent de l'adulte à l'enfant et les processus que l'enfant va mettre en œuvre au fil du temps pour reconstruire les significations sociales des objets – condition, dans la perspective envisagée, du développement psychologique.

L'objet d'étude retenu pour la mise à l'épreuve de l'hypothèse de la nature sociale et sémiotique des connaissances avant le langage consiste en *la construction de l'usage canonique*[8] *de l'objet chez l'enfant entre 7 et 13 mois dans l'interaction triadique bébé-objet-adulte*. En tant que tel, cet objet

---

7 L'objet artefact désigne l'objet en tant qu'il est une fabrication humaine (cf. nos éléments de définition pour une approche pragmatique de l'objet in Moro & Rodríguez, sous presse).
8 L'usage canonique de l'objet peut se définir comme «ce que l'on doit faire avec l'objet». Cet usage est défini par la communauté humaine et est relatif à la pure fonction matérielle de l'objet, laquelle n'épuise d'ailleurs pas la connaissance de l'objet (cf. notre discussion à ce sujet à partir de la conception de Barthes in Moro & Rodríguez, sous presse). La notion d'usage canonique peut être mise en rapport avec la notion d'*affordance* (ce que l'objet permet) développée par Gibson (1979), sauf que nous postulons, à la différence de la position gestaltiste de Gibson, que l'*affordance* se construit.

permet de faire remonter l'investigation aux conditions culturelles et sociales d'émergence de la rationalité humaine avant l'avènement du langage. Cette approche de la construction de l'objet par son usage que nous redéfinissons comme «approche pragmatique de l'objet» (inspirée de Peirce et de Wittgenstein, cf. infra) implique de (re)solidariser, au sein d'un même tout, l'analyse de l'objet et celle du signe et, par là même, de réintégrer, au cœur de l'objet, les aspects significatifs, conventionnels et symboliques (traditionnellement évincés des objets matériels), dont l'apprentissage par l'enfant se révèle crucial pour son développement.

De cette première délimitation de notre objet d'étude, il ressort que le champ d'intérêt s'étend de la sphère psychologique à la sphère éducationnelle, l'éducation étant alors instituée comme condition de possibilité de la construction des connaissances et du développement, au sens où elle permet l'accès à la culture (ici l'usage canonique) et ce dès l'étape préverbale. Ainsi, dans notre conception, la situation éducative est posée comme objet prioritaire à explorer en tant qu'elle constitue le lieu majeur de transmission par l'adulte et d'appropriation par l'enfant des significations sociales des objets. La situation éducative permet de traquer dans l'espace public de l'interaction les conduites psychologiques à l'état naissant – i.e. «non fossilisées» pour reprendre la terminologie vygotskienne (Rivière, 1990, p. 86) – au travers des pratiques sociales auxquelles les enfants sont amenés à participer avec autrui, avant qu'elles ne deviennent une part effective du fonctionnement psychologique en propre. L'espace d'observation ainsi délimité est dit «triadique» car il se situe à la confluence des trois systèmes que sont 1) la culture au travers de ses construits sociaux; 2) les «systèmes de médiation» grâce auxquels se transmet la culture; 3) les «apprenants» (ici le bébé ou l'enfant, mais dans d'autres situations l'élève ou encore l'adulte).

Aspects de méthode

La situation éducative comme espace d'interaction triadique

La définition d'une unité minimale (Moro & Rodríguez, 1989) qui balise le champ de l'observation et permet d'accéder à la construction de l'usage de l'objet chez l'enfant du préverbal s'inscrit dans l'option antidualiste que nous avons préalablement affirmée. Cette conception, Vygotski (1931/1978) l'exprimait déjà, dans un énoncé, à valeur essentiellement programmatique, où il indiquait que «le chemin de l'objet à l'enfant et de l'enfant à l'objet passe par une autre personne». (p. 30) Assertion qui fait écho à la thèse, également postulée par Vygotski, d'un double développement, inter- puis intrapsychologique.

Concernant notre objet, cette problématique se trouve reprécisée en un sens pragmatiste (inspiré de la conception de Wittgenstein selon laquelle *la signification* c'est l'usage, cf. *Investigations philosophiques*, 1953/ 1961). Dans une «approche pragmatique de l'objet» (Moro & Rodríguez, 1997, 1998, sous presse; Rodríguez & Moro, 1999), il convient méthodologiquement d'établir une distinction entre l'objet et l'usage. L'usage renvoie à une communauté humaine au sens où il est un lieu de convention, de code, de communication et de signification. C'est le lieu des signes par excellence. Les objets sont donc sociaux d'abord en vertu de leurs usages. Ils sont le support de conventions dans le sens où ils sont fabriqués par l'homme non de manière improvisée mais orientée dans le but de satisfaire à une fonction, voire même à plusieurs fonctions, dans un sens pratique. Ces fonctions sont généralement partagées par une communauté de sujets à un moment donné de l'histoire collective. C'est ainsi que, pour être transmis, l'usage, autrement dit les règles d'utilisation de l'objet, requiert l'intervention éducative des autres personnes qui entourent l'enfant.

Au plan de la genèse, pour suivre la construction de l'usage, il convient ainsi d'élargir le périmètre de l'observation des conduites psychologiques aux sources sociales qui leur donnent naissance. En englobant les trois pôles que sont le bébé, l'adulte et l'objet, l'interaction triadique s'instaure comme l'unité minimale d'observation qui permet de saisir le fonctionnement de la communication et de la cognition dans leur simultanéité.

LA SIGNIFICATION COMME UNITÉ D'ANALYSE DU FAIT PSYCHIQUE

En préambule, il convient de rappeler que la question de la détermination d'unités d'analyse propres à matérialiser les faits de conscience (pour reprendre Vygotski) est sans doute l'une des plus complexes auxquelles s'affrontent les approches socio-culturelles de la cognition (voir aussi les théoriciens de la *Cognition située* in Moro, 2001). Pour Vygotski dont la réflexion méthodologique fait autorité en la matière (Vygotski, 1930/1985, 1934/1997; voir aussi Davidov & Radzikovskii, 1985; Moro, 2000, 2002; Moro & Schneuwly, 1997; Schneuwly, 1999; Zinchenko, 1985), l'unité d'analyse joue un rôle d'indicateur pour le principe explicatif postulé au plan théorique (l'activité pratique humaine[9] – dont Vygotski déclare qu'elle est médiatisée) en même temps qu'elle est en lien avec le découpage d'unités d'observation (cf. supra) susceptibles de rendre compte du fait psychique, tant dans ses dimensions inter- qu'intrapsychologiques et en son développement. Cette unité doit en outre rester valide pour l'étude de l'ensemble du processus développemental relatif à la constitution d'une nouvelle fonction psychique (dans le cas présent, l'usage canonique de l'objet)[10] de même qu'elle doit pouvoir permettre de s'atteler à «la question du rapport entre les différentes fonctions psychiques, entre les différentes formes d'activité de la conscience.» (Vygotski, 1934/1997, p. 47) Ici se noue l'un des enjeux fondamentaux de l'épistémologie vygotskienne, à savoir que la méthode elle-même résulte d'un construit théorique.

Dans la détermination d'une unité d'analyse[11] qui permette d'appréhender la construction de l'usage canonique de l'objet chez le bébé dans la situation éducative, à savoir dans la communication *on line* (et d'inférer l'élaboration corrélative de formes nouvelles de pensée sous l'effet de l'intégration des significations relatives à cet usage), l'objectif est vite apparu de situer l'analyse au plan de la signification. En ce que l'unité d'analyse renvoie au fait psychique dans l'ensemble de ses dimensions

---

9   Vygotski peut être considéré comme le fondateur d'une psychologie de l'activité (Davidov & Radzikovskii, 1985). La catégorie de l'activité est reliée par Vygotski à celle de médiation. Cette dernière catégorie, considérée comme clé d'accès à la conscience par Vygotski, constitue le champ principal d'investigation de Vygotski tout au long de l'œuvre (Moro & Schneuwly, 1997).

10 Comme indiqué plus haut, notre projet théorique vise à être étendu à l'ensemble du développement. Sous certains aspects, la construction de l'usage canonique de l'objet prend donc valeur heuristique pour jeter les bases d'un modèle sémiotique de la construction des connaissances (cf. Moro, 2000).

11 La question de la définition d'unités d'analyse susceptibles de rendre compte du fonctionnement psychologique humain dans une conception historico-culturelle n'a cessé de faire débat depuis les deux propositions vygotskiennes d'unités de l'*acte instrumental* et de la *signification du mot*. Cette question témoigne de la difficulté théorique qu'il y a à lier le développement individuel aux formations sociales qui lui donnent naissance et aux outils de la culture. Pour plus détail sur ce débat et notre argumentation théorique en faveur de l'unité d'analyse de la signification (dans le sillage de la deuxième unité proposée par Vygotski), on se reportera à Moro (2000).

constitutives et d'emblée en son développement, ainsi que Vygotski l'indique dans ses réquisits pour une unité (cf. sa définition de l'unité de base[12] et Zinchenko, 1985, pour une systématisation des exigences vygotskiennes en la matière), l'analyse du fait psychique ne peut en rester à l'examen des seules conditions d'action et de réaction des trois instances que sont le bébé, l'objet et l'adulte; ou encore à la seule considération des interactions respectives sujet-objet et sujet-sujet; sauf à en manquer le principe organisateur et à courir le risque de ne promouvoir du fait psychologique qu'une reconstitution seulement externe et mécanique où se seraient «évaporés, volatilisés» (Vygotski, 1934/1997, p. 52) «ces éléments propres au tout» (p. 51). L'unité d'analyse de la signification permet précisément la saisie simultanée de ces éléments propres au tout, offrant par là-même une vision unitaire du fait psychique qu'il soit co-extensif à l'interaction externe, ou qu'il relève du seul sujet dans l'interaction avec le monde et/ou avec soi-même et avec autrui. La formulation d'une telle unité permet ainsi de situer l'analyse du fait psychique au plan de sa dynamique interne et d'en atteindre le principe de constitution même. En ceci, notre propos coïncide tout à fait avec le propos vygotskien, émis sur le terrain de l'étude de la constitution de la pensée verbale, selon lequel les «unités de base indécomposables qui conservent les propriétés spécifiques du tout en tant qu'unité et dans lesquelles inversement ces propriétés se retrouvent [...consistent précisément en la] signification» (Vygotski, 1934/1997, p. 54).

Si la signification peut s'instituer comme véritable trait d'union entre l'enfant, le monde et autrui (et constituer à terme la trame de la vie psychologique et de la conscience), elle ne peut le faire que via le signe, la signification étant une modalité «relationnelle, fonctionnelle» qu'«il est impossible de se représenter [...] en dehors du signe, comme quelque

---

12 Vygotski en donne la définition suivante: «Par unités de base, nous entendons des produits de l'analyse tels qu'à la différence des éléments ils possèdent *toutes les propriétés fondamentales du tout* et sont des parties vivantes de cette unité qui ne sont plus décomposables. [...] La psychologie qui veut étudier les unités complexes doit le comprendre. Elle doit remplacer les méthodes de décomposition en éléments par la méthode d'analyse en unités de base indécomposables, qui conservent les propriétés spécifiques du tout en tant qu'unité et dans lesquelles inversement ces propriétés se retrouvent, et à l'aide de cette analyse elle doit tenter de résoudre les questions concrètes qui se posent à elles» (Vygotski, 1934/1997, p. 36).

chose d'indépendant, de particulier» (Bakhtine [Volochinov], 1929/1977, p. 49).[13] Dans nos travaux, le signe est appréhendé selon une double modalité: 1) comme moyen dont l'enfant dispose pour accéder aux significations publiques (ressortissant à la culture); 2) comme méthode, pour le chercheur, pour accéder à la construction de ces mêmes significations par l'enfant. Ces considérations font écho au plaidoyer de Bruner pour une psychologie culturelle qui se donne comme objet central la signification et où il s'agit de comprendre «comment les êtres humains interprètent leurs mondes et comment *nous* interprétons *leurs* actes d'interprétation» (Bruner, 1990, p. xiii).

Le signe permet de plonger au cœur de la construction de la connaissance et d'examiner l'influence de l'intervention éducative sur le processus évolutif, i.e. la transformation qu'elle provoque au niveau des modes de penser et d'agir, laquelle conduit à terme à une restructuration durable du comportement chez le sujet-apprenant. De façon concomitante, le signe permet d'accéder aux processus d'interprétation (ou sémiosis) mis en œuvre par le sujet-apprenant dans son appropriation du signe d'autrui – base de la reconstruction des significations de l'objet et source du développement psychique. Ainsi, au travers du signe, peuvent être approchées la médiation des significations d'usage, depuis l'objet via autrui vers le sujet-apprenant, ainsi que les conditions de d'appropriation et de reconstruction de ces mêmes significations par le sujet-apprenant dans une approche qui solidarise processus d'éducation-apprentissage et processus de développement.

LE SIGNE POUR RESSAISIR LES PROCESSUS DE CONSTRUCTION
DE LA SIGNIFICATION DANS LA SITUATION ÉDUCATIVE

Nous examinerons ci-après l'apport de la sémiotique peircienne[14] dans l'approche de la construction de la signification et les réaménagements que son utilisation implique dans le cadre du paradigme historico-culturel vygotskien. Dissipons immédiatement un premier malentendu possible: la sémiotique peircienne n'a pas vocation à se substituer au paradigme vygotskien, son utilisation est purement méthodologique mais,

---

13 Voir sur ce point l'argumentation de Bakhtine [Volochinov] (1929/1977, chap. 3).
14 Dans le cadre de ce texte, cet énoncé ne peut qu'être bref. Le lecteur intéressé se reportera à Moro et Rodríguez (1997, sous presse).

bien sûr, au sens où Vygotski l'entendait, à savoir que son utilisation nécessite une articulation théorique avec le paradigme historico-culturel – lui-même reconsidéré dans le cadre de la définition d'une approche sémiotique intégrée du développement (Moro, 2000). En ce sens, il ne s'agit pas de nier certaines des conceptions épistémologiques de Peirce, notamment son antidualisme qui se trouve précisément à l'origine de sa conception et de sa configuration du signe (cf. notamment «Quelques conséquences de quatre incapacités», Peirce, C.P. 5.264-5.317 où, se démarquant du cartésianisme, Peirce énonce les principes qui, selon lui, sont au fondement de la connaissance non intuitive). Sa critique rejoint d'ailleurs celle posée sur le terrain de la psychologie par Vygotski. La pensée peircienne est tout entière tendue vers l'objectif de décrire adéquatement les processus continus de progrès de la pensée au travers du prisme de la pensée exemplaire pour lui, qu'est la science. En jetant les bases d'une nouvelle théorie de la signification et de la connaissance et en définissant, pour ce faire, une méthode de clarification conceptuelle à partir du signe – essence de la pensée pragmatiste –, Peirce vise à se rapprocher de la vérité hypothétique qui déborde l'intuition. Ainsi, les catégories de Peirce s'attachent à décrire les différentes formes de l'inférence (ou sémiosis) fondant ainsi une nouvelle démarche d'appréhension de la connaissance, à partir de catégories intermédiaires [inspirées de la logique des relations] qui rompent avec le dualisme «esprit» «matière». Aboutissant à l'idée que c'est dans sa relation sémiotique au monde que l'homme arrive à connaître et à se connaître, l'œuvre philosophique (et logique) de Peirce se confond avec sa sémiotique.[15]

Dans le cadre de ces conceptions, Peirce propose une définition du signe qui ouvre considérablement le champ d'application de la sémiotique[16]:

---

15 Pour certains exégètes, telle Tiercelin (1993), «Peirce [...aurait] moins développé une sémiotique, au sens d'une discipline académique autonome, qu'il n'[...aurait] constamment conçu ses réflexions sur le signe au sein d'une philosophie, voire d'une métaphysique du signe» (pp. 43ss).

16 Ce qui, malgré les multiples déclarations d'antipsychologisme de Peirce, en fait un outil de choix pour l'approche psychologique, la sémiotique peircienne étant une sémiotique de l'interprétation (activité psychique fondamentale) et non une sémiotique des codes (au sens – que nous lui conférons – de système d'activités sémiotiques) qu'elle n'exclut toutefois pas puisque l'«objet», i.e. ce sur quoi le signe porte (en tant que réalité sémiotique et

Un signe ou *representamen* est quelque chose qui tient lieu pour quelqu'un de quelque chose sous quelque rapport ou à quelque titre. Il s'adresse à quelqu'un c'est-à-dire crée dans l'esprit de cette personne un signe équivalent ou peut-être un signe plus développé. Ce signe qu'il crée, je l'appelle *interprétant* du premier signe. Ce signe tient lieu de quelque chose: de son *objet*. Il tient lieu de cet objet, non sous tous ses rapports, mais par référence à une sorte d'idée que j'ai appelée le *fondement* du representamen. (C.P. 2.228)

Ces trois éléments que sont le representamen, l'objet de sémiose et l'interprétant sont indissociablement liés au sein de tout phénomène sémiotique. Ce qui définit à proprement parler le signe comme triadique. Cette conception triadique du signe permet la mise au jour du procès d'interprétation se déroulant dans le signe. Dans une telle configuration du signe, signe et signification ne s'impliquent pas directement, signifiant par là que la relation entre un signe et ce que le signe signifie (son objet) n'est pas directe mais est médiatisée par un troisième élément, l'interprétant, lequel renvoie à une interprétation qui met le signe en relation avec son objet. Le signe triadique se distingue ainsi fondamentalement de la conception dyadique du signe (i.e. du signe-représentation) qui est de l'ordre de la régulation automatique même lorsque le signe suppose en son sein l'élément social (voir la conception saussurienne du signe) (cf. Foucault, 1966; Moro & Rodríguez, sous presse; ou encore Tiercelin, 1993). En affirmant que tout peut devenir signe sans exclusive, Peirce définit la sémiosis comme un processus épistémologique sans frontières. De fait, la sémiotique peircienne permet d'envisager tous les domaines signifiants (y compris les objets inanimés, soit ceux qui n'ont pas d'émetteur spécifique) et est susceptible de s'intéresser à tous les phénomènes sémiotiques, qu'ils soient intentionnels ou non intentionnels; Qu'ils relèvent de la sphère émotionnelle, intellectuelle ou plus foncièrement pratique[17].

---

mondaine), est inclus dans le signe peircien. Le rôle de premier plan joué par l'objet, «à la fois réel et signe» (Tiercelin, 1993, p. 66), dans la sémiotique peircienne, évite précisément l'écueil d'une position idéaliste dans l'analyse des signes (reproche formulé à l'égard de Berkeley, cf. aussi Tiercelin, 1993, pp. 51ss).

17 Contre la réduction de la pensée de Peirce – fondateur du pragmatisme (cf. «Comment se fixe la croyance?». «Comment rendre nos idées claires», C.P. 5.358-5.410) – au seul langagier, on retiendra l'affirmation de Deledalle (1990): «On reconnaîtra à Peirce la supériorité d'avoir élargi le champ de la

La conception de la médiation est l'un des fils majeurs qui rend possible le lien entre la sémiotique peircienne et le paradigme historico-culturel vygotskien. Nous rappellerons ici que Vygotski fait jouer un rôle central à la médiation (en ce qu'elle est sémiotique) (cf. Moro, 2000). Or nous considérons que la conception de la sémiosis selon Peirce rejoint tout en la prolongeant la conception vygotskienne de la médiation et qu'elle ouvre une voie à l'analyse de la construction de la connaissance en tant que processus d'institution de code (par la sémiosis qui réfère au procès d'interprétation se déroulant dans le signe). Mais à lui seul cet élément, au demeurant indispensable, ne suffit pas pour appréhender la construction de la connaissance de type culturel, dans sa survenue au double plan de sa genèse chez le sujet-apprenant et des habitudes relatives à une société déterminée (qui s'expriment dans la situation éducative). C'est ainsi qu'une double transformation a été opérée au niveau du signe peircien de façon à le rendre compatible avec l'appréhension des faits de communication et de genèse telle que l'impliquait notre objet. Ce faisant, le concept de médiation sémiotique, avancé par Vygotski, a pu être généralisé 1) en synchronie, à la communication *on line*, à savoir à la situation éducative conçue comme interaction triadique; 2) en diachronie, aux processus de genèse afférant au prélangagier. Ainsi, l'utilisation du signe au plan interpsychique rend possible la mise en évidence des formes naissantes d'interprétation du monde (en termes de construction d'accords) qui se réalisent à partir du signe d'autrui dans la communication *on line* et, dans son acception génétique (cf. infra, notre rubrique sur l'analyse du signe), elle permet de rendre compte du processus continu de progrès de la pensée et ce dès le plan préverbal. Cette double transformation est compatible – de notre point de vue – avec les présupposés théoriques de la sémiotique peircienne: la première transformation prend appui sur la conception large du signe et sur le procès triadique de la sémiosis pour proposer la dissociation méthodologique du «signifiant» et du «signifié» (pour reprendre provisoirement la terminologie saussurienne) pour analyser le procès de construction de la signification au plan

---

logique aux dimensions de la sémiotique et d'avoir donné pour fondement à cette dernière une philosophie phénoménologique ou, plus exactement, phanéroscopique [de phénomènes ou ‹phanérons›, i.e. ‹qui se montre›] et pragmatique dont les logiciens d'aujourd'hui, fascinés qu'ils le sont par le symbole, sont bien incapables de saisir le caractère iconique et indiciaire.» (p. 17). Voir aussi Rodríguez et Moro (2002).

interpsychique; la seconde transformation prend, elle, appui sur la conception hiérarchique et inclusive des catégories (qui, selon nous, traduit l'impact des idées évolutionnistes sur la pensée peircienne).[18] Ces préalables étant établis, le test de la validité de cette transposition permettant la construction de catégories psychologiques (articulant la pensée et la communication) à partir des catégories peirciennes a été réalisé sur l'ensemble des données recueillies dans une confrontation permanente entre outils théoriques (issus de la sémiotique peircienne) et données empiriques.

---

18 Notre construction méthodologique fait ainsi valoir deux formes de triadicité articulées (la triadicité de l'interaction impliquant elle-même les trois «actants» que sont le bébé, l'objet et l'adulte) et la triadicité du signe impliquant les trois termes que sont le representamen, l'objet de sémiose et l'interprétant. Cette double triadicité articulée nous garantit autant de l'écueil de l'idéalisme que du spectre de l'incommunicabilité. Nous soulignerons que la première triadicité est à mettre en rapport avec la définition de la signification comme usage (selon Wittgenstein) et des conditions (au nombre de deux) qu'il assigne à tout «comportement sémantique». Celles-ci consistent en «‹l'apprentissage› dans le milieu des habitudes d'une société déterminée, et [en] la nécessité d'être systématiquement coordonné avec d'autres comportements linguistiques [nous dirions sémiotiques s'agissant de nos travaux]» (de Mauro, 1969, p. 181). Il est intéressant de noter que la conception wittgensteinnienne rejoint les considérations de Saussure (1916/1972/1985) lui-même lorsqu'il invoque la variable du «cadre social où se trouve le système» (p. 154) (pour l'analyse comparée des systèmes de Peirce et de Saussure, voir Moro & Rodríguez, sous presse). Dans nos travaux, nous montrons précisément que, pour atteindre les processus d'institution de code, si la première forme de triadicité évoquée est indispensable, elle nécessite toutefois d'être articulée avec la triadicité plus spécifiquement sémiotique (i.e. celle qui se joue à l'intérieur du signe). Ainsi redéfinie, la situation éducative devient le lieu majeur de (re)construction des significations (autrement dit de construction des interprétants, au sens de Peirce) (cf. aussi Bruner, 1990).

ELÉMENTS D'ILLUSTRATION

ECLAIRAGE SUR L'ANALYSE DU SIGNE DANS L'ACCÈS À LA SIGNIFICATION[19]

Dans le cadre de cette rubrique, nous nous centrerons sur l'analyse de la sémiosis ou procès par lequel la signification se produit dans le signe à partir de l'examen de ses constituants, tels que les différents éléments théoriques précédents nous ont permis d'en poser les bases. Cette part de l'analyse constitue la clé de voûte de notre appréhension de la (re)construction des significations d'usage de l'objet par le sujet-apprenant depuis leur constitution au plan interpsychique dans la situation éducative (sous l'impulsion du signe d'autrui) jusqu'à leur intégration en conscience, au plan intrapsychique. La caractérisation des différentes formes de signification, mises en place par le sujet-apprenant au fil de la genèse, s'effectue après un repérage préalable des constituants du signe que sont le «representamen» (signe au départ du processus d'interprétation, signe d'autrui ou objet artefact) et l'«objet de sémiose» («produit de l'action du signe» qui réfère à l'ensemble des possibles de l'action enfantine: attention, émotion, action, vocalisations/verbalisations...). A partir de ce repérage, il s'agit de décrypter le «fondement» de signification qui détermine l'interprétabilité du signe. Pour l'analyse du fondement de signification, nous nous référons à la division du signe – proposée par Peirce – en icônes, indices et symboles, qui renvoie à trois types de relation entre le representamen et l'objet de sémiose (relation conçue, par Peirce, comme médiate, cf. supra). Cette subdivision du signe est en lien avec les trois catégories philosophiques fondamentales, permettant de décrire les phénomènes relatifs à l'expérience humaine, que sont la Priméité, la Secondéité et la Tiercéité. La Priméité consiste à «être ou exister indépendamment de tout autre chose» (C.P. 1.357) impliquant que le

---

[19] Nous n'entrerons pas ici dans le détail de la procédure méthodologique qui nous a permis d'accréditer la thèse de l'origine et de la structure sémiotiques de l'acte de connaissance durant la phase préverbale. Pour une version exhaustive de la méthodologie d'analyse suivie (protocoles à partir des vidéos, catégories, découpage des séances en séquences d'interaction triadique, angles d'attaque de l'analyse sémiotique, etc.) ainsi que de la procédure mise en place pour le recueil des données, le lecteur se reportera à Moro et Rodríguez (sous presse) et à Rodríguez et Moro (1999).

signe au départ du processus d'interprétation (ici *l'icône*) ne renvoie pas à autre chose qu'à lui-même (par exemple, le signe-fumée représente l'objet fumée), l'icône se rattachant à son objet par «ressemblance». La Priméité trouve son assise dans la vie émotionnelle, (dans nos analyses, le signe de l'adulte irradie au plus profond, autrement dit s'inscrit dans l'«affectibilité» ainsi que l'indique Peirce). La Secondéité «est la conception de l'être relatif à quelque chose d'autre» (C.P. 1.457). Elle est la catégorie «de l'effort, du combat, de la résistance» (C.P. 1.320; 322, 2.84). La Secondéité est «surgissement» dans les faits (dans nos analyses, elle se caractérise, de la part de l'enfant, par l'usage canonique de l'objet de façon occasionnelle, i.e. «sous la pression des circonstances»). Le signe fumée (ici *l'indice*) représente l'objet feu de façon purement circonstantielle. La Tiercéité enfin est la catégorie de la règle, de la Loi. C'est la catégorie du général, du Téléologique. (C.P. 2.246) Le signe fumée (ici *le symbole*) représente l'objet feu indépendamment des circonstances impliquant que la signification est codée (dans nos analyses, la règle d'utilisation de l'objet est devenue prescriptive, l'objet signifie alors son usage). Dans notre reconceptualisation (en termes génétiques) de la sémiotique peircienne, les catégories d'icône, d'indice et de symbole sont considérées comme des cas limites entre lesquels des variétés intermédiaires de signes peuvent prendre place (cf. infra, nos exemples d'analyse).

EXEMPLES D'ANALYSE ILLUSTRANT LE RÔLE DE L'INTERVENTION ÉDUCATIVE ET DU SIGNE DANS LA CONSTRUCTION DE LA SIGNIFICATION[20]

Les brefs exemples rapportés ci-après illustrent, aux deux étapes extrêmes de la genèse, i.e. à 7 et à 13 mois, le rôle de l'intervention éducative et des signes employés intentionnellement par l'adulte pour transmettre l'usage canonique de l'objet à l'enfant et les significations relatives produites par l'enfant eu égard à ces signes et à l'objet. Ces exemples concernent l'objet «camion + plots» et l'usage canonique d'introduire les plots dans les différents trous du camion.[21]

---

20 Dans cette contribution, à visée essentiellement théorique et épistémologique, les exemples ont valeur d'illustration de l'analyse que le signe peircien permet de mener au sein de la situation éducative.

21 Le camion est pourvu dans la partie supérieure de 6 trous de formes distinctes par lesquels on peut introduire 6 plots de forme et de couleurs différentes (un cylindre blanc; un plot hexagonal vert; un plot jaune en forme de

L'éducation et le signe comme conditions

Rappelons qu'à 7 mois, les usages de l'objet, réalisés par l'enfant, sont essentiellement non canoniques. Ces usages sont aisément repérables en ce qu'ils consistent en *frotter, sucer, frapper, jeter*, etc. et sont indifféremment appliqués aux objets, cependant qu'à 13 mois, l'usage canonique dans ses significations de base est acquis. Nos travaux ont mis en évidence le rôle des signes d'autrui dans cet avènement. Ces signes diffèrent quant à leurs taux d'emploi, leurs fonctions et leurs configurations de mise en œuvre selon les âges et l'objet impliqué. A 7 mois, ce sont les signes ostensifs comme les ostensions (présenter l'objet) et les démonstrations (montrer l'usage) qui, malgré la disparité de connaissance de l'objet entre les deux protagonistes de l'interaction, permettent à l'enfant une entrée liminaire dans les significations conventionnelles de l'objet. Les signes ostensifs, signes à «code faible et imprécis» (Eco, 1992, p. 62), largement polysémiques, ouvrent à l'interprète (ici l'enfant) un vaste registre de possibilités interprétatives. A 13 mois, alors que les significations conventionnelles de base relatives à l'usage canonique sont acquises et prennent une valeur prescriptive quant à l'utilisation fonctionnelle habituelle de l'objet, d'autres signes prennent le relais pour faire progresser l'enfant dans une connaissance plus complexe de l'usage canonique de l'objet. Entrons dans le vif des exemples.[22]

---

fleur; un plot cubique orange; un plot triangulaire bleu; un plot oblong rouge). Les emplacements où introduire les plots correspondent à la forme du plot de telle façon qu'à chaque plot correspond un emplacement particulier. L'usage canonique (examiné dans les exemples relatés) correspond à l'introduction des plots dans leurs emplacements respectifs.

22 Six dyades genevoises et six dyades madrilènes adulte-bébé (6 garçons, 6 filles) appartenant toutes à la classe moyenne sont observées longitudinalement (à 7, 10 et 13 mois) interagissant durant 5 minutes avec deux objets offerts successivement au cours de la séance. La consigne, peu contraignante, donnée à l'adulte, est la suivante: «Jouez avec votre enfant comme vous avez l'habitude de le faire». Chaque séance est filmée en vidéo par une seule caméra. Une base de temps est ajoutée. Les bandes vidéo sont transcrites dans leur entièreté. Cette transcription s'effectue à la seconde. Toutefois, s'il y a un doute sur l'antériorité d'une action par rapport à une autre de la part de l'un ou de l'autre des protagonistes, nous descendons en dessous de la seconde. Un découpage en séquences d'interaction triadique est ensuite réalisé. La notion de séquence d'interaction triadique est une norme essentiellement qualitative. Au sein des séquences d'interaction triadique, se déroulent successivement (voire simultanément) un certain nombre d'actions présentant une

Observation 1 – Mélanie, 7 mois, Séquence d'interaction triadique N° 8,
Durée: 21 secondes
Démonstration distante et *Main vers l'action de l'autre*

L'adulte (A) se penche vers Mélanie et dit *tu le prends pas celui-là* puis saisit le plot rouge et le garde en attente. Mélanie tape avec un plot contre le camion puis s'arrête pour regarder A qui approche le plot rouge du camion. A maintient le plot non enfoncé sur la forme durant 3 secondes. A dit *j'le lâche*. Mélanie dirige sa main munie d'un plot vers l'action de l'autre tandis que A introduit le plot rouge dans la forme en disant *oh*. Mélanie lâche alors son plot et tend la main vers l'action de l'adulte. Ensuite, elle s'empare d'un nouveau plot qu'elle manipule.

L'intervention éducative de l'adulte auprès de Mélanie – ici analysée en termes de signes – consiste à saisir un plot et à réaliser l'usage canonique de l'objet (signe que nous qualifions de *démonstration distante* en ce que la démonstration n'implique pas le corps de l'enfant). Cette démonstration présente une segmentation de l'usage au lieu stratégique d'insertion du plot dans le camion (l'adulte maintient le plot non enfoncé sur la forme durant 3 secondes) (signe que nous qualifions d'*ostension différée*). L'adulte prend appui sur cette *ostension différée* pour anticiper langagièrement *(j'le lâche)* l'action à venir d'introduire le plot dans la forme. Mélanie prête immédiatement attention à l'action de l'adulte et à l'objet agi par l'adulte: elle cesse l'activité non canonique dans laquelle elle est engagée (taper avec un plot contre le camion) pour regarder l'action de l'adulte, puis dirige sa main (elle-même munie d'un plot) vers l'action réalisée par l'adulte (que nous qualifions de *main vers l'action de l'autre*). Toutes manifestations d'intérêt qui cessent dès l'arrêt de l'action de l'adulte, l'enfant se livrant alors à nouveau à une activité non canonique d'objet.

C'est cet ensemble complexe de signes de *démonstration distante* et de signes qui la «réinterprètent» (au sens de Peirce) qui suscite l'intérêt de l'enfant et lui permet de focaliser son attention sur le fragment de réalité

---

unité thématique (i.e. s'organisant autour d'un usage particulier de l'objet). Ce qui permet de fait de délimiter l'empan de la séquence (i.e. le démarrage et la clôture). De même, chacune des actions de l'un ou de l'autre protagoniste ne prend sens que dans le cadre de cette unité thématique (ou sémantico-pragmatique).

sélectionné par l'adulte. Cet intérêt chez l'enfant se manifeste crescendo d'abord au moyen de l'attention puis par la conduite de *main vers l'action de l'autre* qui peut être considérée comme une sorte de «réplique» dans une matérialité autre de ce complexe de signes émis par l'adulte sans qu'en soient encore précisément différenciés les constituants. Cette réplique permet à l'enfant de s'orienter sélectivement vers une partie signifiante de la réalité qui dès lors s'«émancipe» (se détache), à la manière d'une figure sur un fond, de la réalité environnante – instituant l'objet comme possible à connaître (condition sine qua non d'une entrée ultérieure dans les significations spécifiques de l'objet). Ce complexe de signes, utilisé par l'adulte, agit comme *signe ostensif global*. *Main vers l'action de l'autre* témoigne de la part de l'enfant d'une activité de sémiose de type iconico-indiciel où «renvoi du signe à lui-même» et «renvoi du signe à un objet autre que lui-même» sont fortement imbriqués. Le procès de renvoi de type indiciel est en effet ici encore largement indifférencié et implicite puisqu'il se réalise à partir de la Priméité, la réplique (renvoi du signe à lui-même) laissant poindre un renvoi à un objet autre que lui-même (le monde conventionnel de l'objet). L'activité de sémiose enfantine porte sur ce tout global ostensif qui se consolide comme premier élément discret séparé du flux des stimulations venant du monde. L'on voit ici très nettement comment les signes de l'adulte offrent à l'enfant la possibilité de dépasser la seule activité iconique initiale manifestée au travers de l'usage non canonique de l'objet et ainsi d'aller plus loin dans ses capacités du moment.

Observation 2 – Justine, 13 mois, Séquence d'interaction triadique N° 9, Durée: 22 secondes *Pointings* de l'adulte et construction d'une réponse congruente de la part de l'enfant

Justine dirige sa main vers les plots au sol. A dit *celui-là* en pointant à distance *(pointing classique)* le plot rouge. Justine saisit le plot jaune alors qu'elle s'apprêtait à saisir celui d'à côté, le rouge, mais le *pointing* de A l'en a dérangée. Justine dirige son plot vers un emplacement inadéquat juste avant que A ne dise *là* réalisant un *pointing* de l'emplacement adéquat (répétitif, touchant l'emplacement et indiquant le mouvement à opérer pour introduire le plot dans l'emplacement) [redondances qui nous permettent de qualifier le pointing de *multiple, immédiat et iconique*] tandis que Justine pose effectivement son plot sur l'emplacement inadéquat (celui du plot blanc qui avait précédemment réussi). A dit alors *ici ici poussin là là Justine là ici* réalisant concomitamment un très long (7 secondes) *pointing immédiat multiple* de l'emplacement adéquat et déplaçant le camion pour approcher le trou adéquat près de Justine alors que Justine pose son plot sur un deuxième emplacement inadéquat (emplacement du plot vert) puis sur un troisième (emplacement du plot bleu) puis à nouveau sur le premier (emplacement du plot blanc; 4e essai). A la suite de quoi, A dit *tu veux tous les essayer*. Justine essaie encore un autre emplacement (5e essai). A réalise un nouveau *pointing immédiat* de l'emplacement adéquat. Puis Justine déplace encore son plot sur un autre emplacement pour la 6e fois (emplacement du plot bleu) puis sur un autre emplacement pour la 7e fois (emplacement du plot blanc à nouveau). A dit *alors non tu peux pas tous les mettre dans le cercle* [se référant au plot cylindrique blanc]. Justine transporte alors son plot vers l'emplacement adéquat (emplacement du plot jaune) avant que A ne réalise un nouveau *pointing iconique immédiat multiple* en disant *voilà là*. A lui saisit le plot des mains, l'ajuste sur la forme après que A a lâché le plot et l'introduit dans la forme en disant *hop*.

Cette conduite marque fondamentalement les progrès opérés par l'enfant à 13 mois. Elle traduit l'avènement d'une compréhension conventionnelle (symbolique au sens où Peirce considère qu'une Loi l'établit) de l'objet. Nous noterons que s'il y a stabilisation globale de l'usage, il reste encore à établir la correspondance spécifique entre un plot donné et son emplacement spécifique. Dans cette conduite, Justine recherche l'emplacement où introduire son plot. L'adulte tente de réguler l'action de l'enfant à l'aide de *pointings* dont la signification, de la part de l'enfant, n'est pas encore symboliquement réglée. Dans sa recherche de l'emplacement adéquat, Justine utilise une signification générale (fruit d'une construction sociale préalable) «si plot alors mettre dans trou». Cette signification alors à disposition de l'enfant se constitue, au sein de la conduite, en véritable instrument psychologique pour la construction de significations plus précises de l'objet où l'établissement d'une correspondance terme à terme entre plots et emplacements particuliers s'avère co-définissante de la construction de la signification du *pointing*. L'adulte le sait qui insiste pour mettre en évidence la signification du *pointing* et ce au travers de différentes redondances, à caractère essentiellement ostensif, qui sont autant de signes qui permettent de «réinterpréter» le *pointing* pour le rendre accessible à l'enfant. Ces redondances sont au nombre de trois: la première qualifiée d'*iconique* imprime au *pointing une direction* (transformant de facto le *pointing* en vecteur); la seconde qualifiée d'*immédiate* signifie que le doigt touche directement ce qui est signalé (ici l'emplacement) spécifiant le lieu où introduire l'objet; la troisième qualifiée de *multiple* consiste en la *répétition du geste de pointer* conférant un caractère de stabilité au *pointing* lui-même. Le *pointing*, outre ces redondances, se trouve constamment réinterprété langagièrement. Toutefois, l'intense activité sémiotique déployée autour du *pointing* par l'adulte ne semble pas être en l'occurrence payée en retour sauf peut-être (du moins pouvons-nous en faire l'hypothèse) pour ce qui est du maintien de l'orientation générale de l'activité enfantine sur l'objet (cf. la persévérance dont témoigne l'enfant). Après diverses tentatives infructueuses où Justine essaie différents emplacements et notamment celui prévu pour le plot cylindrique (plot blanc) (enfilement réussi précédemment par Justine), Justine parvient à diriger son plot vers l'emplacement adéquat, conduite que l'adulte s'empresse de concrétiser par un enfilement, signe pour l'enfant que la dernière position sélectionnée est la bonne. Cet enfilement est réalisé au moyen d'une démonstration de l'usage (*démonstration distante* réinterprétée langagièrement) qui prend alors valeur de ratification de l'«hypothèse» enfantine.[23]

POUR CONCLURE: DE QUELQUES CONSÉQUENCES DE L'APPROCHE
SÉMIOTIQUE SUR LA CONCEPTION DE LA CONNAISSANCE ET
DE LA CONSCIENCE, ET DE LEUR CONSTRUCTION

Dans le cadre de ce texte, nous avons évoqué l'arrière-fond épistémologique qui se trouve à la source de notre repositionnement théorique et méthodologique. Nous avons argué de la nécessité, dans l'option qui est

---

23 L'ensemble de la démarche de construction de l'usage canonique de l'objet (entre 7 et 13 mois) a été, à partir de l'analyse sémiotique, réinterprétée en termes d'abduction selon Peirce, elle-même réinterprétée par Everaert-Desmedt (1990, pp. 83ss) de façon à accéder à partir du signe et de la signification au processus raisonnemental mis en œuvre par les sujets. «L'abduction constitue la forme la plus immédiate et aléatoire du raisonnement par inférence» (Eco, 1988a, p. 215). «Donc, l'abduction représente le dessin, la tentative hasardée, d'un système de règles de signification à la lumière desquelles un signe acquerra son propre signifié. [...] Dès que la règle est codée, toute occurrence successive du même phénomène devient un signe de plus en plus ‹nécessaire›» (Eco, 1988b, p. 51). Dans nos situations, la généralisation de l'utilisation du signe au plan interpsychique appelle à moduler l'affirmation de Eco dans le sens où la tentative du sujet est d'autant moins «hasardée» que l'enfant se trouve dans une situation d'interaction avec l'adulte – qui possède la règle d'utilisation de l'objet et encadre fortement l'enfant, à l'aide de signes, dans l'élaboration de ses «hypothèses».

la nôtre, de formuler une approche qui envisage solidairement l'éducation, l'apprentissage et le développement et institue la scène éducative comme le lieu majeur de construction des connaissances et de la conscience. Pour ce faire, nous avons mis l'accent sur le fait de disposer d'une méthodologie qui permette de saisir le fonctionnement humain dans sa complexité d'ensemble et de remonter à ses conditions sociales et culturelles d'émergence. Cette figure implique de repenser les liens entre certains aspects des sciences de l'éducation (ceux qui concernent la transmission culturelle, notamment dans l'éducation de l'enfant) et la psychologie, dans un cadre épistémologique qui intègre la sémiotique. A cet égard, nous avons pu montrer comment le paradigme historicoculturel vygotskien articulé à la sémiotique peircienne peut servir de tels objectifs. L'approche sémiotique permet en effet d'appréhender le fait psychique dans son unité, laquelle se manifeste autant dans la relation du sujet au monde et à autrui qu'à l'intérieur du sujet lui-même (entre les différentes fonctions psychiques). Ainsi que nous avons pu l'expliciter, la signification constitue la trame fondamentale du psychisme autant au plan interpsychique qu'au plan intrapsychique chez l'enfant du préverbal (prolongeant en cela les assertions de Vygotski dans *Pensée et langage*, 1934/1997 et celles de Bruner dans *Acts of Meaning*, 1990).

En apportant l'évidence de l'existence d'un façonnage spécifique du psychique en rapport avec l'entrée dans les systèmes d'usage des objets à l'étape préverbale, notre approche aboutit notamment à requestionner (et à complexifier) la problématique de la conscience, en son avènement et en ses modalités sémiotiques non nécessairement langagières – remettant pour une part en cause l'hypothèse Whorf-Sapir (cf. Moro, 2000). A ce sujet, nous soulignerons que, dans «Psychisme, conscience, inconscient», Vygotski ouvre la voie à une analyse de la conscience en ses «différents degrés» (1930/1995, p. 46). Par ailleurs, en inscrivant le procès de construction de la signification dans la matérialité du signe et dans la réalité de la communication, notre approche permet de traquer le procès de la construction des connaissances et de la conscience en deçà du discret et de faire porter l'analyse sur la structuration du continu jusqu'à l'élaboration des unités de signification conventionnelles (relatives à la connaissance «instituée», de type public) et leur intégration en conscience. La conception du signe selon Peirce évite de réduire la conscience à la seule intentionnalité et à la seule modalité de pensée consciente. Elle ouvre une autre voie pour l'étude des phénomènes d'apprentissage où l'accent porte davantage sur les processus effectifs de construction (et de réorientation) de l'agir tels qu'ils se déploient dans la communication effective. Construction qui n'est d'ailleurs pas sans paradoxe: par exemple, nous soulignerons (cf. nos analyses supra) que construire des interprétations pertinentes du signe d'autrui ne signifie pas pour autant partager les intentions d'autrui et encore moins disposer de significations partagées quant à l'objet de la communication (voir à ce sujet la très remarquable critique de Maffiolo, 1999, du modèle de Sperber et Wilson, 1989). Ces considérations sont aussi importantes pour les sciences de l'éducation qu'elles le sont pour la psychologie dont les modèles ne permettent guère l'examen des processus de genèse dans le procès de la communication (cf. aussi Rastier, 2001).

Notre approche contribue également à repenser la problématique de la constitution des connaissances (cf. Moro, 2000; Moro & Rodríguez, sous presse; Rodríguez & Moro, 2002) en tant que, dans un cadre sémiotique (et pragmatique), celle-ci se définit comme *produit de l'action du signe*, la (re)construction des significations de l'objet s'établissant au sein des accords se réalisant au plan de la communication dans la situation éducative au moyen du signe précisément. Corrélativement, la conception de l'objet s'en trouve modifiée. Considérés sous le prisme de l'usage, les objets ne sont pas *un*, mais *multiples*, soit fondamentalement polysémiques. En d'autres termes, «la simplicité ou la complexité d'un objet, et donc la consistance d'un objet, dépendent des coordonnées sous lesquelles on considère l'objet. L'objet en tant qu'il a une consistance et une constitution données n'est pas une donnée préconstituée au choix des coordonnées, et il n'est donc pas préconstitué à l'expérience de l'homme» (de Mauro, 1969, p. 170). L'objet n'est donc pas ce qui nous fait face, qui a unité et indépendance (voire est transparent comme certains psychologues ou même didacticiens le prétendent). Son accessibilité repose sur les signes, lesquels permettent d'en réduire ou d'en étendre la polysémie et donc en conditionnent sa construction. C'est ainsi que, du strict point de vue de la connaissance, l'objet se trouve toujours «aux frontières entre les signes et les choses» (Eco, 1972, p. 31). Il n'est atteignable qu'au fil des sémioses successives même si, dans le même temps, il est «la condition de possibilité de la sémiose» il est «la réalité, qui, par un moyen ou un autre, parvient à déterminer le signe à sa représentation» (C.P. 4.536) (Tiercelin, 1993, p. 68). La dimension sémiotique renouvelle ainsi considérablement la problématique de la connaissance (cf. Moro, 2000) – qui n'est d'ailleurs pas sans lien avec la problématique de la conscience évoquée ci-dessus. L'objet n'est pas extérieur au procès de la sémiosis (et donc du signe). Comme le souligne Eco (1972, pp. 59ss), dans une veine peircienne, la conception référentielle de l'objet prônée par Ogden et Richards (1923), inspirée de Frege, opacifie la question de la signification et – ajouterons-nous – de la connaissance. Ce que Peirce (C.P. 5.311) exprime dans l'idée que la conception de la réalité est le fruit d'un processus communautaire, autrement dit que «le réel est positivement ce sur quoi les hommes finissent par s'entendre» (Deledalle, 1987, p. 20). Nouvelle interpellation des sciences de l'éducation (et singulièrement des didactiques) ainsi que de la psychologie sur la problématique de la connaissance.

L'approche triadique de la construction de la signification dans la situation éducative qui permet de considérer unitairement communication et signification (ré)attribue à l'intervention éducative mais aussi à l'objet (dans ses significations sociales) un rôle orientateur majeur dans la constitution de nouvelles capacités d'agir humaines et dans la constitution de la conscience. Elle met en évidence la primauté de la sémiosis sur la noésis, autrement dit de la dynamique d'élaboration des significations par la médiation du signe d'autrui dans la situation éducative, significations qui à terme se convertissent en nouvelles formes de pensée et ne peuvent donc être déduites du seul psychisme solitaire. Elle met l'accent sur la nécessité d'identifier les différentes catégories de signes (médiations et dispositifs) qui, par leurs formes et leurs fonctions, mettent en tension le système psychique et permettent à l'enfant d'élaborer des significations nouvelles quant aux objets jusqu'à leur intégration en conscience et leur réutilisation à des fins autres dans le fonctionnement psychologique ultérieur.

En ouvrant ce chapitre, nous évoquions la notion de champ. Cette notion, réorganisée centralement autour du paradigme historico-culturel et sémiotique vygotskien, permet de formuler un nouvel espace de problèmes autour de méthodes qui lient organiquement les sciences de l'éducation et la psychologie. Le sémiotique, anticipé par Vygotski et par Bruner, anime en profondeur la réflexion épistémologique et permet de poursuivre la réflexion sur le statut de la connaissance et de la conscience humaines ainsi que sur les conditions de leur constitution au travers de méthodes permettant la saisie, dans leur unité, des problématiques d'éducation, apprentissage et développement.

RÉFÉRENCES BIBLIOGRAPHIQUES

Bakhtine, M. (1929/1977) [V. N. Volochinov]. *Le marxisme et la philosophie du langage*. Paris: Minuit.
Bruner, J. S. (1990). *Acts of Meaning*. Cambridge: Harvard University Press.
Bruner, J. S. (1996). *L'éducation, entrée dans la culture*. Paris: Retz.
Davidov, V. V. & Radzikhovskii, L. A. (1985). Vygotsky's Theory and The Activity-oriented Approach in Psychology. In J. V. Wertsch (Ed.), *Culture, communication and cognition* (pp. 33-65). New York: Cambridge University Press.
Deledalle, G. (1987). Charles S. Peirce, phénoménologue et sémioticien. In A. Eschbach (Ed.), *Foundations of Semiotics* (Vol. 14). Amsterdam-Philadelphie: John Benjamins Publishing Company.
Deledalle, G. (1990). *Lire Peirce aujourd'hui*. Bruxelles: De Boeck.
Eco, U. (1972). *La structure absente. Introduction à la recherche sémiotique*. Paris: Mercure de France.
Eco, U. (1988a). *Le signe*. Bruxelles: Labor.
Eco, U. (1988b). *Sémiotique et philosophie du langage*. Paris: PUF.
Eco, U. (1992). *La production des signes*. Paris: Le Livre de Poche.
Everaert-Desmedt, N. (1990). *Le processus interprétatif. Introduction à la sémiotique de Ch. S. Peirce*. Liège: Mardaga.
Foucault, M. (1966). *Les mots et les choses*. Paris: Gallimard.
Gibson, J. J. (1979). The Theory of Affordances. In *An Ecological Approach to Visual Perception* (pp. 127-143). Boston: Houghton Mifflin.
Goodman, N. (1978). *Ways of Worldmaking*. Indianapolis: Hackett.
Hofstetter, R. & Schneuwly, B. (Ed.). (1998). *Le pari des sciences de l'éducation*. Raisons Educatives 1/2. Paris, Bruxelles: De Boeck.
Maffiolo, D. (1999). *Signes, pouvoirs et diversités. Outils et matériaux pour une anthropologie métacognitive et politique des relations entre cultures, communications et connaissances*. Thèse de doctorat en psychologie. Université d'Aix en Provence.
Mauro, T. (de) (1969). *Une introduction à la sémantique*. Paris: Payot.
Morin, E. (1998). *Articuler les savoirs*. Paris: CNDP.
Moro, C. (2000). *Vers une approche sémiotique* intégrée *du développement humain*. Note de Synthèse pour l'Habilitation à Diriger des Recherches. Université Bordeaux 2.
Moro, C. (2001). La Cognition Située sous le regard du paradigme historico-culturel vygotskien. *Revue Suisse des Sciences de l'Education, 3,*

493-513 (*Thema: Eclairages sur la Cognition Située et modélisations des contextes d'apprentissage*).

Moro, C. (2002). Médiation et développement. Enjeux et perspectives de la théorie de Vygotski. In M. Wirthner et M. Zulauf (Ed.), *A la recherche du développement musical* (pp. 137-159). Paris: L'Harmattan.

Moro, C. & Rodríguez, C. (1989). L'interaction triadique bébé-objet-adulte. *Enfance, 42*, no. 1-2, 75-82.

Moro, C. & Rodríguez, C. (1997). Objet, signe et sémiosis. Fondements pour une approche sémiotique du développement préverbal. In C. Moro, B. Schneuwly & M. Brossard (Ed.), *Outils et signes. Perspectives actuelles de la théorie de Vygotski* (pp. 159-198). Berne: Peter Lang.

Moro, C. & Rodríguez, C. (1998). Towards a Pragmatical Conception of the Object: The Construction of the Uses of the Objects in the Baby in the Prelinguistic Period. In C. D. P. Lyra & J. Valsiner (Ed.), *Child Development within culturally structured environments* (Vol. 4, pp. 53-72). Stamford, Connecticut, London, England: Ablex Publishing Corporation.

Moro, C. & Rodríguez, C. (sous presse). *L'objet et la construction de son usage chez le bébé. Une approche sémiotique du développement préverbal.* Berne: Peter Lang.

Moro, C. & Schneuwly, B. (1997). L'outil et le signe dans l'approche du fonctionnement psychologique. Introduction. In C. Moro, B. Schneuwly & M. Brossard (Ed.), *Outils et signes. Perspectives actuelles de la théorie de Vygotski* (pp. 1-17). Berne: Peter Lang.

Ogden, C. K. & Richards, I. A. (1923). *The meaning of meaning*. London: Routledge.

Peirce, C. S. (1931/1958). *Collected Papers*. Cambridge: Harvard University Press.

Rastier, F. (2001). *Arts et sciences du texte*. Paris: Presses Universitaires de France.

Resweber, J.-P. (1981). *La méthode interdisciplinaire*. Paris: Presses Universitaires de France.

Resweber, J.-P. (2000). *Le pari de la transdisciplinarité. Vers l'intégration des savoirs*. Paris: L'Harmattan.

Rivière, A. (1990). *La psychologie de Vygotsky*. Liège: Mardaga.

Rodríguez, C. & Moro, C. (1999). *El mágico número tres. Cuando los niños aún no hablan*. Barcelona: Paidós.

Rodríguez, C. & Moro, C. (2002). Objeto, comunicación y símbolo. Una mirada a los primeros usos símbolicos de los objetos. *Estudios de Psychología, 23*(3), 323-338.

Saussure, F. (de) (1916/1972/1985). *Cours de linguistique générale*. Edition critique préparée par T. de Mauro. Paris: Payot.
Schneuwly, B. (1999). Le développement du concept de développement chez Vygotski. In Y. Clot (Ed.), *Avec Vygotski* (pp. 267-280). Paris: La Dispute.
Sperber, D. & Wilson, D. (1989). *La pertinence: communication et cognition*. Paris: Editions de Minuit.
Tiercelin, C. (1993). *C. S. Peirce et le pragmatisme*. Paris: PUF.
Vygotski, L. S. (1927/1999). *La signification historique de la crise en psychologie*. Neuchâtel, Paris: Delachaux & Niestlé.
Vygotski, L. S. (1930/1985). La méthode instrumentale en psychologie. In B. Schneuwly & J.-P. Bronckart (Ed.), *Vygotski aujourd'hui* (pp. 39-47). Neuchâtel-Paris: Delachaux et Niestlé.
Vygotski, L. S. (1930/1995). Psychisme, conscience, inconscient. *Société Française, 1*(51), 37-52.
Vygotski, L. S. (1931/1978). *Mind in Society. The Development of Higher Psychological Processes*. Cambridge: Harvard University Press.
Vygotski, L. S. (1934/1997). *Pensée et langage*. Paris: La Dispute.
Wittgenstein, L. (1953/1961). *Investigations philosophiques*. Paris: Gallimard.
Zinchenko, V. P. (1985). Vygotsky's Ideas about Units for the Analysis of Mind. In J. V. Wertsch (Ed.), *Culture, communication and cognition* (pp. 94-118). New York: Cambridge University Press.

Joaquim Dolz

L'oral en didactique du français

Un objet irréductible aux disciplines contributives

INTRODUCTION

Des avancées importantes ont été faites dans la recherche sur l'enseignement de l'oral. Dans cette contribution, nous allons contraster le statut particulier de cette discipline en regard à d'autres disciplines qui s'intéressent au langage et à son développement. Les savoirs que la didactique élabore dans le domaine de l'enseignement/apprentissage de l'oral seront ainsi analysés dans leur spécificité par rapport à d'autres perspectives d'étude de l'oral. Bien que le nombre de recherches dans ce domaine soit limité (pour une synthèse assez exhaustive des travaux existants, voir Lazure, 1992; Nonnon, 1999; Tregnier, 1999; Turco & Plane, 1999; Aeby, de Pietro & Wirthner, 2000; ainsi que Ronveaux, à paraître), l'histoire et le bilan des travaux réalisés jusqu'ici présentent une masse de données suffisantes pour dégager un certain nombre de traits qui caractérisent la constitution d'un champ disciplinaire nouveau (voir Marquilló-Larruy, 2000, pour une première discussion épistémologique sur la question).

Dans la première partie de notre contribution, l'analyse de ces travaux nous permettra de caractériser la spécificité des recherches réalisées par la didactique du français, discipline appartenant aux sciences de l'éducation, par rapport à d'autres disciplines de référence, telles que la psycholinguistique, la linguistique ou la sociolinguistique. En effet, sous l'influence des avancées de ces trois disciplines contributives, la réflexion didactique a progressé qualitativement et quantitativement ces dernières années. Il sera question ici d'examiner le niveau d'autonomie de la didactique du français par rapport à ces disciplines.

Les travaux sur l'enseignement et l'apprentissage de l'oral mettent notamment en perspective la manière de *dégager des objets d'étude*, de *construire des cadres théoriques et conceptuels* et d'*établir les critères de scientificité*, révélateurs de l'état actuel de la didactique du français.

Dans la deuxième partie, l'examen critique des principes et de l'état de développement de ces travaux, nous aidera à distinguer les conditions d'une connaissance scientifique pour cette discipline. Il contribuera à une discussion des apports et des limites des savoirs élaborés par la linguistique, la psychologie et la sociolinguistique dans le domaine de l'enseignement/apprentissage de l'oral.

L'ÉMERGENCE DE L'ORAL EN DIDACTIQUE DU FRANÇAIS

L'ORAL: ENTRE LES SAVOIRS DE RÉFÉRENCE ET LES ATTENTES ÉDUCATIVES

Alors que la majeure partie des recherches psycholinguistiques porte plutôt sur l'acquisition précoce en milieu naturel (Dolz & Schneuwly, 1998; Nonnon, 1999), la recherche en didactique des langues premières prend d'emblée en considération *le rôle de l'école dans l'apprentissage des formes complexes de l'oral* (de Pietro, Dolz, Idiazábal & Rispail, 2000).

Au cours de ces dernières décennies, des attentes sociales nouvelles ont exercé une forte pression sur la place de l'oral à l'école et ont remis en question les modèles de son enseignement. Sous l'influence de la demande sociale et politique, les nouveaux curriculums scolaires attribuent une importance majeure aux situations de communication et à la maîtrise d'une diversité de pratiques langagières orales et écrites. De ce point de vue, la réflexion didactique est fortement influencée par des polémiques concernant les carences langagières des apprenants, la crainte d'une fracture sociale provoquée par ces déficits, les dysfonctionnements du système scolaire qui n'a jamais ancré l'oral dans l'enseignement des langues premières «dans un corps d'activités de références légitimes» (cf. Nonnon, 2000, p. 212). Si l'oral est unanimement considéré comme indispensable pour le développement des élèves, les constats montrent pourtant qu'il reste le parent pauvre de l'enseignement actuel (de Pietro & Wirthner, 1998).

La première cause de l'émergence de l'oral comme objet de recherche en didactique est donc liée à la demande sociale et à l'esprit moderniste qui inspire les rénovations scolaires. Pour répondre à cette demande, de nouveaux objectifs d'apprentissage ont été établis et une ingénierie didactique sur l'oral s'est développée. De nouveaux moyens d'enseignement de l'oral se sont construits en s'appuyant sur des expérimentations empiriques, avec l'aide d'enseignants chevronnés (Dolz, Noverraz & Schneuwly, 2001).

Pour comprendre cette émergence, il faut invoquer d'autres raisons, qui touchent à l'épistémologie de la discipline. Depuis plus de vingt ans, la didactique de la langue s'autonomise face à la psycholinguistique et à la linguistique acquisitionnelle. Ces deux dernières ont mis en évidence les lignes de force des processus qui amènent l'enfant à maîtriser et à utiliser l'oral. Mais avec ces mises en évidence, surgissent de nouvelles interrogations.

Ce nouveau questionnement concerne d'une part la *durée de l'acquisition* de la langue. Si c'est bien le milieu familial qui permet le premier développement du langage (les principales structures de la langue et les principaux actes de langage), nous savons aujourd'hui qu'il ne suffit pas pour l'acquisition des conduites orales complexes. La maîtrise des formes élaborées du langage oral, la possiblité de participer à un débat avec une bonne maîtrise des stratégies argumentatives, ou l'apprentissage des savoir-faire nécessaires à la réalisation d'un exposé oral, par exemple, supposent un *processus plus long* qui se poursuit pendant toute la scolarité. Les travaux en psycholinguistique sur le développement de l'expression et de la compréhension orales pendant la période scolaire, notamment ceux qui étudient les capacités des apprenants dans des situations formelles de communication, restent encore, de ce point de vue, parcellaires. Nous connaissons encore mal les processus par lesquels les élèves apprennent les formes complexes de l'oral en situation scolaire.

D'autre part, nous savons aujourd'hui que *l'oral ne s'apprend pas en général* mais sous forme de conduites langagières diversifiées. En effet, la didactique peut s'appuyer sur les travaux des sciences du langage, notamment ceux réalisés en phonétique appliquée, en syntaxe de l'oral et en linguistique du discours. Globalement, ces travaux relativisent l'opposition entre *l'oral et l'écrit* et montrent, au contraire, leur interdépendance et leur complémentarité. Ils soulignent ainsi l'intérêt d'une description des différentes *formes de textualité* des discours oraux et écrits. Une meilleure connaissance du fonctionnement des discours oraux a été la clé pour dégager une vision diversifiée des conduites orales et pour clarifier les activités socio-cognitives mises en jeu par les apprentissages langagiers.

Si, comme on vient de le voir, les recherches classiques en psycholinguistique et en linguistique acquisitionnelle apportent des éléments pour mieux saisir ces conduites langagières, force est de constater que, réalisées en laboratoire, elles ne prennent pas en considération les contraintes des situations d'apprentissage. Leurs résultats sont donc *difficilement transposables à l'enseignement scolaire*. Certes, grâce à ces recherches, nous disposons de savoirs, de procédures et de critères plus clairs pour décrire et interpréter des comportements oraux. Cependant les situations d'enseignement/apprentissage scolaires font apparaître deux problématiques spécifiques: la première concerne l'importance des interactions verbales et de l'oral *réflexif* comme outil au service des apprentissages scolaires (Halté, 1995 et 1999; Turco & Plane, 1999); la deuxième essaie de cerner les caractéristiques de l'oral comme objet d'enseignement à l'école (de Pietro & Dolz, 1997), la place et la progression des apprentissages durant la période scolaire (Dolz & Schneuwly, 1996) et, surtout, le rôle que joue l'«enseignement» dans l'apprentissage de l'oral (Dolz & Schneuwly, 1998).

Pour un déplacement de point de vue

Pour aborder ces questions plus substantiellement didactiques, un changement de point de vue et un certain nombre de déplacements épistémologiques sont nécessaires. L'étude des relations du système ternaire réunissant l'enseignant, l'élève et les contenus disciplinaires devient indispensable. Les capacités langagières des élèves et les objets linguistiques ne sont pas étudiés en soi ou dans une relation duelle, mais sont problématisés du point de vue de leur enseignement. Ils sont solidairement associés et intégrés à l'ensemble du système didactique.

La psycholinguistique apporte une meilleure compréhension de l'activité et du fonctionnement des comportements langagiers des sujets (y compris de la logique qui préside à leur apprentissage). La linguistique contribue à une meilleure description des savoirs linguistiques enseignés (la logique des savoirs sur le langage et sur la langue) ainsi que des fondements pour mieux étudier les comportements langagiers des apprenants. Mais la didactique seule tente de mettre en relation la logique des savoirs à enseigner, la logique des transformations nécessaires de ces savoirs pour leur enseignement et la logique des interventions qui rendent possible leur apprentissage dans un contexte donné.

Les objets de recherche traités par la didactique s'appuient donc sur les apports des sciences du langage et de la psychologie mais les problématiques abordées exigent une vigilance particulière à l'égard de la pertinence des emprunts théoriques. Par ailleurs, la généralisation de résultats issus de recherches qui n'analysent pas les contraintes du contexte scolaire des apprentissages pose problème. Comme nous le montrerons par la suite, les étapes de la genèse de l'argumentation orale ne suivent pas la même évolution selon qu'il y a enseignement ou non et elles montrent les effets du type d'interventions introduites. L'analyse du fonctionnement du système didactique est donc, de ce point de vue, la seule démarche à pouvoir rendre compte des conditions générales et particulières qui expliquent les actes d'enseignement et d'apprentissage dans l'institution «classe».

VERS DE NOUVEAUX SAVOIRS SUR L'ENSEIGNEMENT/
APPRENTISSAGE DE L'ORAL

L'ensemble des didactiques disciplinaires se questionnent sur l'enseignement et s'intéressent aux modes de transmission en classe. Pour ce faire, la didactique du français, de même que les autres didactiques, ne peut se passer des apports des disciplines de référence. Mais, comme l'affirme Simard (1997, p. 4): «elle relève d'abord du domaine de l'éducation parce que l'ensemble de ses actions a des visées éducatives. Le terrain privilégié d'investigation est en effet la salle de classe ou, plus globalement, le milieu scolaire». C'est par son objet d'étude touchant à des phénomènes éducatifs (l'enseignement/apprentissage de la langue) que les concepts tirés d'autres disciplines doivent être repensés dans cette perspective.

En didactique de l'oral, les observables sélectionnés pour évaluer les comportements verbaux des élèves sont en rapport avec les objectifs d'enseignement. L'aménagement d'un milieu didactique est orienté vers la transmission; le choix et l'articulation des emprunts aux disciplines contributives dépend de cette orientation. Les recherches en didactique de l'oral se présentent donc comme une nécessité et une alternative aux recherches réalisées dans d'autres disciplines de référence qui ne se posent pas le problème de la transmission de savoirs et de savoir-faire langagiers. Le point de vue particulier du didacticien de la langue consiste à travailler de manière *autonome* les questions qui concernent *l'enseignement et l'apprentissage de l'oral en situation scolaire*.

Comme Bronckart (2000) l'affirmait récemment, la didactique est une discipline qui se distingue radicalement de toutes les formes d'*applicationnisme*. Par exemple, elle ne peut s'inscrire dans la perspective d'une psychologie qui n'étudie pas les processus de médiation déterminant les formes d'apprentissage scolaires. Elle ne peut pas non plus s'inspirer d'une linguistique qui aborde les contenus d'enseignement/apprentissage de l'oral sans entrer en matière sur leur statut socio-historique et les transformations que ces objets subissent lorsqu'ils sont sémiotisés pour l'enseignement. De ce point de vue et, sans nier l'apport essentiel des disciplines de référence, la didactique dispose d'un champ d'étude propre. Elle cherche surtout une vision intégrée, complète et cohérente des phénomènes d'enseignement/apprentissage du français.

En abordant les trois pôles (élève-oral-enseignant) comme des sous-systèmes didactiques en interaction, la didactique du français oral aborde trois problématiques indissociablement liées: celle de l'appropriation des conduites langagières orales de la part des apprenants; celle de l'élaboration de l'oral (ou des oraux) comme objets d'enseignement; celle de l'intervention de l'enseignant comme agent de médiation fondamental. La recherche en didactique essaie de travailler de manière systématique les relations complexes entre les trois pôles. Il va de soi que les objets de recherche étant limités, historiquement on a accentué le regard sur l'un ou l'autre de ces trois pôles.

L'évolution récente des travaux sur l'enseignement de l'oral (Dolz & Schneuwly, 1998; Nonnon, 1999) confirme la tendance qui va de l'étude des pratiques langagières de référence et des capacités orales des apprenants (avec des références plus directes aux disciplines contributives) vers des analyses plus fines des pratiques d'enseignement pour comprendre les phénomènes d'apprentissage en classe.

Quels sont les facteurs qui ont eu une influence sur un tel changement? Mise à part la demande sociale qui considère le développement de l'expression comme l'une des grandes priorités de l'école, quatre facteurs de nature différente doivent être pris en considération. Le premier concerne les changements des paradigmes dominants dans le champ: les références massives à Chomsky et à Piaget ont été remplacées par les nouveaux cadres de référence issus de l'interactionnisme social. De ce point de vue, l'influence d'auteurs qui ont réactualisé cette perspective épistémologique (notamment, Bronckart, 2000), ou qui ont développé des études sur les interactions verbales (Kerbrat-Orecchioni, 1990-1992) a été très importante. Le deuxième facteur est en rapport avec les progrès scientifiques et méthodologiques de la recherche en didactique. Ces progrès se manifestent notamment dans l'évolution des publications de congrès. Après une étape centrée sur l'apprentissage de la production de textes écrits, de nouvelles recherches se sont orientées vers les interactions verbales en classe et l'apprentissage des procédés régissant l'utilisation de la langue orale en contexte. Le troisième facteur concerne les besoins spécifiques des nouvelles institutions de formation visant une professionnalisation accrue des enseignants. Le dernier facteur est, comme nous l'avons déjà signalé, l'insertion «de fait» des recherches en didactique dans les sciences de l'éducation.

A ces quatre facteurs communs aux recherches sur l'enseignement de l'oral et de l'écrit, il faut encore ajouter un facteur spécifique à l'émergence des recherches didactiques sur l'oral: la centration sur la compréhension des pratiques d'enseignement a conduit les chercheurs à analyser les interactions verbales entre enseignants et élèves en situation didactique. La place particulière de l'expression orale dans l'ensemble des apprentissages scolaires est ainsi mise en évidence. Les études sur les interactions verbales ont permis de comprendre un certain nombre de particularités, notamment des «séquences potentiellement acquisitionnelles» (Matthey, 1996) liées à des différences de répertoire linguistique en milieu naturel. D'autres auteurs comme Cicurel (2000), analysent directement les interactions didactiques en classe. La différence entre une interaction dite ordinaire et une interaction en milieu scolaire nous semble fondamentale non seulement pour la didactique du français mais pour toute action pédagogique à l'école. La question que l'on peut se poser du point de vue épistémologique est de savoir si la prise en compte du contexte est suffisante pour comprendre les enjeux de l'enseignement/apprentissage ou si l'entrée dans la recherche par un questionnement strictement didactique change la perspective.

UN EXEMPLE: LE CAS DE L'ARGUMENTATION ORALE

Pour ne donner qu'un seul exemple, l'acquisition de discours oraux comme l'argumentation sont redevables à de nombreux travaux en rhétorique, en linguistique, en psychologie sociale et en psycholinguistique (pour une synthèse voir Golder, 1996) mais, au-delà de l'apprentissage des conduites langagières élémentaires en milieu naturel ou de la présentation des grandes étapes du développement de l'argumentation par imprégnation progressive, nous connaissons encore mal les modalités de transmission des formes complexes de l'argumentation dans les processus conjoints d'enseignement et d'apprentissage.

La prise en compte des dimensions didactiques transforme le point de vue sur ces processus à plusieurs niveaux. Tout d'abord, l'étude des situations didactiques permet de caractériser le milieu, le cadre interactif de la classe, les identités et les rôles des acteurs qui ont une incidence sur l'apprentissage scolaire. Le système d'enseignement et le système didactique sont pris en considération pour comprendre les transformations qui se produisent entre l'oral choisi en tant que référence pour l'enseignement et l'oral effectivement enseigné. Ensuite, les pratiques sociales sur l'argumentation orale (des genres textuels tels qu'une plaidoirie d'avocat ou un débat controversé) font l'objet de modélisations didactiques en fonction des possibilités d'enseignement en classe. Puis, l'appropriation collective des discours argumentatifs oraux est perçue et considérée comme le résultat d'un curriculum et d'une histoire interactive scolaire. Enfin et surtout, les interactions didactiques lors de l'enseignement formel des genres argumentatifs permettent de saisir les adaptations et les transformations des objets enseignés, le rôle de médiation que joue l'enseignant, les phénomènes d'apprentissage coopératif ainsi que l'usage des outils construits pour l'enseignement et leur portée pour l'apprentissage. Le développement de l'argumentation orale est ainsi analysé comme le résultat de multiples apprentissages successifs.

Le travail sur l'argumentation orale est étroitement lié à la question du choix d'une manière de s'exprimer en fonction des situations de communication. La sociolinguistique et la pragmatique ont mis en évidence que les paramètres situationnels (qui parle? à qui s'adresse-t-on? où? dans quel but?) sont à la base de la constitution des valeurs des formes linguistiques. Mais l'argumentation orale présente aussi des formes linguistiques culturellement déterminées qui contribuent à fixer des conditions de coopération, à construire l'image des interlocuteurs, à marquer les territoires respectifs, à maintenir l'interaction et à mettre en œuvre des stratégies de captation de l'attention, de séduction, de politesse, d'évitement, d'étayage argumentatif, d'opposition, de négociation, de concession et de réparation rituelle. Les travaux de Kebrat-Orecchioni (1990-1992) sur les interactions verbales ont contribué à développer de nombreux travaux en didactique centrés sur l'usage particulier de la langue à l'école et dans des situations de transmission de connaissances. De ce point de vue, le travail sur l'oral permet aussi de repenser les interactions en milieu scolaire (Giroul & Ronveaux, 1998), notamment les usages pragmatiques et professionnels de l'oral dans l'enseignement et les réagencements contextuels particuliers qui se produisent en classe de langue (Cicurel, 2000). L'approche pragmatique constitue aujourd'hui une des orientations fortes de la didactique de l'oral.

La prise en considération des axes de variation sociolinguistique se révèle par ailleurs indispensable pour analyser les formes de passage des pratiques de l'argumentation orale dans la langue familiale (ou dans les langues familiales) aux pratiques plus formelles de la langue de l'école (ou les langues de l'école). Le statut formel des langues enseignées à l'école et dans la société et les représentations sociales de ces langues jouent donc un rôle dans l'apprentissage (Rispail, 1995). Par exemple, l'absence de pratiques extrascolaires de prise de parole en public pour participer à un débat formel en français conditionne le passage (ou la difficulté du passage) à des pratiques scolaires visant l'apprentissage de ce genre oral. Pour permettre l'appropriation de formes argumentatives orales complexes, l'implication de diverses pratiques culturelles de référence est indispensable. De ce point de vue, la didactique est considérée comme *multiréférentielle*. Les articulations à construire par la didactique entre les pratiques de référence et les diverses entrées disciplinaires impliquées sont très importantes. Comme le souligne Dabène (1995):

> [...] on voit comment l'articulation de la didactique du français et les disciplines contributoires (sic) pourrait être conçue et hiérarchisée autrement, selon qu'il s'agit de travailler au niveau des savoirs renvoyant aux éléments organisateurs du domaine (sciences du langage, sciences cognitives) ou au niveau des axes de variation (sociolinguistique, linguistique acquisitionnelle, psycholinguistique), la didactique ayant à construire l'articulation entre les deux niveaux, en fonction des situations d'enseignement et d'apprentissage du français, dans son milieu naturel et culturel d'origine (langue 1), et d'autre part, la situation, exolingue, dans laquelle l'apprentissage se fait en milieu institutionnel comme langue autre que celle du vernaculaire de l'apprenant et/ou celle des pratiques langagières environnantes (langue 2), les situations intermédiaires se situant dans un continuum selon les variables liées à l'un ou l'autre des axes de variation (p. 26).

Un certain consensus se dégage chez les didacticiens du français (voir à ce propos les analyses des modèles didactiques de Halté, 2000; de Pietro,

2000; Reuter, 2000 et Simard, 2000): la didactique du français s'avance dans un va-et-vient productif avec d'autres disciplines contributives. Loin de chercher une cumulation de différents apports extérieurs, elle essaie de les intégrer à partir d'un point de vue nouveau. En ce qui concerne l'axe des savoirs de référence impliqués, les travaux sur la transposition didactique (Chevallard, 1985/1991) ont mis en évidence les transformations que subissent les savoirs savants lorsqu'ils sont enseignés, mais au-delà de la description de ces transformations et des tensions qui leur sont inhérentes, ils montrent le caractère incontournable de la réflexion sur les contenus d'enseignement. La didactique opère une reconstruction et une recomposition de ces savoirs à partir d'un travail de contextualisation impliquant le terrain scolaire, qui suppose une rationalité différente.

Le même objet, «l'oral» (ou «les oraux», voire ici les genres argumentatifs oraux), devient ainsi différent parce que le *point de vue* qui détermine les propriétés pertinentes pour l'enseignement a changé et est devenu un *point de vue didactique*. Mais l'axe de la variation est encore plus important pour la didactique de l'oral qui se donne comme référence des pratiques langagières qui sont parfois faiblement présentes dans le milieu culturel d'origine ou l'environnement proche. Le point de vue didactique se pose systématiquement la question de l'*institutionnalisation de ces pratiques.*

Le cas des pratiques argumentatives orales (Dolz & Schneuwly, 1998) met en évidence comment les notions tirés des sciences du langage (marqueurs discursifs, modalisations, arguments, connecteurs ou organisateurs logico-argumentatifs, etc.) n'ont d'intérêt pour la didactique que si elles sont au service de l'enseignement/apprentissage. La formalisation didactique et le traitement de ces notions en classe donnent un sens nouveau à ces notions. L'ensemble de ces notions doit être *solidairement intégré et articulé* en fonction de trois dimensions: le genre textuel enseigné, les capacités initiales des apprenants et les objectifs scolaires poursuivis.

L'oral en didactique du français

LES TENSIONS SOUS-JACENTES À L'ÉMERGENCE DE L'ORAL COMME OBJET DE RECHERCHE

Les analyses esquissées brièvement ci-dessus et illustrées par un cas particulier, l'argumentation orale, font apparaître trois formes de tension dialectique, constitutives de l'émergence de l'oral comme objet de recherche en didactique du français:

- la tension entre la *nouveauté* (l'innovation) comme objet d'enseignement et de recherche et la *continuité* par rapport à la dynamique générale de la didactique du français (notamment l'ancrage dans les travaux de recherche sur l'écrit);
- la tension entre une *visée praxéologique* associée à la conjoncture et à la demande sociale externe et une *visée académique* qui cherche le développement des savoirs dans la discipline;
- la tension entre les *nouveaux savoirs développés par des disciplines contributives* comme la psycholinguistique et la linguistique, et la nécessité de construire de *nouveaux savoirs intégrés et systémiques à propos de l'enseignement/apprentissage de l'oral en situation scolaire*.

Ces trois formes de tension ont un dénominateur commun: la considération par la didactique des pratiques orales comme une expérience, un défi et un enjeu éducatif. La première tension pose le défi du projet (public) d'instruire à propos des pratiques orales et d'instituer l'oral comme objet d'enseignement au même titre que l'écrit (dont les formes de rationalisation par la recherche fourniraient le fondement). La deuxième tension concerne les enjeux sociaux du rapport inégalitaire aux formes complexes de l'oral et le besoin de construire l'action éducative et didactique en s'appuyant sur la raison, c'est-à-dire par une disciplinarisation des savoirs garantissant des prises de décisions en connaissance de cause. La construction de ces savoirs suit une logique de recherche. La troisième tension pose la question de la nécessité de construire des savoirs propres à l'expérience didactique, sans négliger les apports enrichissants de disciplines très diverses. L'intégration ne peut se faire que dans une perspective dialectique, puisque l'oral est objet d'étude de disciplines concurrentes, avec des perspectives parfois antagonistes, dans le découpage des objets d'investigation, et souvent sans intérêt pour les phénomènes éducatifs. Comme le dit de Pietro (2000):

[...] l'autonomie peut être obtenue par la construction de concepts et de méthodes spécifiques, mais aussi en revendiquant à une ou plusieurs disciplines des emprunts qui seraient intégrés, *solidarisés* dans un module scientifique nouveau, recevant sa légitimité d'autres critères (modalités spécifiques d'intégration, validité pratique...) [...] (p. 139).

A ces trois formes de tension, il faut en ajouter une quatrième plus institutionnelle que nous n'aurons pas le temps de développer ici. La création d'équipes de recherche en didactique à l'université ou dans d'autres institutions, la création plus récente de hautes écoles de formation, pose le problème des attentes de l'institution, le problème du rapport entre formation et recherche et celui du partage du champ avec d'autres chercheurs. Par ailleurs, la formation des didacticiens à une ou plusieurs disciplines de référence oriente nécessairement leurs approches. La formation académique en didactique des langues est très récente et contribuera probablement au processus d'autonomisation de la discipline.

L'ORAL EN SITUATION D'ENSEIGNEMENT/APPRENTISSAGE: UN OBJET DE RECHERCHE IRRÉDUCTIBLE AUX DISCIPLINES CONTRIBUTIVES

L'ORAL COMME OBJET ENSEIGNABLE

La place de l'oral comme objet d'enseignement est difficile à cerner. L'oral est considéré comme une pratique à développer en production et en réception chez les élèves. Il est également envisagé pour affiner les interventions professionnelles des enseignants. Pourtant, il est rarement présenté comme un objet d'enseignement clairement identifié. L'oral est plutôt considéré par l'ensemble des didacticiens comme un outil de médiation et de communication fondamental. Aussi, la place de l'oral au niveau de la discipline scolaire «français» est souvent très allusive.

Lazure (1992, 1994) distingue trois approches à propos de l'oral: l'approche fonctionnelle axée sur l'intention et l'expérience des élèves au travers des situations de communication, l'approche communicationnelle stricte centrée sur des interventions ciblées à propos des situations de communication et l'approche communicationnelle mixte qui combine le travail sur les situations de communication et l'acquisition de moyens langagiers. Actuellement, le débat se situe surtout au sein de l'approche communicationnelle mixte entre les défenseurs d'un enseignement de type immersif-réflexif et ceux qui parlent d'un enseignement autonome.

Pour les premiers (Nonnon, 1999; Turco & Plane, 1999, entre autres), l'action didactique est conçue comme intégrée aux situations multiples de la classe. L'enseignant intervient en fonction des besoins grâce à des indicateurs qui lui permettent de comprendre le travail discursif qui se réalise dans les interactions verbales courantes de la classe. Pour ces auteurs, l'enseignement de l'oral n'est pas nécessairement en rapport avec l'élaboration de contenus mais plutôt avec le développement d'une réflexivité chez l'enseignant et chez l'élève. Cette réflexivité se construit à propos des interactions orales réalisées en classe, afin de développer certaines conduites langagières comme l'interrogation, l'explication ou l'argumentation.

Pour les seconds (de Pietro & Dolz, 1997; Dolz & Schneuwly, 1998), l'oral peut être envisagé comme un objet autonome en classe de français à condition de mieux connaître les caractéristiques des pratiques orales de référence.

La transformation de l'oral comme objet «enseignable» ne se poursuit pas sans difficulté car elle implique toute une série d'emprunts aux sciences contributives, emprunts complexes, dégagés avec une visée descriptive inadéquate pour son apprentissage.

Tout d'abord, en ce qui concerne la phonétique, la phonologie et la phonostylistique, il est évident que l'oral est irréductiblement lié à sa matérialité phonique. La phonétique descriptive nous apporte les éléments pour comprendre les sons du langage humain et leurs caractéristiques physiques. La phonologie, ou phonétique fonctionnelle, précise les caractéristiques phoniques distinctives dans une langue donnée. La phonostylistique étudie les variations du point de vue de la production et de la réception. Si, du point de vue de ces disciplines, la voix est bien le support accoustique de la parole, du point de vue didactique, le travail des sons distinctifs de la langue, du rythme, de l'intonation, de l'accentuation expressive n'impliquent pas nécessairement un travail acoustique isolé. Il ne s'agit pas d'enseigner ces savoirs mais de s'appuyer sur eux pour donner une consistance aux différentes dimensions intégrées dans des situations de communication bien précises.

En ce qui concerne la grammaire, les descriptions du français parlé permettent une clarification des phénomènes syntaxiques de l'oral qui ne sont pas fondamentalement distincts à l'oral et à l'écrit (Blanche-Benveniste, Bilger, Rouget & Van den Eyden, 1990). Ce n'est pas la connaissance isolée de ces phénomènes qui permettra une meilleure production textuelle, mais une réflexion finalisée, inscrite dans un projet d'influence.

Les études sur les moyens non linguistiques de la communication orale (kinésique, proxémique, etc.) nous apportent des éléments concernant le rapport intime de la parole avec le corps: les possibilités de gestes, de mimiques faciales, de position et de distance entre les interlocuteurs, de gestion de la respiration, etc. L'usage de l'oral ne s'épuise pas dans l'utilisation des moyens linguistiques et prosodiques, il se sert également d'autres codes et d'autres supports qui méritent d'être pris en compte dans l'enseignement de l'oral. Ces connaissances multiples que nous ne pourrons pas décrire ici de manière exhaustive ne sont cependant pas suffisantes pour une transmission directe aux élèves. Le didacticien doit pourtant les connaître puisqu'elles constituent des ressources à intégrer dans un travail contextualisé sur l'expression orale. Aborder l'apprentissage des conduites orales dans toute sa complexité exige une association étroite entre les aspects prosodiques et kinésiques et les aspects linguistiques dans une perspective multimodale.

Pour opérationaliser cet ensemble d'aspects dans une perspective communicative et multimodale, nous avons introduit le concept de *modèle didactique du genre* afin de *didactiser* les différentes formes discursives de l'oral. Ces modèles à l'usage de l'ingénierie didactique représentent une explicitation des processus de transposition des *variantes sociales des genres oraux* en *variantes scolaires destinées à l'enseignement*. La modélisation proposée s'effectue en trois étapes. La première étape suppose la prise en compte du *genre textuel oral* sous la forme de pratiques langagières, socialement valorisées. La deuxième étape consiste à définir une *variante enseignable du genre*. La troisième étape met en place un *modèle didactique opérationnel* pour l'enseignement en fonction de l'observation des possibilités pratiques en situation didactique. Ce qui exige une recherche sur les pratiques d'enseignement/apprentissage.

Pour chaque genre textuel choisi, le travail de modélisation didactique suppose donc l'analyse des *dimensions caractéristiques du genre* de manière à privilégier celles qui peuvent être abordées en classe en tant que contenus d'enseignement et l'adaptation de ces contenus aux *capacités initiales des apprenants*. Le *modèle didactique* cherche ainsi à construire (ou reconstruire) ses propres savoirs de référence en fonction des emprunts aux disciplines contributives mais surtout en fonction des deux critères: d'une part, l'*enseignabilité formelle*, et d'autre part, l'*adaptabilité aux capacités des élèves*.

L'oral en didactique du français 103

Selon Reuter (2000), le concept de *modèle didactique* nourrit actuellement trois débats cruciaux concernant l'appareillage conceptuel de la didactique:

- la définition de la discipline que l'on défend avec notamment des clivages entre les tenants des visées praxéologiques et les autres; et les clivages qui opposent les tenants d'une didactique entendue comme discipline multiréférencée et ceux qui préfèrent la monoréférentialité;
- les formes possibles de l'articulation entre contenus et enseignement/ apprentissage (si l'on accepte cette utopie aux dangers totalitaires) et de travail (secondaire, possible, indispensable...) des concepts issus de chacun de ces pôles;
- le statut de la transposition didactique et de la famille de questions qui lui sont liées (p. 57).

LES CONDITIONS D'ÉLABORATION DE SAVOIRS EN DIDACTIQUE

Les recherches en didactique de l'oral ont pris aujourd'hui un essor nouveau qui s'enchaîne sur d'autres recherches, notamment sur celles concernant la production écrite. Plutôt que de faire valoir des discours idéologiques qui relèvent de la «doxa» (idées, valeurs, croyances), ces recherches tentent d'élaborer un «savoir savant» et «spécialisé» à visée descriptive, compréhensive ou explicative.

La discipline académique «didactique du français» génère actuellement des investigations dans les domaines suivants: *l'état de l'enseignement de l'oral* (par exemple, Lazure, 1992; de Pietro & Wirthner, 1998; pour une synthèse, Aeby, de Pietro & Wirthner, 2000); *les interactions verbales en classe dans une perspective didactique* (voir pour une synthèse, Nonnon, 1999; Turco & Plane, 1999); la construction de *nouvelles formes d'action didactique*, notamment l'évaluation des effets sur les élèves de séquences didactiques réalisés en classe (Dolz & Schneuwly, 1998); la *transposition didactique* (Bronckart & Plazaola, 1998; Marschal, Plazaola Giger, Rosat & Bronckart, 2000); la *transformation des objets d'enseignement au cours des interactions d'enseignement/apprentissage*, ce qui marque le passage d'une didactique de l'intervention à une didactique descriptive (Erard, 1998; Canelas-Trevisi, Moro, Schneuwly & Thévenaz, 1999; Haller & Thévenaz, 2000). Dans tous les cas, les analyses ne prennent tout leur sens qu'en relation à la création d'un milieu didactique permettant la transmission d'un objet d'apprentissage, au travers des activités conjointes de l'enseignant et des élèves.

Indépendamment des ancrages théoriques différents, une série de caractéristiques réunissent les chercheurs en didactique de l'oral. Tout d'abord, la sélection et la transcription d'observables oraux s'inscrit dans des constructions théoriques axées sur l'enseignement. Le point de vue sur les sujets parlants est mis en rapport avec les rôles sociaux des élèves et de l'enseignant. Ensuite, la vision de l'apprentissage de l'oral se prolonge pendant la scolarité et prend en considération le changement des conditions d'apprentissage du cadre familial à l'école. L'apprentissage de l'oral en situation scolaire se présente comme un prolongement de ce que les apprenants sont capables de faire dans les situations ordinaires familiales et sociales. Puis, l'oral est perçu dans une vision plurielle, multidimensionnelle et multimodale, située et contextualisée. Ces différents niveaux d'analyse sont fondamentaux pour analyser les pratiques orales en classe et déterminent un certain nombre de difficultés du travail scientifique. Enfin, l'oral n'est pas assimilé aux interactions verbales qui, par ailleurs, sont analysées différemment comme objet et comme outil au service de l'apprentissage. Ceci est particulièrement important pour ce qui concerne les activités métalinguistiques.

Cet ensemble de convergences ne doit pas cacher les tensions et les paradoxes dans les sphères sociales où l'enseignement/apprentissage de l'oral peine à se faire une place en tant qu'objet de recherche. Dans le champ académique, nous assistons à des débats portant sur des questions diverses telles que le *statut de la langue* (les concepts sous-jacents et sous-tendus par l'opposition entre les catégories *langue maternelle, langue étrangère* et *langue seconde*) et la place des *contextes et des variations de l'usage de l'oral*; la définition et la délimitation de l'*objet oral* (ou des objets) pour la recherche; les *oppositions entre l'oral «outil» d'enseignement et l'oral «objet d'enseignement»*, entre *l'oral «réflexif» et les «interactions verbales de la classe»*.

Un «discours du savoir» à visée scientifique a de la peine à se construire face aux questions idéologiques et aux influences des opinions courantes. L'oral peut être analysé en tant qu'objet de *discipline scolaire* (curriculums et programmes), en tant qu'objet de *discipline de formation* ou encore en tant qu'objet de *discipline de recherche* «didactique du français». Ces niveaux ne sont pas toujours bien délimités par les chercheurs.

Par ailleurs, la *délimitation d'unités d'étude* dans le cadre de la recherche pose de nombreux problèmes. Les interactions verbales en classe à propos de l'oral sont difficiles à transcrire, à découper, à analyser. Ceci conduit, selon Nonnon (2000), à un globalisme dans lequel les différents plans sont confondus. Les niveaux d'analyse ne sont pas toujours suffisamment précis pour pouvoir penser les relations entre les facteurs impliqués. Les chercheurs éprouvent la nécessité d'identifier et de partager des unités d'étude cohérentes et opérationnelles.

Enfin, les *procédures de validation didactique* font aujourd'hui l'objet de discussions entre les didacticiens qui essaient de dégager des critères permettant d'établir, à partir des interactions verbales observées, quelles sont les relations de signification conduisant à l'apprentissage. Ces discussions montrent une distinction relativement claire entre la description et la prescription et des tentatives d'articulation entre elles grâce à des *analyses judicieuses* permettant de promouvoir les démarches considérées à un moment donné comme les plus adéquates. Une des manières possibles d'y parvenir consiste à décrire les *critères d'une interaction didactique réussie*, en prenant en considération le rôle et les valeurs attribuées par les acteurs dans l'action (Cicurel, 2000). Les critères ne peuvent pas se limiter à des critères hiérarchisant les performances des élèves, mais impliquent l'ensemble de la situation didactique. Etablir des critères de validation didactique exige une prise en considération des trois pôles du triangle didactique et des relations complexes qui les relient.

Au-delà de la validation didactique, les recherches actuelles sur l'enseignement de l'oral mettent en évidence des *procédures de validation scientifique* en construction qui mériteraient une analyse comparative. Cette analyse permettrait de clarifier le rapport entre la théorie et les catégories de description retenues. Elle dégagerait des indications relativement précises concernant les points de vue adoptés dans l'interprétation des données. Elle permettrait de distinguer les éléments constitutifs retenus et le système de relations les intégrant. Elle nous assurerait un regard critique sur les formes d'objectivation proposées permettant d'inférer ou d'accepter une hypothèse donnée.

Les recherches en didactique de l'oral ont besoin pour avancer d'outils nouveaux de validation scientifique adaptés aux problèmes qu'ils essaient de résoudre. De ce point de vue, le débat des didacticiens coïncide avec celui de l'ensemble des chercheurs en sciences de l'éducation (Leutenegger & Saada-Robert, 2002).

Par exemple, pour Goigoux (2000), l'établissement de critères de scientificité en didactique exige une approche comparatiste quasi expérimentale dans une organisation probabiliste de la connaissance. *Grosso modo*, ceci exige l'élaboration de recherches avec un petit nombre d'hypothèses validées ou réfutées sur une base empirique. Il y a pourtant une richesse dans les méthodologies plurielles encore sous-exploitées (Canelas, Moro, Schneuwly & Thévenaz, 1999). Avec des critères moins exigeants, de nombreux travaux exploratoires et qualitatifs ont permis de faire avancer la compréhension des phénomènes didactiques relatifs à l'oral. Le problème d'une partie de ces travaux est celui de l'absence d'une présentation explicite de la démarche heuristique et de la difficulté dans l'établissement de critères de *légitimité scientifique partagés* par le collectif de chercheurs. Cependant, les recherches qualitatives n'échappent pas aux problèmes de représentativité de l'échantillonnage, même si le traitement des données ne relève pas d'un calcul de probabilités. Les interprétations restent souvent trop subjectives, ce qui pose le problème de la position du chercheur, des outils et des procédures utilisés dans la démarche. Les recherches qualitatives sont à la recherche de *moyens de systématisation* et de *critères de validité*.

A l'heure actuelle, les contributions des chercheurs se présentent comme une accumulation de travaux individuels, encore trop fragmentés et parcellaires, ou une confrontation entre écoles différentes. Ceci conduit à des simplifications, transmet une vision réductionniste de l'oral et empêche d'avancer vers des approches plus systémiques. Une vigilance et un investissement sur les principes organisateurs de la théorie semble nécessaire pour donner de la cohérence et de la rationalité à la recherche sur l'enseignement et l'apprentissage de l'oral. Par ailleurs, la didactique de l'oral ne dispose pas encore d'une *masse critique suffisante de travaux* dans le champ pour prendre de la distance et clarifier ce que seraient les aspirations scientifiques des chercheurs en didactique de l'oral.

EN GUISE DE CONCLUSION

Les recherches en didactique de l'oral mettent en évidence une vision complexe, plurielle et multidimensionnelle de l'oral. Dans cette perspective, la réflexion sur l'oral comme objet d'enseignement a beaucoup avancé depuis quelques années. Mais le champ de la didactique intègre à la fois l'enseignement et l'apprentissage et exige une étude de l'oral dans les situations didactiques. La classe apparaît alors comme le contexte particulier de travail entraînant des interactions verbales spécifiques. Ces interactions sont considérées comme fondamentales pour la didactique de l'oral à un double titre: pour étudier l'oral comme objet d'enseignement et pour étudier les interactions didactiques qui permettent son apprentissage. Enfin, la recherche en didactique se débat, comme les autres sciences de l'éducation, entre des préoccupations d'ordre pratique (améliorer les pratiques de l'oral et de son enseignement) et des préoccupations de l'ordre du savoir (comprendre les processus d'apprentissage de l'oral en situation didactique).

La didactique de l'oral intègre des savoirs venant des disciplines de référence dans une triple opération: *sélection* d'emprunts essentiels pour travailler l'oral en classe et pour analyser les conduites et les interactions orales; *adaptation* des notions empruntées pour l'enseignement; *prolongement et/ou transformation* des savoirs empruntés en de nouveaux savoirs, mieux adaptés aux besoins particuliers de la didactique. Les sciences du langage apportent des savoirs indispensables pour décrire les caractéristiques de la langue orale et du fonctionnement des discours oraux. La psychologie du langage, la psycholinguistique et la sociolinguistique constituent des références indispensables pour connaître l'évolution et la variation des comportements langagiers. Le point de vue didactique essaie d'intégrer de manière souple et ouverte ces références dans son champ, mais il opère systématiquement un choix, une mise en relation et une réorganisation des *savoirs contributifs* à partir d'une problématique et de finalités qui lui sont propres. Cette opération dépasse l'emprunt et la juxtaposition pure et simple de plusieurs savoirs de référence; elle aboutit à un nouveau paradigme qui apporte un autre éclairage sur les comportements langagiers oraux, sur les objets qui constituent l'oral *enseignable* en situation scolaire et sur les formes de médiation permettant l'apprentissage.

Mais les disciplines contributives ne sont pas les seules à nourrir la didactique de l'oral. Cette dernière s'intéresse aussi aux concepts forgés par les didactiques disciplinaires elles-mêmes, par exemple ceux de *transposition didactique* et de *situation didactique*. Pour être complet, il faudrait ajouter des concepts issus de la didactique du français, et notamment celui de *modèle didactique du genre*. Quel que soit le concept ou la méthode, leurs critères doivent être explicités dans le cadre du nouveau paradigme disciplinaire.

Puisqu'il faut prendre position, nous posons que la centration sur *l'objet d'enseignement/ apprentissage* est une caractéristique spécifique de la recherche en didactique de l'oral. En outre, pour comprendre ce qui se passe en situation didactique, cet objet, l'*oral*, doit être mis en rapport avec les deux autres pôles du *triangle didactique*, la perspective de l'*apprenant* (étudier comment se produisent les apprentissages des élèves en classe) et celle de l'*enseignant* (étudier le travail réel au sens ergonomique du terme, précisant les interventions des enseignants qui facilitent les apprentissages). Sans une *mise en relation* entre les trois pôles et un point de vue systémique, nos travaux deviennent des travaux d'épistémologie de l'oral, de linguistique acquisitionnelle sur l'oral ou de psycholinguistique (genèse des conduites orales nouvelles comme le débat, l'exposé, etc.) et non des travaux sur l'enseignement/apprentissage.

Au-delà des emprunts enrichissants, le bilan que nous avons tracé des recherches en didactique de l'oral montre que l'oral en situation didactique est un objet irréductible aux disciplines contributives. Le défi des didacticiens est d'améliorer les conditions d'une connaissance scientifique sur cet objet dans un module scientifique autonome, dont les finalités théoriques et pratiques concernent un domaine particulier de l'éducation, celui de l'enseignement/apprentissage formel.

RÉFÉRENCES BIBLIOGRAPHIQUES

Aeby, S., de Pietro, J.-F. & Wirthner, M. (2000). *L'enseignement du français en Suisse romande: un état des lieux et des questions*. Neuchâtel: IRDP.

Blanche-Benveniste, C., Bilger, M., Rouget, C. & van den Eyden, K. (1990). *Le français parlé: Etudes grammaticales*. Paris: Editions du CNRS.

Bronckart, J.-P. (2000). La psychologie ne peut être que sociale et la didactique est l'une de ses disciplines majeures. In M. Bernié (Ed.), *Mélanges offerts à Michel Brossard* (pp. 18-41). Bordeaux: Presses universitaires de Bordeaux.

Bronckart, J.-P & Plazaola Giger, I. (1998). La transposition didactique. Histoire et perspectives d'une problématique fondatrice, *Pratiques*, 97-98, 35-38.

Canelas-Trevisi, S., Moro, C., Schneuwly, B. & Thévenaz, T. (1999). L'objet enseigné: vers une méthodologie plurielle d'analyse des pratiques d'enseignement en classe. *Repères, 20*, 143-162.

Chevallard, Y. (1985/1991). *La transposition didactique. Du savoir savant au savoir enseigné*. Grenoble: La pensée sauvage.

Cicurel, F. (2000). Analyser les interactions en classe de langue étrangère: quels enjeux didactiques? In M. Marquilló-Larruy (Ed.), *Questions d'épistémologie en didactique du français* (pp. 203-210). Poitiers: Les cahiers Forell de l'université de Poitiers.

Dabène, M. (1995). Quelles étapes dans la construction des modèles. In J.-L. Chiss, J. David & Y. Reuter (Ed.), *Didactique du français. Etat d'une discipline* (pp. 11-27). Paris: Nathan.

De Pietro, J.-F. (2000). Emprunter, bricoler, construire... les relations de la didactique avec les disciplines connexes. In M. Marquilló-Larruy (Ed.), *Questions d'épistémologie en didactique du français* (pp. 139-144). Poitiers: Les cahiers Forell de l'université de Poitiers.

De Pietro, J.-F. & Dolz, J. (1997). L'oral comme texte: comment construire un objet enseignable? *Education et recherche, 19*, 335-359.

De Pietro, J.-F., Dolz, J., Idiazábal, I. & Rispail, M. (2000). L'oral en situation scolaire. Vers un changement de paradigme des études sur l'acquisition de l'oral? *Lidil, 22*, 123-139.

De Pietro, J.-F. & Wirthner, M. (1998). L'oral bon à tout faire?... état d'une certaine confusion dans les pratiques scolaires. *Repères, 17*, 21-40.

Dolz, J., Noverraz, M. & Schneuwly, B. (2001). *S'exprimer en français. Séquences d'enseignement à l'oral et à l'écrit*. Bruxelles: De Boeck.

Dolz, J. & Schneuwly, B. (1996). Genres et progression en expression écrite: éléments de réflexion à partir d'une expérience romande. *Enjeux, 37/38*, 49-75.

Dolz, J. & Schneuwly, B. (1998). *Pour un enseignement de l'oral. Initiation aux genres formels à l'école*. Paris: ESF éditeur.

Erard, S. (1998). Des activités méta langagières pour intervenir à l'oral. In J. Dolz & J.-C. Meyer (Ed.), *Activités méta langagières et enseignement du français* (pp. 171-192). Berne: Peter Lang.

Giroul, V. & Ronveaux, C. (1998). Pour une formation à la communication professionnelle de l'enseignant. *Le point sur la recherche, 9*, 5-24.

Goigoux, R. (2000). Recherche en didactique du français: contribution aux débats d'orientation. In M. Marquilló-Larruy (Ed.), *Questions d'épistémologie en didactique du français* (pp. 125-132). Poitiers: Les cahiers Forell de l'université de Poitiers.

Golder, C. (1996). *Le développement des discours argumentatifs*. Neuchâtel et Paris: Delachaux & Niestlé.

Haller, S. & Thévenaz-Christen, T. (2000). L'étude d'un exemple d'aménagement de milieu didactique, comme révélateur de l'objet ensei-

gné. *Didactique des disciplines et formation des enseignants: approche anthropologique: Actes du 3ᵉ colloque international Recherches(s) et formation des enseignants* (IUFM d'Aix-Marseille, 14-16 février 2000). CD-ROM en voie d'édition.
Halté, J.-F. (1995). Interaction: une problématique à la frontière. In J.-L. Chiss, J. David & Y. Reuter (Ed.), *Didactique du français. Etat d'une discipline* (pp. 63-78). Paris: Nathan.
Halté, J.-F. (1999). L'interaction et ses enjeux scolaires. *Pratiques, 103-104*, 3-7.
Halté, J.-F. (2000). Des modèles de la didactique aux problèmes de la DFLM. In M. Marquilló-Larruy (Ed.), *Questions d'épistémologie en didactique du français* (pp. 13-19). Poitiers: Les cahiers Forell de l'université de Poitiers.
Kerbrat-Orecchioni, C. (1990-1992). *Les interactions verbales*. Tomes I et II. Paris: A. Colin.
Lazure, R. (1992). *Vers une didactique du français oral. Etats des recherches menés entre 1970 et 1990*. Thèse de doctorat non publiée. Montréal: Université de Montréal.
Lazure, R. (1994). Planifier l'enseignement de l'oral: un dilemme perpétuel. *La Lettre de la DFLM, 15*, 19-21.
Leutenegger, F. & Saada-Robert, M. (Ed.) (2002). *Expliquer et comprendre en sciences de l'éducation*. Bruxelles: De Boeck.
Marquilló-Larruy, M. (Ed.) (2000). *Questions d'épistémologie en didactique du français*. Poitiers: Les cahiers Forell de l'université de Poitiers.
Marschall, M., Plazaola Giger I., Rosat, M.-C. & Bronckart, J.-P. (2000). *La transposition didactique des notions énonciatives dans les manuels d'enseignement des langues vivantes*. Fribourg: Editions Universitaires Fribourg.
Matthey, M. (1996). *Apprentissage d'une langue et interaction verbale*. Berne: Lang.
Nonnon, E. (1999). L'enseignement de l'oral et les interactions verbales en classe: champs de référence et problématiques. *Revue française de pédagogie, 129*, 87-131.
Nonnon, E. (2000). La réflexion sur l'enseignement de l'oral et ses ambigüités: un analyseur pour la didactique du français. In M. Marquilló-Larruy (Ed.), *Questions d'épistémologie en didactique du français* (pp. 211-220). Poitiers: Les cahiers Forell de l'université de Poitiers.
Reuter, Y. (2000). Eléments de réflexion à propos de l'élaboration conceptuelle en didactique du français. In M. Marquilló-Larruy (Ed.), *Ques-

tions d'épistémologie en didactique du français (pp. 51-58). Poitiers: Les cahiers Forell de l'université de Poitiers.

Rispail, M. (1995). Vers un métalangage de l'oral: qu'en disent les élèves? In *Les métalangages de la classe de français*. Colloque DFLM Lyon. Editions DFLM.

Ronveaux, C. (à paraître). *Des arts du dire aux compétences d'interaction: étude historique de l'enseignement de l'oral en Belgique, axiomatique pour une didactique de la paraole et prospective pour la classe de français*. Université de Louvain-la-Neuve, Belgique.

Simard, C. (1997). *Eléments de diactique du français langue première*. Bruxelles: De Boeck.

Simard, C. (2000). *Bases épistémologiques de la didactique du français langue première*. In M. Marquilló-Larruy (Ed.), *Questions d'épistémologie en didactique du français* (pp. 31-38). Poitiers: Les cahiers Forell de l'université de Poitiers.

Tregnier, J. (1999). De GLO à VARIA: 20 ans de recherches en didactique de l'oral par l'unité de recherche français premier degré de l'INRP. *Repères, 20*, 43-55.

Turco, G. & Plane, S. (1999). L'oral en situation scolaire: interaction didactique et construction de savoirs. *Pratiques, 103-104*, 149-171.

Madelon Saada-Robert et Kristine Balslev

Au-delà d'une évidence pluridisciplinaire

La transposition de deux objets d'étude en littéracie émergente

PROBLÉMATIQUE: QUELLE PLURIDISCIPLINARITÉ?

En sciences de l'éducation, la pluridisciplinarité est souvent considérée comme une évidence constitutive même du champ d'étude. A y regarder de plus près, plusieurs niveaux concernés par la pluridisciplinarité méritent d'être distingués, permettant ainsi de prendre la mesure de la complexité du champ et des perspectives de recherche ouvertes par la prise en compte de la pluridisciplinarité, notamment par les deuxième et troisième niveaux explicités ci-dessous.

Le premier niveau de pluridisciplinarité concerne celui du *champ des sciences de l'éducation*. A ce niveau, la pluridisciplinarité peut apparaître comme l'une des évidences constitutive du champ disciplinaire. En effet, les disciplines historiquement liées à l'émergence scientifique et institutionnelle des sciences de l'éducation (Charlot, 1995; Dosse, 1995; Hameline, 1998) comme la philosophie, la sociologie, la psychologie, l'histoire, l'économie, etc., ainsi que les disciplines plus récentes comme les didactiques, prennent toutes, quelle que soit leur spécificité épistémologique et méthodologique, la *situation éducative*, ou du moins l'un ou l'autre de ses éléments, comme objet d'étude. Cependant, l'enjeu des sciences de l'éducation comme entité disciplinaire (Hofstetter & Schneuwly, 1998/2001) est lié à la question de savoir si chaque discipline de référence prend l'éducation comme terrain d'application, ou au contraire comme champ de construction théorique et empirique spécifique – spécificité pouvant précisément porter sur sa dimension plurielle. Si, en surface, l'évidence de la pluridisciplinarité est donc volontiers affirmée dans le premier cas, c'est plutôt la complexité des rapports de pluridisciplinarité constitutifs du champ qui est mise en avant dans le second. Par ailleurs, dans le premier cas, les sciences de l'éducation en tant que sciences appliquées – ou en tant que sous-disciplines des disciplines-mères – ne peuvent constituer un champ disciplinaire unifié, dans la mesure où son objet d'étude seul, la situation éducative, ne saurait construire son identité, puisqu'il est univoquement défini par l'option épistémologique et méthodologique attestée dans la sous-discipline en question. Dans le second cas, la diversité même des options épistémologiques et méthodologiques reconnues par la communauté scientifique et faisant actuellement l'objet d'une explicitation réflexive (Leutenegger & Saada-Robert, 2002) est considérée comme l'un des éléments constitutifs de l'identité des *sciences de l'éducation en tant que champ disciplinaire*.

Un deuxième niveau de pluridisciplinarité mérite également d'être distingué, au-delà de l'évidence apparente du champ des sciences de l'éducation en général. Il porte sur les *objets d'étude analysés en sciences de l'éducation*, et plus spécifiquement tels qu'ils sont effectivement traités dans la recherche. Dans le domaine des apprentissages scolaires par exemple, il est acquis, depuis la constitution des didactiques comme discipline scientifique, que la recherche passe nécessairement par une analyse faisant appel à plusieurs références contributives. En effet, si l'analyse du contenu du savoir enseigné utilise les concepts propres à la discipline correspondante (linguistique, mathématique, physique, biologie, histoire, musicologie, etc.), l'analyse de la transposition de ce savoir par l'enseignant, tout comme l'analyse de son apprentissage par l'élève, font appel à des concepts récemment constitués en didactique, eux-mêmes issus de disciplines comme la sociologie, l'ethnologie, la psychologie, la sémiologie, voire des concepts résultant déjà de modèles théoriques pluridisciplinaires, tels que ceux qui traitent de la communication. Ainsi, un des objets d'étude central en sciences de l'éducation est constitué des *interactions-négociations entre partenaires autour d'un enjeu de savoir formel ou de communication informelle*. Or un tel objet ne peut être cerné et analysé qu'en tant que système complexe, faisant nécessairement appel à un cadre de référence théorique et méthodologique pluriel. Même si la présente contribution ne porte pas directement sur l'étude des interactions en contexte, l'une de ses intentions est d'expliciter cette nécessité.

Tout en dépassant le constat somme toute banal de la pluridisciplinarité en sciences de l'éducation, l'intention seconde de cette contribution est de montrer, au-delà d'une pluridisciplinarité de surface et de principe, souvent énoncée mais peu démontrée, en quoi consiste la *transposi-*

tion de cadres de références pluriels dans une recherche en sciences de l'éducation. Un troisième niveau de pluralité est ainsi composé des *différentes étapes du déroulement effectif* de la recherche en sciences de l'éducation, déroulement au cours duquel l'objet d'étude premier, issu d'un cadre pluriréférentiel, est transposé – donc reconstruit au sens d'une redéfinition de ses propriétés – en un objet d'étude nouveau. Les phases de constitution et d'analyse des données vont en effet revenir à interroger l'objet premier et à se distancier des concepts initiaux qui l'ont défini pour les reconstruire dans leur nouveau cadre, propre à la situation éducative. Prenant appui sur la *recherche en situation*, celle qui vise à *comprendre la complexité des processus d'enseignement/apprentissage du savoir en situation*, il s'agira 1) de montrer à quelle étape de la recherche interviennent quels cadres de référence; 2) d'expliciter le processus de transposition de deux objets d'étude disciplinaires; 3) de montrer que cette transposition consiste en une reconstruction qui aboutit à une production de connaissances scientifiques nouvelles.

A titre d'exemple, une recherche sur l'apprentissage contextualisé de la littéracie en début de scolarité enfantine (cycle élémentaire 1, enfants de 4 ans) est analysée à travers son cadre théorique, son paradigme de recherche et l'analyse de ses données empiriques. Nous exposons en premier lieu le cadre pluriréférentiel de la recherche lors des différentes étapes de son déroulement, et le paradigme de la recherche en situation qui permet de comprendre le cadre d'analyse particulier de l'apprentissage en contexte, distinct des recherches sur les mécanismes d'apprentissage en psychologie. Nous consacrons ensuite l'essentiel de cette contribution à l'examen de la transposition de deux objets privilégiés des études sur l'apprentissage de la littéracie, à savoir la question de son *acquisition* et la question de la *logographie* comme étape première – et controversée – de cette acquisition. Les remarques conclusives reviendront sur le processus d'émergence des connaissances nouvelles en sciences de l'éducation, comme effet de la transposition examinée. Les retombées que la recherche en situation devrait produire sur le cadre référentiel disciplinaire en psycholinguistique seront finalement envisagées.

CADRE PLURIRÉFÉRENTIEL ET DÉROULEMENT DE LA RECHERCHE

La littéracie émergente (lecture/écriture émergente, ci-dessous LEE), telle qu'elle est mise en situation didactique et pratiquée en classe, fait l'objet de la présente recherche[1]. Celle-ci représente la deuxième étape d'un programme de recherche qui en comporte quatre (fig. 1), à savoir: 1) l'élaboration et l'analyse a priori de la situation didactique (Saada-Robert & Mazurczak, 2001); 2) l'étude des compétences et stratégies des apprenants (Saada-Robert & Balslev, 2001); 3) l'étude des interventions de l'enseignant (Saada-Robert, Balslev & Mazurzcak, en préparation); 4) l'étude de la microgenèse en tant que construction interactive du savoir en situation (ibid.). Selon les étapes du programme, les références contributives interviennent différemment et de manière plus ou moins directe.

En ce qui concerne l'étape actuelle du programme, celle de l'étude des compétences et stratégies des apprenants (étape 2), et plus particulièrement la première phase de la recherche, celle de sa problématisation (fig. 1), l'ensemble des cadres théoriques de référence interviennent. Deux d'entre eux cependant jouent un rôle particulier, rôle de *fondement de référence épistémologique implicite* – mais néanmoins constamment présent –. Il s'agit 1) du cadre de la psychologie développementale et celui de la psychologie différentielle, qui imprime à la recherche une méthodologie longitudinale et une méthodologie qui permet de tenir compte à la fois des différences individuelles et des résultats de groupe; 2) du cadre tripolaire du constructivisme interactionniste piagétien, de l'interactionnisme socio-culturel vygotskien et de l'apprentissage en contexte issu du courant de la cognition située. L'obédience à un seul de ces cadres nous paraît devoir être dépassée dans une synthèse qui retient – pour la problématique présente – les quatre caractéristiques fondamentales suivantes: toute connaissance est le produit d'une *construction* – lente et discontinue – qui se déroule dans un temps et un lieu donné;

---

[1] Recherche effectuée par l'équipe de chercheurs et d'enseignantes de la Maison des Petits, école publique du canton de Genève liée à l'université par un contrat bipartite DEP-FPSE portant sur la recherche et la formation. Les auteures remercient chacun des membres de l'équipe (M. Auvergne, C. Christodoulidis, V. Claret-Girard, J. Favrel, J. Girard, G. Hoefflin, K. Mazurczak, I. Palmisano, M. Rouiller et C. Veuthey) et les enfants ayant participé à cette recherche.

Au-delà d'une évidence pluridisciplinaire 117

elle se construit à la fois et en alternance à travers *les régulations sociales et une autorégulation* propre à l'apprenant; elle est le produit d'expériences multiples se déroulant dans des *institutions et des espaces divers*; enfin, une même connaissance peut prendre la forme de représentations et de compétences diverses, selon *l'histoire expérientielle* de chaque individu. Deux autres cadres théoriques et empiriques de référence participent explicitement et de manière centrale à la problématique: il s'agit de différents courants de recherche en linguistique et psycholinguistique, incontournables pour l'analyse du savoir en jeu (la littéracie) et de la didactique qui englobe (en principe) la référence au savoir «savant» et qui le contextualise par l'analyse de sa transposition didactique jusque dans la phase de sa prise en charge par l'enseignant, et par l'analyse de son appropriation par l'élève, médiatisée par l'enseignant et les pairs. Dans le paradigme de la *recherche en situation*, les pratiques enseignantes jouent également un rôle considérable dans la mesure où la problématisation de la recherche se base sur une situation didactique élaborée par les enseignants conjointement avec les chercheurs.

La deuxième phase de la recherche, celle de l'élaboration du champ théorique, se constitue en fait de manière permanente et non découpée précisément dans le temps. Elle suit la progression de la recherche dans les disciplines pré-citées (linguistique, psycholinguistique, didactique du français essentiellement). Les questions de recherches sont constituées d'un double mouvement, à la fois déductif et inductif: d'une part elles empruntent aux questions ouvertes posées dans la/les communauté/s scientifique/s de référence et d'autre part elles s'élaborent sur la base d'éléments nouveaux, spécifiques, heuristiques, obtenus par l'analyse des données (Balslev & Saada-Robert, 2002).

Pour ce qui est de la procédure méthodologique, elle intègre deux procédés différents de recueil des données: le suivi longitudinal des compétences des apprenants à travers des bilans psycholinguistiques effectués individuellement dans des conditions de tests (laboratoire), et l'observation[2], usuelle en didactique, de leurs conduites de protolecture/écriture dans leur environnement-classe, y compris les interactions entre pairs et avec l'enseignant.

---

2 L'observation s'effectue à l'aide de films vidéo, ensuite transcrits en protocoles ad hoc et analysés en terme de stratégies.

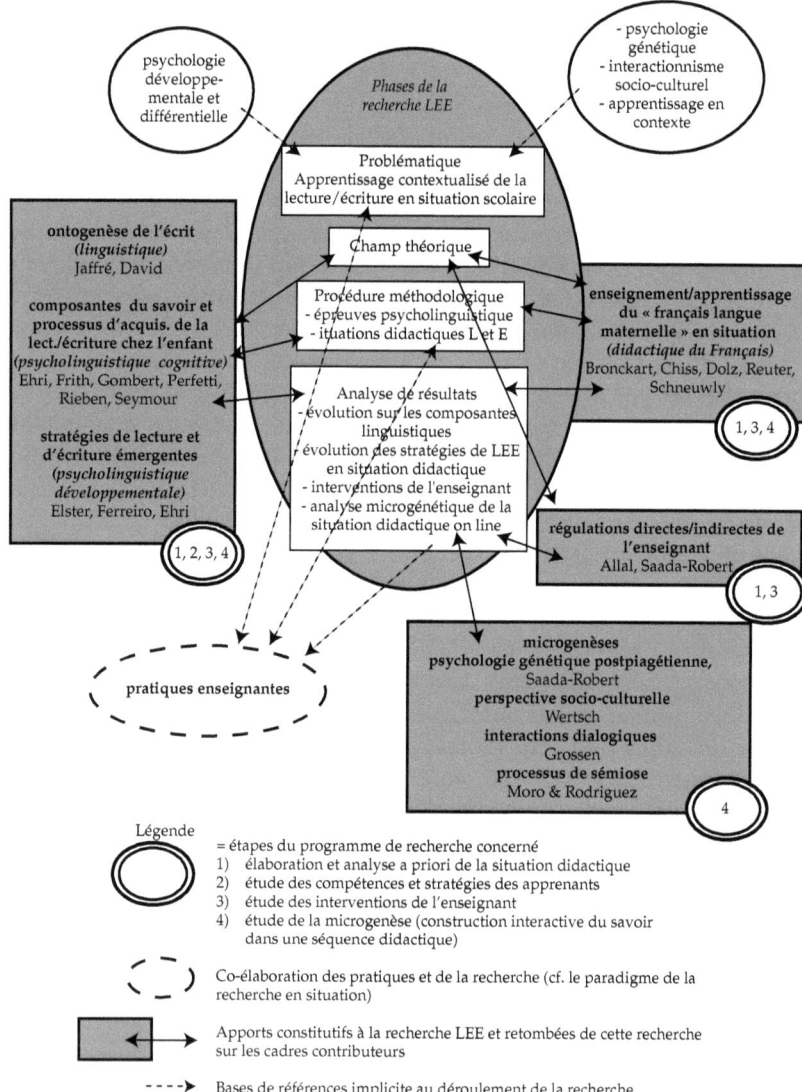

Figure 1: Cadre pluriréférentiel du déroulement de la recherche Lecture/écriture émergente (LEE).

Au-delà d'une évidence pluridisciplinaire 119

Quant à l'analyse des résultats, elle emprunte à la fois les pratiques des chercheurs en psycholinguistique (analyse des stratégies d'apprentissage des enfants), en didactique (analyse des situations didactiques, celle des interventions-régulations de l'enseignant et des relations triadiques savoir-enseignant-apprenant) ou encore de chercheurs issus d'autres courants de référence (étude des régulations et autorégulations, de la métacognition, des processus microgénétiques, etc.).

La figure 1 tente de schématiser le double mouvement entre la recherche en cours et les références contributives, indiqué par les flèches: celui des apports contributifs à la recherche ainsi que celui des retombées possibles sur les cadres de référence.

PARADIGME DE RECHERCHE

Une autre dimension plurielle de la recherche sur la *lecture/écriture émergente* (LEE) réside dans le paradigme sur lequel elle s'appuie. Parmi l'ensemble des paradigmes prototypiques de la recherche en sciences de l'éducation, celui de la *recherche en situation* se caractérise par une double visée: celle de la production de connaissances scientifiques, et celle de la transformation des pratiques d'enseignement/apprentissage (fig. 2).

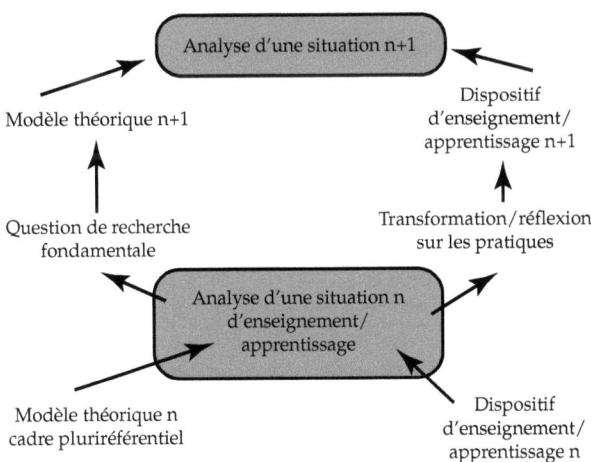

Figure 2: Le paradigme de la recherche en situation.

La visée de recherche fondamentale se concrétise, dans l'exemple qui nous occupe, par un questionnement théorique sur les processus d'acquisition de la langue écrite étudiée dans le cadre des apprentissages contextualisés. Quant à elle, la visée de transformation des pratiques d'enseignement/apprentissage de la lecture/écriture se réalise à travers la co-élaboration (praticiens et chercheurs) de situations didactiques, l'analyse de ces dernières et l'analyse des stratégies des apprenants comme celle des interventions des enseignants. Au bout du compte, la recherche en situation ne se réduit nullement à la recherche appliquée ou à la recherche-action. Elle ne revient pas à utiliser mécaniquement les cadres théoriques issus de la linguistique et de la psycholinguistique, mais consiste à les interroger en regard des conditions d'apprentissage contextualisé. Dans le cas où son objet d'étude est la situation d'enseignement/apprentissage en tant que système complexe en transformations, elle ne peut être que pluridisciplinaire. En effet, la référence à une seule discipline ne peut procurer les outils suffisants pour analyser à la fois le savoir en jeu, l'enseignement et l'apprentissage, lorsqu'ils se croisent en situation. Par contre, dès lors que l'objet d'étude est découpé, ses références disciplinaires se restreignent. Ainsi, l'étape dont il est question ici (la deuxième, celle portant sur l'étude des compétences et stratégies des apprenants, fig. 1) fait appel à des modèles issus de la linguistique et de la psycholinguistique, transposés dans la recherche en situation.

LA TRANSPOSITION DE DEUX OBJETS D'ÉTUDE DISCIPLINAIRES

Deux exemples d'objets d'étude traités de manière récurrente en psycholinguistique vont être pris pour montrer leur transposition[3] dans une recherche en situation. Il s'agit de l'étude de *l'acquisition de la langue écrite* d'une part, d'autre part de l'étude de la *logographie* qui caractérise dans plusieurs modèles théoriques la première phase de cette acquisition. L'interrogation des cadres de références peut être formulée de la manière suivante: qu'apporte l'étude des prémices de la lecture/écriture en situation, quant à la validité des modèles d'acquisition en jeu et quant au rôle de l'étape logographique dans cette acquisition? Deux modèles théoriques seront plus particulièrement examinés pour ce qui est de l'acquisi-

---

3   Transposition prise dans le sens de construction et non d'application, comme explicité plus haut.

Au-delà d'une évidence pluridisciplinaire 121

tion (ceux de Frith, 1985 et de Seymour, 1997). Pour ce qui est de la logographie, trois positions contrastées seront discutées: celle de Byrne (1992) et de Sprenger-Charolles, Siegel et Béchennec (1997); celle de Ehri (1997) et d'Ellis (1997); enfin celle de Frith (1985) et de Seymour (1997).

En faisant un détour par la procédure méthodologique, nous allons examiner la transposition de ces deux objets dans une recherche en sciences de l'éducation. Ensuite l'analyse de quelques résultats donnera une idée des retombées possibles sur les références contributives.

PRÉSENTATION DES DEUX OBJETS D'ÉTUDE
ET QUESTIONS DE RECHERCHE

A. *L'acquisition de la lecture/écriture*. Deux modèles peuvent être mis en débat concernant l'acquisition de la langue écrite: celui de l'acquisition par étapes successives nettement différenciées (Frith, 1985) et celui de l'acquisition par double fondation avec évolution parallèle (Seymour, 1997). Ces deux modèles sont résumés ci-après (respectivement fig. 3 et fig. 4).

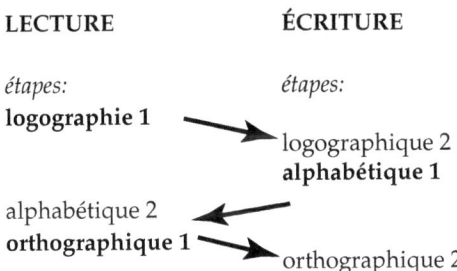

Figure 3: L'acquisition de la lecture/écriture d'après le modèle de Frith (1985).

Le modèle de Frith (1985) présente l'acquisition de la lecture/écriture de manière relativement linéaire: la première étape est celle de la logographie (reconnaissance visuelle rapide sans connaissance des lettres) et se développe à partir de la lecture; la deuxième est celle de la découverte et de la consolidation du système alphabétique qui se déclenche à travers les contraintes de l'écriture; la dernière est l'étape orthographique, celle de la lecture par identification immédiate des mots et de l'écriture conventionnelle. Dans ce modèle, la lecture et l'écriture jouent des rôles différents: la lecture permet l'entrée dans l'étape logographique alors que l'écriture permet la prise de conscience de la nécessité alphabétique, et finalement la lecture prend de nouveau le relais pour déboucher sur l'étape orthographique. Une telle évolution par étapes se succédant linéairement ne se retrouve pas dans le modèle de Seymour (fig. 4).

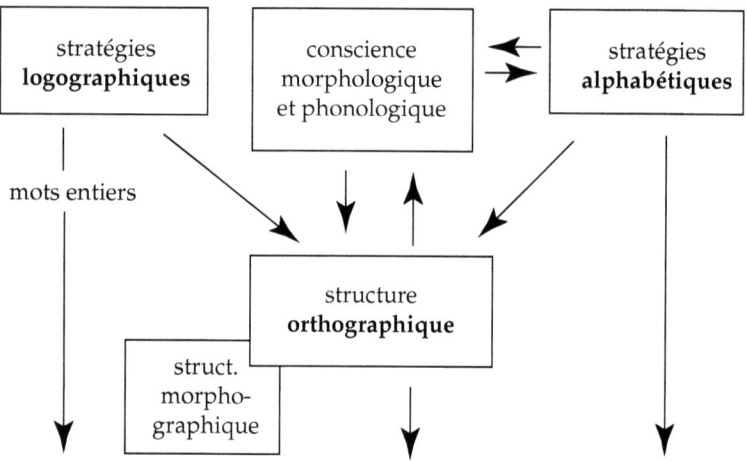

Figure 4: L'acquisition de la lecture/écriture d'après le modèle de Seymour (1997).

Le modèle de Seymour (1997) conteste la succession linéaire de trois étapes et propose un modèle où les phases logographique et alphabétique se développent parallèlement. Dans ce modèle, les stratégies logographiques et alphabétiques sont présentes tout au long de l'évolution. Elles constituent des fonctions distinctes (les stratégies logographiques évoluant dans le traitement des mots entiers et les stratégies alphabétiques dans le traitement des relations lettre/son) mais toutes les deux concourent à la formation des stratégies orthographiques. Ces dernières subissent à leur tour une évolution marquée par une prise en compte des premières régularités orthographiques (par exemple celles des digrammes, *an, on, ch,* etc.), puis des irrégularités les plus fréquentes dans la langue (comme *femme*), enfin des irrégularités plus rares.

Au-delà d'une évidence pluridisciplinaire

Concernant la transposition de chacun de ces deux modèles dans la recherche en situation, deux questions sont à même d'orienter leur mise à l'épreuve. Dans le cas de l'enseignement/apprentissage situé,

- trouve-t-on à 4 ans une co-existence de plusieurs stratégies, autant logographiques qu'alphabétiques (ou phonologiques)?
- existe-t-il une dominance des unes ou des autres, ou sont-elles toutes présentes avec la même fréquence et pour les mêmes mots?

Avant d'exposer brièvement notre tentative de réponses à ces questions, examinons le deuxième objet d'étude annoncé plus haut.

B. Le rôle de la logographie dans l'acquisition de la langue écrite. Les modèles théoriques traitant du rôle de la logographie adoptent trois positions différentes. La première considère que le processus logographique n'a pas d'impact sur le développement futur de la lecture/écriture. Elle affirme d'une part que la logographie ne traite pas d'indices linguistiques (Byrne, 1992), d'autre part que la stratégie de base est d'emblée phonologique (Sprenger-Charolles *et al.*, 1997). La deuxième position décrit le rôle de la logographie comme extra- ou prélinguistique. Par exemple, Ellis (1997) et Ehri (1997) la définissent comme une phase précommunicative ou préalphabétique. Finalement, la troisième position se distingue des deux autres puisqu'elle estime que la logographie constitue une phase essentielle, le fondement même de l'acquisition de la langue écrite (Frith, 1985; Seymour, 1997).

La mise à l'épreuve de ces propositions, c'est-à-dire leur transposition dans la recherche en situation, soulève plusieurs questions concernant le rôle d'une étape logographique dans l'acquisition située de la langue écrite:

- peut-on caractériser une étape logographique «pure», c'est-à-dire dans laquelle les stratégies logographiques ne seraient pas concomitantes avec les composantes alphabétiques ou phonologiques?
- si la phase logographique fait partie intégrante de l'acquisition de la littéracie, l'enfant différencie-t-il les traces sémiopicturales (dessin) des traces sémiographiques (écriture)?
- comment caractériser l'évolution des stratégies sémiopicturales vers les stratégies sémiographiques puis l'utilisation des premiers indices alphabétiques jusqu'à l'utilisation du principe alphabétique, voire la construction du système orthographique?

Ces questions, ainsi que les précédentes concernant la problématique de l'acquisition de la langue écrite, ont donné lieu à l'élaboration d'un dispositif méthodologique alliant les prises de données en situations didactiques (organisées en séquence) à la passation individuelle d'épreuves psycholinguistiques. Deux sources de recueil des données, issues de deux disciplines différentes, sont ainsi utilisées.

PROCÉDURE MÉTHODOLOGIQUE

Afin de rendre compte des compétences progressivement acquises, les épreuves psycholinguistiques et les séquences didactiques sont pratiquées quatre fois durant l'année scolaire (de T1 à T4), selon un procédé typique de la psychologie développementale, troisième discipline contributive à notre démarche. Les enfants appartiennent à une classe de 1re année du cycle 1. Leur âge moyen est de 4;3 ans à T1.

Les épreuves psycholinguistiques individuelles portent sur les unités lexicales et sublexicales (mots et lettres). Chacune des catégories d'unités sont investiguées selon quatre dimensions: en production, en identification, en segmentation et en représentation. Le tableau 1 en fait la liste.

Tableau 1
Inventaire des épreuves psycholinguistiques prises de T1 à T4

	Production	Identification	Segmentation	Représentation
Unité lexicale (mot)	Ecriture du prénom	Reconnaissance du prénom Repérage de mots Identification de mots (manuscrits, logographiés, en contexte)	Segmentation lexicale	Définition et fonction du mot
Unité sublexicale (lettre)	Ecriture des lettres	Connaissance des lettres (nom ou son)	Segmentation phonologique	Définition et fonction de la lettre

Au-delà d'une évidence pluridisciplinaire 125

L'ensemble de ces épreuves est destiné à effectuer un bilan psycholinguistique des compétences des enfants au cours de l'année (de T1 à T4), dans chacun des domaines concernés (unités lexicales et sublexicales) et dans les quatre dimensions évoquées ci-dessus.

Quatre fois pendant l'année scolaire, une séquence de lecture et d'écriture émergente a été proposée aux enfants par leur enseignante. Cette séquence a été auparavant élaborée conjointement par l'équipe des enseignants et des chercheurs. Son déroulement comprend plusieurs phases, résumées dans le tableau suivant (tableau 2). Chaque phase peut se dérouler sur une ou plusieurs séances de travail. Une séquence s'étale sur une semaine environ.

Tableau 2
Phases du déroulement séquentiel de la situation
de Lecture/Ecriture Emergente

Situation didactique de Lecture Emergente (LE)	
1. ancrage pragmatique	L'enseignante propose la situation, décrit son déroulement, énonce son but et le destinataire.
2. hypothèses	Guidés par les questions de l'enseignante, les enfants font des hypothèses à partir de la page de couverture, puis des pages suivantes, sur l'histoire contenue dans le livre, le sens et les propriétés de l'écrit.
3. lecture de texte	L'enseignante lit le livre en entier, tel que l'auteur l'a écrit, les différences avec les hypothèses des enfants sont discutées.
4. activités autour de l'histoire	Plusieurs activités sont proposées afin de consolider la structure narrative de l'histoire.
5. rappel de l'histoire	Les enfants rappellent chaque épisode de l'histoire.
6. lecture émergente	Chaque enfant «lit» l'histoire à un élève plus âgé qui ne la connaît pas, avec le livre ouvert devant eux.

Situation didactique d'Ecriture Emergente (EE)	
1. ancrage pragmatique	L'enseignante explicite le déroulement de la situation, le but et le destinataire.
2. dessin	Chaque enfant effectue un dessin de l'épisode du livre qu'il préfère.

3. projet d'écriture	L'enfant énonce son projet d'écriture, en réponse à la question de l'enseignante «Qu'aimerais-tu écrire qui raconte ton dessin? Je sais que tu ne sais pas encore écrire comme les grands, mais pour le moment fais comme tu penses... etc.»
4. écriture émergente et mise en valeur	L'enfant est encouragé à écrire son commentaire au dessin, au besoin l'enseignante lui demande d'expliciter ce qu'il a fait et l'encourage en valorisant ses acquis.
5. explication métagraphique	A la fin de sa production, l'enfant raconte à un autre adulte ce qu'il a fait, et comment il s'y est pris. L'adulte cherche à le pousser à expliciter au mieux sa production ainsi que les différences entre le dessin et l'écrit.

Lors de chacune de ces séquences, la phase 6 de lecture émergente et la phase 5 d'écriture émergente ont été filmées puis retranscrites dans des protocoles ad hoc. Ces derniers ont permis d'inférer à partir de différents indices observables des stratégies d'énonciation de la *lecture à l'autre* d'une part, et de relever les projets et les stratégies *d'écriture* d'autre part, ainsi que les explications métagraphiques énoncées par les enfants.

QUELQUES RÉSULTATS EN BREF

En ce qui concerne la présentation des résultats, notre intention est de mettre en évidence une démarche de recherche dans laquelle les modèles théoriques sont interrogés en regard du *fonctionnement du savoir en cours d'acquisition in situ*, dans un contexte pluridéterminé. L'objectif d'une telle démarche est centré sur l'obtention de résultats nouveaux, qui à leur tour interrogeront les disciplines contributives, plutôt que sur la seule validation écologique des modèles de référence. A titre illustratif, les résultats d'un enfant (Ale) sont présentés ici, ses productions en écriture émergente (fig. 5) suivies de leur analyse en terme de stratégies d'écriture, puis les énoncés du même enfant en lecture émergente (extrait dans le tableau 5) analysés en terme de stratégies de lecture[4].

---

4   Les compétences de cet enfant émanant des bilans psycholinguistiques ne sont pas mentionnées ici. Le lecteur trouvera ailleurs quelques résultats de cette recherche (Saada-Robert & Hoefflin, 2000; Saada-Robert & Favrel, 2001; Saada-Robert & Balslev, 2001).

Au-delà d'une évidence pluridisciplinaire 127

L'ensemble des productions des enfants ont permis d'inférer les stratégies présentées dans le tableau 3. Elles résultent à la fois des indices observés dans les conduites des enfants, et des cadres théoriques qui ont été remaniés et complétés selon les observations in situ. Il s'agit de l'acquisition présentée dans les modèles théoriques ci-dessus et des travaux de Ferreiro (1988) et Ehri (1989). Ces stratégies sont présentées par ordre développemental (tableau 3), allant de la plus élémentaire à la plus élaborée[5].

Projet d'écriture à T1:
La petite dille monte à l'échelle

Projet d'écriture à T2:
C'est quand il sortait ses peluches, il sort ses poupées et ses peluches

Projet d'écriture à T3:
La maman dit qu'il fait beau temps, le docteur discute avec la maman, Léo veut aussi grimper sur le drôle de lit

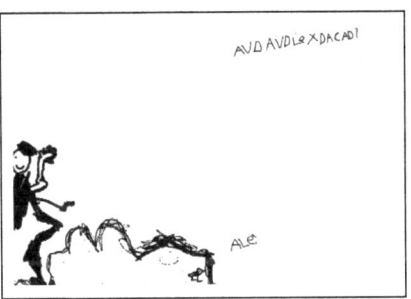

Projet d'écriture à T4:
Viens, viens Léo! j'ai retrouvé Popi!

Figure 5: Productions écrites de Ale de T1 (début d'année) à T4 (fin d'année).

---

5   La liste des stratégies, tout d'abord plus détaillée, a été finalement regroupée en sept catégories.

Tableau 3
Stratégies d'Ecriture Emergente

Utilisation de traces et de signes graphiques variables
IMP: *imitation* gestuelle du tracé du scripteur, et stratégies *sémiopicturales*
GRA: stratégies sémiographiques: signes *graphiques* discontinus, pseudo-lettres, quelques lettres connues (issues du prénom ou de mots familiers) et de chiffres dispersés sur la feuille ou en ligne

Utilisation de lettres
VNO: respect du principe de la *variété* et du *nombre* de lettres, sans analyse du son
LOG: stratégies *logographiques*: lettres en ligne issues de la mémoire logographique du mot, en correspondance avec le projet d'écriture de l'enfant, sans correspondance phonétique

Utilisation de la correspondance phonographique
SYL: stratégies *syllabiques*: essai de correspondance phonographique partielle, appliquée à la 1re lettre du mot ou à la syllabe, avec marque des consonnes
ALP: stratégies *alphabétiques*: essai de transcription de tous les sons, hypothèse alphabétique, y compris pour les voyelles, transcription phonographique correcte, systématisation alphabétique
LEX: stratégies *lexicales:* transcription phonographique correcte avec marquage de la segmentation lexicale et usage de quelques régularités morphographiques

L'interprétation des quatre productions d'Ale en termes de stratégies a permis d'établir leur progression (tableau 4) entre le temps 1 (T1) en début d'année et le temps 4 (T4) en fin d'année.

Tableau 4
Stratégies d'écriture d'Ale

	T1	T2	T3	T4
GRA	X	X	–	–
VNO	X	X	X	–
LOG	–	–	X	X
ALP	–	–	–	(X)

Au-delà d'une évidence pluridisciplinaire 129

Lors de T1, Ale a voulu écrire «La petite fille monte à l'échelle», et a eu recours à deux stratégies: GRA et VNO. En effet, sa production fait état de quelques pseudo-lettres (GRA) et d'une série variée de lettres (T,H,O,B,R), correspondant à la stratégie VNO. A T2, cette enfant se sert des deux mêmes stratégies, mais semble faire «un pas en arrière» puisque les pseudo-lettres et les lettres sont dispersées sur la feuille au lieu de se présenter en ligne. A T3, on peut remarquer un certain progrès puisque Ale écrit en respectant le principe du nombre et de la variété des lettres et que certains passages correspondent à son projet d'écriture. Lors de l'explicitation métagraphique donnée en fin de production, Ale arrive effectivement – pour certains passages – à dire quels mots elle a voulu écrire. A T4, cette correspondance avec le projet d'écriture est encore plus marquée, puisqu'en se relisant elle pointe «AVD» et disant «Viens», puis encore «AVD» pour «viens», «Le» pour «Léo», «XDA-CADI» pour «j'ai retrouvé» et «i» pour Popi (stratégie LOG, à laquelle on pourrait ajouter la stratégie ALP pour le «Le» de Léo, le «i» de Popi, et en faisant l'hypothèse que le V de AVD est mis pour |v| de Viens). Il convient donc de remarquer qu'à T4, la relecture de sa production correspond, pour la première fois, à son projet d'écriture.

Suite à la transcription de la «lecture» d'Ale à T2 (tableau 5), nous illustrons ci-dessous la transformation des énoncés (données brutes) en stratégies de lecture. Les énoncés ont été codés par proposition ou syntagme. Chaque énoncé a ensuite été catégorisé en termes de stratégies.

Tableau 5
Transcription d'une séquence de lecture émergente
par Ale au T2 (E = autre enfant)

temps	autres indices	énonciation	autres interventions
00.02	Tourne les pages jusqu'à la 1 Regarde dans la direction du texte, mais rien de précis...	1. oh zut, il pleut, on peut pas sortir aujourd'hui	
00.24	Tourne la page, p. 2	2. alors Léo va faire une surprise à Popi, il sort toutes ses peluches et même ses poupées et ses jouets	

temps	autres indices	énonciation	autres interventions
			3. E. attends, on va regarder la page
00.47	Tourne la page avec l'aide de l'autre E, p. 3	4. la maman elle lui donne à manger pour ses enfants	
00.58	Tourne la page, p. 4 Regarde l'image	5. alors... Popi... il va d'abord commencer de partager	
01.14	Tourne la page avec E, 2 pages sont prises ensemble, reviennent en arrière, p. 5	6. une bouchée pour Popi une bouchée pour Léo et une bouchée pour Popi et une bouchée pour qui? allez ce sera pour Popi	
01.38	Tourne la page, p. 6	7. alors... Popi... Léo dit «oh chouette, je vais... on pourra aller dans le jardin... mouillé!»...	

L'ensemble des séances de lecture à un pair a été retranscrit sous forme de protocoles qui ont permis d'inférer les stratégies de lecture (tableau 6), reconstruites à partir des modèles de l'acquisition présentés ci-dessus et des travaux d'Elster (1994).

Tableau 6
Stratégies de Lecture Emergente

Enonciation basée sur des indices picturaux
EDI: *énonciation descriptive* non narrative basée sur les éléments contenus dans l'*image*
EDA: *énonciation descriptive* non narrative basée sur l'image avec mention des *actions*

Enonciation basée sur des indices textuels
ENS: *énonciation narrative* respectant le *sens* de l'histoire (superstructure) sans respecter la structure syntaxique. Le contenu de l'énoncé peut se référer à l'image et non au texte.
EPV: *énonciation pseudo-verbatim* respectant la structure syntaxique avec un lexique synonyme et/ou des mots-clé du texte
EVE: *énonciation verbatim*. L'enfant répète mot à mot le passage du texte mémorisé (± 1 mot).

Au-delà d'une évidence pluridisciplinaire 131

Enonciation basée sur des indices linguistiques
EDM: *énonciation* basée sur un essai de *décodage* des *mots*.
ELM: *énonciation* basée sur la *lecture* de *mots* (reconnaissance avec récupération du sens lexical).

EGN: *énonciation* hors textuelle en lien avec la *gestion* de la *narration*

L'interprétation des énoncés aux quatre temps (T1 à T4) de «lecture» d'Ale a permis de relever les stratégies apparaissant dans le tableau 7.

Tableau 7
stratégies de lecture d'Ale

	T1		T2		T3		T4	
	N	%	N	%	N	%	N	%
EDA	5	26	0	0	0	0	2	13
ENS	8	42	5	24	5	11	2	13
EPV	5	26	5	24	8	17	1	6
EVE	1	5	7	33	18	38	9	56
EGN	0	0	4	19	16	34	2	13
TOTAL	19	100	21	100	47	100	16	100

Le tableau 7 montre qu'Ale se base sur plusieurs types de stratégies pour «lire» et ceci aux quatre temps. Entre T1 et T4, l'enfant progresse puisqu'elle tend de plus en plus à «lire» en restant proche du texte original (EVE). Les autres stratégies restent toutefois présentes. De plus, lors d'un même temps de «lecture», elle se base à la fois sur des indices picturaux (EDA) et des indices textuels (ENS, EPV, EVE).

Les résultats présentés ci-dessus, issus du contexte écologique et institutionnalisé de la classe, nous amènent à deux constats principaux. Premièrement, les stratégies EE et LE de cet enfant sont diverses à chaque temps, ce qui semble indiquer, si ces résultats se confirment pour l'ensemble des enfants, la présence de stratégies concourantes, évoluant entre T1 et T4, mais plutôt dans le sens d'une dominance de certaines stratégies que dans le sens d'un passage exclusif et linéaire d'une stratégie à la suivante. Deuxièmement, les indices graphiques dans un livre sont utilisés très tôt pour «faire du sens» (sémiographisme), parfois en même temps que les indices picturaux (sémiopicturalité). Par exemple, Ale, à T1, «lit» tantôt en s'appuyant sur les indices picturaux du livre (EDA et ENS), tantôt en faisant une énonciation narrative proche ou similaire au texte original (EPV et EVE). Chez cet enfant, le recours aux indices linguistiques est encore absent en lecture émergente, alors que sa production en écriture émergente semble montrer un début de prise de conscience de la nécessité alphabétique pour traiter la langue écrite.

RETOUR AUX CADRES DISCIPLINAIRES

Le point précédent fait état du déroulement de la transposition opérée depuis les modèles théoriques contributifs de notre recherche. Il s'agit maintenant de discuter de la nature de cette transposition et de son caractère constructif débouchant sur la production de connaissances nouvelles, en opposition avec une démarche applicationniste qui au mieux montrerait l'intérêt d'une validation écologique des modèles théoriques issus de données empiriques recueillies en laboratoire. La question finale à traiter revient à se demander comment évoluent, à travers la recherche en situation, les deux objets d'étude pris à titre d'exemple: *l'étude de l'acquisition de la littéracie*, et celle de la *logographie*, objets d'études centraux de la psycholinguistique. Dans la transposition ainsi effectuée, d'autres cadres contributifs que celui de départ ont-ils été convoqués pour rendre compte des résultats?

Etant étudiés empiriquement *en contexte*, dans la complexité des situations qui se déroulent in situ et notamment dans l'interaction triadique objet de savoir-apprenant-enseignant, ces objets d'étude subissent des transformations dont les effets font progresser les connaissances scientifiques, ce que nous allons montrer. Les résultats de l'étape actuelle du programme, à savoir l'analyse des stratégies d'apprentissage des apprenants, peuvent être résumés en quatre points:

– étudiées longitudinalement sur une année, les stratégies d'écriture émergente, comme celles de lecture émergente ne semblent pas apparaître de manière linéaire; plusieurs stratégies se rencontrent conjointement, mais certaines apparaissent de manière dominante, ce qui confirme, pour les prémices de la lecture/écriture, les résultats trouvés antérieurement (Rieben & Saada-Robert, 1997). Le modèle d'une évolution en étapes linéaires (Frith, 1985) n'est donc pas vérifié en situa-

tion, pas plus que celui de Seymour (1997), modèle à double fondation dont les bases logographiques et alphabétiques évoluent en parallèle;
- les prémices de cette évolution semblent concerner une dimension sémiopicturale, précédant la construction de la sémiographie (Saada-Robert & Hoefflin, 2000), elle-même précoce. Avant la connaissance des lettres, l'enfant cherche donc à tracer du sens avec l'écrit, et il faut bien admettre une étape linguistique qui précède l'étape alphabétique, qu'elle soit définie en termes de logographie, en termes de sémiographie ou en un autre terme;
- les compétences et les stratégies concernant les mots et concernant les lettres semblent concourantes, ce qui permet de ne pas considérer exclusivement une conception *lexicale* de la logographie ou une conception *sublexicale* (Saada-Robert & Favrel, 2001);
- une étape logographique semble bien présente avant l'acquisition du système alphabétique, avec les caractéristiques suivantes: 1) elle se présente sous forme de stratégies dominantes n'excluant pas l'usage – la construction – d'autres stratégies au même moment de l'acquisition, notamment de stratégies alphabétiques; 2) elle se définit à la fois en termes de connaissance visuelle immédiate à dimension *lexicale* portant sur un nombre restreint de mots familiers, et en termes de repérages visuels d'indices *sublexicaux*; 3) elle revêt chez l'enfant un caractère d'emblée sémiotique, ancré sur une analogie avec les symboles picturaux mais très vite différenciés en tant que signes graphiques.

En bref, deux éléments sont à souligner. D'une part, les résultats de la recherche effectuée en situation ont un double impact: ils interrogent et remettent en question les *modèles constitués en laboratoire* d'une part, agissant en retour sur eux en fournissant de nouveaux éléments de discussion; ils fournissent des pistes théoriques et méthodologiques pour le développement de la *recherche en situation* de l'autre. De nouvelles connaissances scientifiques sont ainsi constituées, en même temps que des bases d'analyse réflexive pour l'ingénierie didactique et les pratiques d'enseignement, aspect de la recherche peu développé ici.[6] D'autre part, la transposition opérée sur la base d'un cadre disciplinaire bien délimité (la psycholinguistique pour ce qui est de cette étape du

---

6 Pour une analyse de situations didactiques d'entrée dans l'écrit, voir Saada-Robert et Mazurczak, 2001.

programme de recherche) et le retour possible des résultats obtenus en situation sur ce cadre, empruntent à d'autres cadres disciplinaires. On l'a vu (fig. 1 en général et procédure méthodologique de cette étape de recherche), les cadres théoriques implicites, comme ceux qui sont explicitement référés dans l'élaboration de la démarche, concernent la psychologie génétique et socioculturelle, la psychologie développementale, la psycholinguistique, et la didactique avec son propre cadre pluridisciplinaire. En situation et lorsque l'objet d'étude est constitué de plusieurs dimensions (ici les stratégies de lecture et d'écriture produites à l'intérieur d'un dispositif didactique, ainsi que leur évolution), une contribution plurielle des disciplines de référence semble ainsi incontournable. En effet, nous avons montré la constitution de *connaissances scientifiques nouvelles*, principalement dans les deux disciplines contributives majeures de nos recherches: en *psycholinguistique*, comme en témoignent les points précédents, et en *didactique*, montrant la nécessité, pour l'étude des apprentissages en contexte, de l'étude du système triadique dans son ensemble (la nature du savoir en jeu, les stratégies de l'apprenant, les interventions de l'enseignant). Lors du processus de transposition, l'objet d'étude central qui nous occupe, l'apprentissage situé de la lecture/écriture, subit des modifications. Contrôlé par un découpage en unités aussi simples que possible lorsqu'il est considéré hors contexte en psycholinguistique (ou dans un contexte de «laboratoire»), il est ici au contraire réinsérer dans son contexte d'acte complexe situé, et un milieu à multiples contraintes saisis (découpés aussi) à travers les trois pôles du triangle didactique.

A plus forte raison lorsque le programme de recherche est pris dans son ensemble (l'élaboration et l'analyse de la situation didactique, l'étude des stratégies de lecture/écriture émergente chez le jeune apprenant, celle des interventions de l'enseignant et l'étude de la microgenèse), les références épistémologiques, théoriques et méthodologiques se constituent dans un cadre nécessairement pluriel.

Il reste pour nous une question fondamentale qui n'a pu être traitée ici et qui concerne l'ensemble des recherches en sciences de l'éducation, dans leur rapport de plus ou moins grande proximité avec le champ même de l'objet d'étude «éducation». Quels sont les enjeux respectifs sous-tendant les démarches scientifiques en usage en sciences de l'éducation selon leur rapport avec les disciplines contributives? Que gagne le développement des connaissances scientifiques à appliquer, pour l'éducation, la recherche issue des disciplines de référence, de ses mo-

Au-delà d'une évidence pluridisciplinaire 135

dèles théoriques, de ses paradigmes méthodologiques, en contrôlant leur stricte reproduction? Que gagne-t-il à tenter une transposition de ces modèles et paradigmes, en reconstruisant, *à partir de ses objets spécifiques ET des disciplines contributives*, des modalités de recherche appropriées? Pour l'instant, les sciences de l'éducation pourraient à notre avis s'attacher à une explicitation systématique de ses paradigmes de recherche et à une mise en débat qui dépasse les constats exclusifs.

RÉFÉRENCES BIBLIOGRAPHIQUES

Balslev, K. & Saada-Robert, M. (2002). Expliquer l'apprentissage situé de la litéracie: une démarche inductive/déductive. In F. Leutenegger & M. Saada-Robert (Ed.), *Les formes de l'explication en sciences de l'éducation* (pp. 7-28). Bruxelles: De Boeck.
Byrne, B. (1992). Studies in the acquisition procedure for reading: Rationale, hypotheses and data. In P. B. Gough, L. C. Ehri & R. Treiman (Ed.), *Reading acquisition* (pp. 1-34). Hillsdale, NJ: Lawrence Erlbaum.
Charlot, B. (1995). *Les sciences de l'éducation: un enjeu, un défi*. Paris: ESF.
Dosse, F. (1995). *L'Empire du sens. L'humanisation des sciences humaines.* Paris: La Découverte.
Ehri, L. (1989). Movement into word reading and spelling. How spelling contributes to reading. In J.-M. Mason (Ed.), *Reading and writing connections* (pp. 65-81). Boston: Allyn and Bacon.
Ehri, L. (1997). Apprendre à lire et apprendre à orthographier. C'est la même chose, ou pratiquement la même chose. In L. Rieben, M. Fayol & C. A. Perfetti (Ed.), *Des orthographes et leur acquisition* (pp. 231-265). Lausanne: Delachaux et Niestlé.
Ellis, N. (1997). Acquisition interactive de la lecture et de l'orthographe. In L. Rieben, M. Fayol et C. A. Perfetti (Ed.), *Des orthographes et leur acquisition* (pp. 267-293). Lausanne et Paris: Delachaux et Niestlé.
Elster, C. (1994). Patterns within preschoolers' emergent readings. *Reading Research Quarterly, 29*, 4.
Ferreiro, E. (1988). L'écriture avant la lettre. In H. Sinclair (Ed.), *La production de notations chez le jeune enfant*. Paris: Presses Universitaires de France.
Frith, U. (1985). Beneath the surface of developmental dyslexia. In K. Patterson, J. Marshall & M. Coltheart (Ed.), *Surface dyslexia* (pp. 301-330). London: Erlbaum.

Hameline, D. (1998). Pédagogie. In R. Hofstetter & B. Schneuwly (Ed.), *Le pari des sciences de l'éducation* (pp. 227-242). Bruxelles: De Boeck.
Hofstetter, R. & Schneuwly, B. (Ed.) (1998/2001). *Le pari des sciences de l'éducation.* Bruxelles: De Boeck.
Leutenegger, F. & Saada-Robert, M. (Ed.) (2002). *Les formes de l'explication en sciences de l'éducation.* Bruxelles: De Boeck.
Rieben, L. & Saada-Robert, M. (1997). Etude longitudinale des relations entre stratégies de recherche et stratégies de copie de mots chez des enfants de 5-6 ans. In L. Rieben, M. Fayol & C. A. Perfetti (Ed.), *Des orthographes et leur acquisition* (pp. 359-385). Lausanne: Delachaux et Niestlé.
Saada-Robert, M. & Balslev, K. (2001). *Emergent literacy: Learners strategies at 4 in kindergarten.* Oral paper, 9th EARLI Conference, Fribourg, septembre 2001.
Saada-Robert, M. & Favrel, J. (2001). Lecture/écriture émergente en situation scolaire: étude exploratoire de la logographie. *Actes du XXe congrès de l'IASCL, San Sebastian, 1999.*
Saada-Robert, M. & Hoefflin, G. (2000). Image et texte: conception d'enfants de 4 ans. *Archives de Psychologie, 68,* 83-98.
Saada-Robert, M. & Mazurczak, K. (2001). *Le texte pour entrer dans l'écrit: analyse de deux situations didactiques contrastées.* Communication orale, 8e colloque international de la DFLM, Neuchâtel, septembre 2001.
Saada-Robert, M., Balslev, K. & Mazurczak, K. (en préparation). Etude des microgenèses situées: proposition d'un cadre d'analyse.
Seymour, P. H. K. (1997). Les fondations du développement orthographique et morphographique. In L. Rieben, M. Fayol & C. A. Perfetti (Ed.), *Des orthographes et leur acquisition* (pp. 385-403). Lausanne: Delachaux et Niestlé.
Sprenger-Charolles, Siegel, L. & Béchennec, D. (1997). L'acquisition de la lecture et de l'écriture en français: étude longitudinale. In L. Rieben, M. Fayol & C. A. Perfetti (Ed.), *Des orthographes et leur acquisition* (pp. 359-384). Lausanne et Paris: Delachaux et Niestlé.

Cristina Allemann-Ghionda

Points de vue interculturels et internationaux en pédagogie générale

Traditions et perspectives

INTRODUCTION

Dans cette contribution, je me propose de montrer que la pédagogie générale et la pédagogie interculturelle ont partiellement une histoire commune. Cette affirmation peut être surprenante, car depuis 1975 la pédagogie interculturelle s'est constituée comme sous-discipline quasi autonome tout en cherchant sa propre identité (Auernheimer, 1990; Allemann-Ghionda, 1997). Cette recherche d'autonomie se justifiait par le constat que la pédagogie générale semblait avoir ignoré la dimension de la différence et de la pluralité culturelle. Dans l'histoire de la discipline «centrale» (ou primaire) et de la discipline «périphérique» (ou secondaire), la pluralité culturelle est cependant le motif qui, à partir d'une certaine époque (Lumières) a contribué à la conception de l'éducation et de la pédagogie générale. En raison des conditions sociales et structurelles de l'éducation, la dimension de la pluralité culturelle n'a pas pu se développer dans les contenus curriculaires et dans les pratiques d'enseignement. Notamment, les circonstances de la création des systèmes d'éducation nationaux au 19ᵉ siècle vont de pair avec des conceptions de l'éducation et de la pédagogie qui sont opposées à une vision pluriculturelle et pluraliste de l'éducation. Dans un premier éclairage, j'illustre cette thèse à partir de la conception de l'éducation de Humboldt[1], qui

---

1   Il convient de préciser que nous parlons bien de Wilhelm et non de son frère Alexander, également connu pour son relativisme culturel mais selon une approche d'exploration géographique et d'observation fondée sur les méthodes des sciences naturelles.

était fondée sur l'idée de l'articulation entre diversité et relativisme culturel. Ensuite, mon deuxième éclairage concerne la question philosophique centrale qui est à la base de la discussion sur la différence culturelle: l'opposition entre universalisme et particularisme et les débats pédagogiques qui peuvent en découler, pour proposer, d'un point de vue philosophique, une possible résolution de l'opposition. Le troisième éclairage, enfin, montre quelques perspectives méthodologiques pour intégrer les aspects interculturels et internationaux dans la recherche et l'enseignement universitaires en sciences de l'éducation.

LA CONCEPTION CLASSIQUE DE LA PÉDAGOGIE GÉNÉRALE FACE À LA «DIFFÉRENCE»

A titre d'introduction, il m'apparaît nécessaire de définir certains termes et de les situer dans le contexte actuel. Tout d'abord, la pédagogie «interculturelle» part du principe que la différence culturelle représente une caractéristique à prendre en compte dans la définition de l'individu et de la société. Au cours du 20e siècle, les sciences sociales ont développé des instruments d'analyse adaptés à l'explication de multiples manifestations individuelles ou de société: l'appartenance culturelle devient un facteur aussi déterminant que la classe sociale, le statut, l'âge, le sexe et le genre (Camilleri, 1995). Néanmoins, plusieurs critiques (Bukow & Llaryora, 1993; Radtke, 1995), parmi lesquels des sociologues français orientés vers le structuralisme et le marxisme (De Certeau, 1987), remettent en question la pertinence de l'appartenance et de la différence culturelles. Pour eux, le statut socioéconomique est l'unique facteur déterminant. Cette vision est en partie justifiable. Cependant, comme l'ont démontré les recherches en psychologie et en anthropologie culturelle, il existe de solides arguments théoriques ainsi qu'une évidence empirique confirmant l'importance de la spécificité culturelle dans l'ensemble des facteurs qui caractérisent un individu ou un groupe (Segall *et al.*, 1999).

L'importance que revêtent l'appartenance, la spécificité et la différence culturelles n'exclut nullement le fait que la classe sociale et le statut économique puissent influencer grandement de façon importante les modes de vie et les possibilités d'épanouissement d'un individu. Au même titre que le groupe d'âges, les classes sociales expriment des cultures et des sub-cultures. Les différences culturelles ne sauraient être dissociées des différences sociales, et c'est ainsi que Bourdieu (1979) décrit la constitution du capital culturel et les différences marquantes qui découlent de la stratification sociale. Pour exprimer ce tissu de facteurs, je propose l'emploi du terme «socioculturel» servant à qualifier le groupe, l'appartenance, la spécificité, la pluralité, etc., ceci afin d'éviter la dichotomie irréaliste selon laquelle une appartenance serait alternativement et exclusivement culturelle ou socioéconomique.

Il convient à présent de poser la question suivante: en quoi la diversité et la spécificité culturelles concernent la pédagogie?

Les théories qui sous-tendent les approches en sciences de l'éducation et les décisions en politique de l'éducation (jusqu'au niveau des contenus curriculaires) peuvent se positionner face à la dimension socioculturelle de façon explicite ou implicite, dans un sens positif ou négatif. Quatre cas de figure sont envisageables: (1) dénégation inexprimée (implicite) de la diversité socioculturelle; (2) dénégation active (explicite); (3) reconnaissance implicite; (4) reconnaissance explicite et soutien actif (Allemann-Ghionda, 1999, p. 21, p. 30 et pp. 483ss.). Les cas de figure (1) et (2) donnent lieu à des contenus curriculaires monoculturels dans lesquels l'idéologie nationale et la (les) langue(s) officielle(s) règnent. Pour ce qui est des cas de figure (3) et (4), ils mènent à l'élaboration de contenus curriculaires dans lesquels la diversité socioculturelle est perçue comme un phénomène «normal», plusieurs configurations étant possibles. On peut imaginer des cas de figure allant du contenu curriculaire explicitement multiculturel à la pédagogie pluraliste, en passant par un enseignement interculturel.

Les mêmes catégories peuvent être transposées à un méta-niveau, en d'autres termes, à un niveau secondaire de la réflexion sur l'enseignement et l'éducation, donc en pédagogie. Ainsi chaque théorie pédagogique et chaque phénomène en lien avec l'enseignement et l'éducation (par exemple la socialisation), pourraient être analysés en fonction de l'évolution d'une tradition socioculturelle particulière. Cette idée est liée à l'approche méthodologique de la comparaison interculturelle. A l'inverse, on peut aussi considérer qu'il existe une conception théorique de la formation unique et universelle et une seule «bonne» théorie de l'éducation. Cette théorie serait alors soumise à un système de pensée philosophique, tel que le système rationnel occidental, ou encore à une tradition nationale, comme, par exemple, la «geisteswissenschaftliche Pädagogik», littéralement pédagogie des sciences humaines, courant majeur de la pédagogie de langue allemande.

Il est vrai que la pédagogie générale a largement sous-estimé le défi que représente la pluralité linguistique et culturelle et ce, du moins à partir des théories dominantes de la deuxième moitié du 19e siècle. Dans les années quatre-vingt-dix, quelques auteurs traitant de pédagogie générale, entre autres Heyting, Rang, Tenorth (voir Heyting & Tenorth, 1994) se sont intéressés à la pluralité et au pluralisme dans la société contemporaine ainsi qu'à leurs éventuelles conséquences théoriques notamment en pédagogie. A peu près au même moment, de plus en plus de voix s'élevèrent pour attirer l'attention sur l'état de «marginalisation» dans lequel s'était mise la *pédagogie interculturelle*. De mon point de vue, la critique peut se résumer ainsi: je pense que plusieurs concepts interculturels ne sont pas crédibles car ils proposent une pédagogie destinée uniquement à la promotion culturelle (pour ne pas dire culturaliste) des immigrés et des minorités. Le plus souvent, le résultat n'est rien d'autre qu'une copie maladroite du multiculturalisme américain des années quatre-vingt (Allemann-Ghionda, 2000).

Aujourd'hui, nous sommes en pleine ébauche d'un processus de convergence des deux théories. La pédagogie générale et la pédagogie interculturelle disposent, conjointement, d'un corpus d'analyses et d'idées qui tiennent compte de la diversité linguistique et socioculturelle en la valorisant. Dans un sens plus large encore, la pluralité servirait même à définir la pédagogie tout en déterminant les finalités et les objectifs de la formation.

La discussion sur la pédagogie générale à partir d'un point de vue interculturel se résume en définitive à deux points principaux (évidemment, ceci est une simplification). *Premièrement*, comment déterminer les structures et le contenu du système éducatif actuel si une conception du monde, commune à tous, est aujourd'hui presque inimaginable? En effet, la globalisation (Watson, 1998), les échanges entre cultures à la suite de migrations, la tolérance décroissante face à des normes et des systèmes de valeurs dogmatiques et hermétiques, et le décloisonnement des classes sociales, sont autant d'exemples qui attestent de la difficulté de définir un système éducatif unique. *Deuxièmement*, nous devons nous interroger sur les possibilités d'élaborer une théorie de l'éducation unique et commune, considérant les conditions imposées par le contexte de pluralité actuel. Selon l'analyse de Oelkers dans un article sur les questionnements actuels en pédagogie générale, la notion d'«éducabilité» (Bildsamkeit) diffère d'une anthropologie à l'autre (Oelkers, 1997). Ce n'est pas par hasard si le terme «éducabilité» est employé en réfé-

Points de vue interculturels et internationaux 141

rence directe à Humboldt. Dans sa reconstruction historique et épistémologique, Oelkers affirme que la discussion postmoderne a entraîné un processus salutaire, ou du moins qu'elle a joué un rôle de catalyseur. En d'autres termes – il s'agit ici d'une paraphrase – la discussion postmoderne a sauvé la pédagogie générale du joug et en même temps de la présomption des certitudes absolues et définitives. L'époque des Lumières se serait encore laissée guider par des postulats anthropologiques sur l'Etre Humain, qui ont abouti à la création de modèles standards et à des conceptions pédagogiques idéalisées.

En poursuivant cette réflexion, on arrive à se poser la question suivante: est-il exact d'affirmer que ce n'est qu'à partir de l'époque postmoderne que la conception de l'être humain comme unité a été remise en question? Nous savons pourtant que des auteurs de l'Antiquité, de la Renaissance, des Lumières et de l'époque romantique avaient ont déjà abordé le sujet de la pluralité et de la relativité culturelle et linguistique (De Mauro, 1974). Cette idée implique que plusieurs conceptions de l'être humain sont envisageables et il en va de même des systèmes d'éducation, car chaque société doit éduquer et former ses citoyens; chaque société possède donc ses propres théories sur la question. Par ailleurs, l'ouvrage de Todorov intitulé *Nous et les autres: La réflexion française sur la diversité humaine* (Todorov, 1989) réunit de nombreux exemples des diverses façons dont l'être humain est perçu. Sous cet angle, l'auteur examine le concept de la «diversité» dans la philosophie, la politique et la littérature françaises. A ma connaissance, il n'existe à ce jour aucun ouvrage équivalent traitant de la diversité dans l'histoire des idées en Europe.

A présent, j'aimerais saisir un fragment de ce qui pourrait un jour devenir une histoire des idées sur la diversité culturelle en Europe, afin de soumettre la thèse suivante:

La conception classique de l'éducation telle que définie dans les écrits de Humboldt ne sous-entend pas l'uniformité des cultures. Au contraire, elle est fondée sur la pluralité des cultures. C'est dans son essai intitulé *Sur la différence de structure des langues humaines et son influence sur le développement intellectuel de l'humanité* (1998, 1re édition en 1836), que Humboldt exprime son point de vue sur la diversité culturelle de la manière la plus approfondie. A plusieurs reprises, l'auteur cite des exemples de diverses langues, incluant celles parlées par des peuples isolés de la civilisation et ne possédant pas d'instruction, qu'il appelle les «soit-disant Sauvages», et décrit le potentiel expressif qu'elles recèlent. Selon Humboldt, toutes les cultures et leurs expressions verbales s'équivalent. Il s'agit bien de l'idée que nous appelons aujourd'hui *relativisme culturel*. Tirée du même essai, la citation qui suit expose le paradoxe voulant que, même si l'on admet l'existence de différentes visions du monde, il est difficile de s'approprier les visions des autres cultures:

> L'apprentissage d'une langue étrangère doit permettre à une personne de voir le monde d'un œil nouveau. En réalité, cette idée n'est vraie que jusqu'à un certain point. Chaque langue possède la totalité des concepts et des représentations qui appartiennent à une partie de l'humanité. Mais puisque celui qui apprend une langue étrangère n'est pas en mesure de se débarrasser complètement de sa propre vision du monde et de sa langue maternelle, l'apprentissage d'une langue étrangère ne peut que produire des résultats impurs et partiels (Humboldt, 1998, p. 52. Traduction Cristina Allemann-Ghionda).

A d'autres endroits, Humboldt présente les conséquences théoriques et pédagogiques qui découlent de ce constat. La diversité linguistique n'est pas un sort jeté par Dieu comme le suggère l'interprétation la plus connue de la Tour de Babel. La diversité linguistique est plutôt une conséquence directe de la diversité des peuples, «apparaissant comme une manifestation intellectuelle et téléologique, comme un outil de formation des nations, comme un véhicule d'une plus riche variété et d'une spécificité» (Humboldt, 1998, p. 52) (Traduction C. A.-G.).

Pour Humboldt, la confrontation avec la pluralité linguistique est en soi un exercice formateur. Les plans d'enseignement qu'il a mis sur pied lors de son bref mandat en tant que ministre de l'éducation de la Prusse (1809-1810) contiennent également des passages à ce sujet. Mais revenons à la diversité linguistique qui symbolise et illustre la diversité culturelle. Le constat de Humboldt représente un courant de la discussion classique à propos de la pédagogie et de l'enseignement général (opposé à la formation professionnelle) qui n'a pu s'affirmer pendant de longues années. Les représentants de ce courant intellectuel dont faisait également partie Süvern (lequel a servi de conseiller à Humboldt lors de l'élaboration du système prussien d'éducation), ne préconisaient pas seulement une ouverture d'esprit face aux langues autres que l'allemand. Ce fonctionnaire avait esquissé en 1817-1819 un projet de loi scolaire spécifiant entre autres les droits de la minorité polonaise (Süvern, 1993). Le projet consistait en la mise sur pied d'un système d'éducation libérale destiné à instaurer l'égalité des chances pour les minorités tout en compensant les inégalités sociales. Süvern avait également doté son projet d'une ouverture prudente au pluralisme religieux. A l'opposé de ce courant que l'on peut désigner comme «égalitaire», se dressait le courant dominant et conservateur fondé sur la conception d'une culture unique, nationale et imperméable. Dans ce système, la langue nationale détient la priorité, elle vise à promouvoir l'identité nationale et contribue à la cimentation de l'état-nation. Ce système de pensée est fondé sur la conviction d'une hiérarchie des langues et des cultures, mais aussi d'une hiérarchie sociale «naturelle», fruit de la volonté divine. Le système d'enseignement doit alors nécessairement refléter et reproduire la pyramide sociale. Cette idée apparaît clairement dans les écrits un projet de loi (1818-1822) de Beckedorff, fervent opposant politique de Süvern et de Humboldt (Beckedorff, 1993). Un argument de la théorie de Beckedorff, tel que décrit par un fidèle héritier de cette tradition, est que l'appartenance culturelle constitue «le bastion le plus solide contre l'empiétement des cultures étrangères». Cette citation est tirée d'un écrit de Spranger publié en 1936 (Spranger, 1969).

La question que je voudrais maintenant formuler et, dans une certaine mesure, analyser est la suivante: L'histoire de l'institution de l'éducation classique est-elle une histoire *de déclin* comme le suggère Klafki dans son ouvrage intitulé *Neue Studien zur Bildungstheorie und Didaktik*[2] (Klafki, 1994). Cette thèse va à l'encontre de la thèse de rupture *(Bruchthese)* formulée par Rang (1986). Selon cet auteur, la hiérarchie dans l'éducation et le maintien de l'inégalité sociale faisaient déjà partie des idées que préconisaient les Classiques, y compris Humboldt. D'après Rang, l'idée de Humboldt de vouloir offrir la même formation à un charpentier et à un homme de lettres n'était que de la «coquetterie» intellectuelle.

L'évolution de la discussion sur la pédagogie générale après la Seconde Guerre mondiale suggère, à mon avis, une troisième thèse: celle de l'*ouverture*. Les fondements de la théorie de l'éducation classique refont peu à peu surface. On s'aperçoit que la conception classique de l'éducation comprend (en partie explicitement, en partie *in nuce*) les mêmes concepts d'égalité, de diversité et de relativisme qui sous-tendent la discussion actuelle sur l'intégration de toutes les formes de différence. Du moins, c'était le cas avant que la conception classique de l'éducation ne soit étouffée par l'idéologie d'une culture unique dans un

---

2 Nouvelles études sur la théorie de l'éducation et la didactique.

état-nation, avant donc qu'au nom de l'idéologie nationale et du mythe de la culture au singulier, les institutions d'enseignement n'adoptent un schéma unilingue qui se consolide comme *habitus* monolingue (Gogolin, 1994). L'idéologie de la primauté d'une seule langue et d'une seule culture cherche à exclure tout ce qui a trait à une «autre» langue ou à une «autre» culture. De plus, dans un système hiérarchique, toutes les formes de différences sont perçues comme des déviations d'une normalité factice et on leur à d'autres formes de différences on attribue également des orientations éducatives et même des institutions éducatives de formation différentes, séparées. Cette vision des choses a donné lieu, en Allemagne, à un système scolaire fondé sur la sélection précoce, la division en filières dès l'âge de dix ans et un système parallèle de classes spéciales. La politique d'ouverture de Humboldt et Süvern constitue le point de départ idéologique d'une réforme structurelle qui est devenue actuelle, en Allemagne, à la fin des années soixante, à l'instar des réformes celles survenues en Europe à partir des années soixante-dix au cours du 20e siècle et dont l'objectif principal était de compenser les inégalités sociales. Dans certains systèmes d'éducation, il a également été question de respecter les diverses appartenances religieuses en les intégrant aux contenus curriculaires. Dans d'autres encore, les réformes étaient destinées à rénover les plans d'enseignement afin de les orienter vers une approche plus multiculturelle, plus internationale et composée d'une multitude de perspectives. Dans certaines réformes il s'agissait de rendre les systèmes de formation et d'éducation ouverts à l'idée d'un bilinguisme individuel et d'un plurilinguisme collectif. Mais mon objectif n'est pas de faire ici une étude comparée des systèmes d'éducation à travers l'histoire afin de retracer l'évolution de l'acceptation plus ou moins grande de la diversité – ce n'est ici ni l'endroit ni le cadre. Cette contribution ne constitue qu'une esquisse dont le but est de mettre en évidence les origines historiques d'un processus d'ouverture à la pluralité.

A partir de cette d'esquisse, mes conclusions provisoires sont les suivantes: l'histoire nous démontre que la pédagogie interculturelle de langue allemande est, en réalité, une variante contemporaine de la discussion classique menée en Allemagne (mais il faudrait élargir la reconstruction historique aux autres pays européens) sur l'enseignement général et tout particulièrement de la discussion qui est survenue à la fin de l'époque des Lumières.

Le contexte socio-historique de la fin du 20e et du début du 21e siècle exige une pédagogie générale amplifiée et modifiée. Suite à la globalisation, la pluralité et l'hétérogénéité de la société, notamment du point de vue socioculturel et linguistique, ont atteint des dimensions qui étaient inimaginables à la fin du 18e siècle. Forcément, la question de la structure des systèmes d'éducation et du canon de l'enseignement se pose différemment aujourd'hui, à l'époque du post colonialisme, du post industrialisme et, en partie, du post nationalisme. De nos jours, chacun de nous, que ce soit en tant qu'individu ou en tant que membre d'une communauté, est bien davantage confronté à la différence socioculturelle, linguistique et religieuse ou éthique qu'il y a deux siècles. En raison d'une perméabilité et d'une mobilité sociales grandissantes, chacun de nous a moins de possibilité d'échapper aux contacts et donc aux comparaisons avec les différences d'ordre socioéconomique. La pédagogie générale doit s'interroger sur ce qu'elle est en mesure d'offrir comme réponse au défi de la différence. Tenorth, auteur de «*Alle alles zu lehren*» – *Möglichkeiten und Perspektiven der allgemeinen Bildung*[3] (Tenorth, 1994), a consacré le dernier chapitre de son ouvrage à cette question. L'auteur situe la problématique de la différence au cœur des priorités. Cependant sa réponse reste en suspens et il n'élabore que superficiellement comment la confrontation avec les différences, tout particulièrement les différences socioculturelles et linguistiques, peut être enseignée ou apprise. Et jusqu'à maintenant, la pédagogie générale, en tant que discipline «centrale», n'a pas su répondre à cette question. Les concepts servant à intégrer les diverses formes de différence proviennent des sous-disciplines des sciences de l'éducation comme de la pédagogie curative ou de la pédagogie interculturelle. Pour combler ce manque en pédagogie générale et parce que les thèmes de l'ethnicité et de la différence culturelle ont été longtemps centraux prééminents, la pédagogie interculturelle s'est taillée une réputation de discipline périphérique, voire même d'une éducation spécialisée, ce qui est, à mon sens, une erreur. J'espère avoir réussi, à l'aide de cette brève rétrospective historique, à en faire la démonstration.

La différence socioculturelle est perceptible à plusieurs niveaux: elle est audible, visible et sensible. Mais elle est aussi présente dans la «diversité de points de vue», qui est le produit d'expériences socioculturelles variées et qui trouve son expression symbolique dans les signes verbaux et non verbaux. Ce constat nous mène à la question suivante:

---

3 «Enseigner tout à tous»: Possibilités et perspectives de la pédagogie générale. Dans ce titre, Tenorth reprend le principe inspirateur de la Didactica magna de Comenius: «omnibus omnes omnino».

La thèse de l'égalité absolue de toutes les expériences et de toutes les manifestations socioculturelles, en d'autres termes, la thèse du relativisme, est-elle défendable en tout point?

Universalisme et particularisme: une opposition justifiée? Contribution philosophique visant à la résolution de cette opposition

A l'heure de la globalisation où chaque individu est plus que jamais confronté à la diversité des perspectives tantôt socioculturelles, tantôt idéologiques, se pose tôt ou tard la question philosophique de savoir s'il faut viser l'universalisme ou le particularisme. La recherche de principes communs et universels s'associe alors à la réflexion sur les frontières de la tolérance à l'égard de certaines valeurs et de certaines normes. Mais demeurons dans notre microcosme de la pédagogie générale. A la fin des années quatre-vingt-dix, la question de l'éthique de la diversité en éducation (Porcher & Abdallah-Pretceille, 1998) est apparue. La problématique de la recherche de valeurs universelles et le dilemme de la tolérance surgit dans des situations pédagogiques concrètes et quotidiennes. Le port du voile comme symbole religieux et l'émancipation de la femme variant d'une culture à l'autre sont des sujets controversés connus de tous, bien que plusieurs débats émotionnels laissent croire à un phénomène plus fréquent qu'il en est réellement. Même sous cette réserve, l'opposition entre universalisme et particularisme, et spécialement les problèmes éthiques qui s'y rattachent, sont d'intérêt pédagogique. Avec des contenus curriculaires davantage pluralistes, tels qu'encouragés par la pédagogie interculturelle et par des théories analogues, les apprenants sont confrontés à des valeurs et à des normes différentes, et ils sont obligés de s'orienter dans ce pluralisme.

La discussion portant sur la diversité et le relativisme culturel appelle à une réflexion plus approfondie sur l'émergence des formes de diversité ainsi que sur les conséquences entraînées par ces dernières. Tout d'abord, le relativisme culturel contient une dimension esthétique et une dimension communicative. Si l'on s'en tient au raisonnement de Humboldt (l'anthropologie et la linguistique modernes, notamment l'approche épistémologique structuraliste, en sont tributaires, cf. Humboldt, 1859), alors toutes les cultures et toutes les langues ont la même valeur.

Points de vue interculturels et internationaux 147

Pour certains aspects culturels, il existe de plus une dimension éthique qui a trait aux valeurs et aux normes. Cette problématique peut être analysée d'un point de vue philosophique, politique ou pédagogique. Une pédagogie générale qui admettrait l'existence de la diversité socioculturelle serait occasionnellement confrontée aux problèmes engendrés par l'incompatibilité de normes et de valeurs socioculturelles diverses. Par exemple, les diverses représentations de l'éducation, du rôle de la femme au sein de la famille et de la société, de l'autorité et de la démocratie peuvent devenir des objets pertinents pour la pédagogie. Une discussion théorique deviendrait nécessaire et on soumettrait des propositions de résolution des conflits ou des dilemmes. A ce titre, le modèle le plus souvent proposé en Occident s'inscrit dans une démarche de communication et de négociation (Nieke, 1995).

Les concepts institués par des philosophes «communautaires», je pense entre autres à Taylor (1993), invitent à un particularisme sans compromis. La spécificité culturelle justifierait l'existence de valeurs et de normes particulières. La question de l'incompatibilité de certaines valeurs avec les principes occidentaux demeure cependant sans réponse. Bien que ces principes soient essentiellement empreints de la morale rationaliste occidentale (et donc ethnocentrique), aucune société démocratique n'est prête à y renoncer aujourd'hui, du moins sur le papier. La critique à l'égard du multiculturalisme a introduit des idées qui rejoignent les théories universalistes. Mais comme Todorov (1989) l'a remarqué avec justesse, une pensée «universaliste» cache parfois une dimension ethnocentrique. Sans réflexion interculturelle, les traditions judéo-chrétiennes et libérales rationalistes sont déclarées et imposées comme références absolues. Si on prend conscience de cet amalgame arbitraire, l'ethnocentrisme devient la caricature de l'universalisme.

La philosophe sociale Gutmann de l'Université de Princeton s'est intéressée à trois modèles philosophiques qui traitent de la façon d'appréhender la pluralité culturelle, et elle en a fait une analyse approfondie (Gutmann, 1995). Elle distingue le «relativisme culturel», le «relativisme politique» et l'«universalisme global»[4]. Chacun de ces modèles a pour objet la recherche d'un juste équilibre entre particularisme et universalisme. Mais selon Gutmann, aucun de ces modèles n'est satisfaisant. Elle

---

4 Kulturrelativismus, politischer Relativismus, umfassender Universalismus dans la traduction allemande de l'original en langue anglaise.

les critique d'une manière détaillée et crée un quatrième modèle qu'elle nomme «universalisme délibérant[5]». Dans son argumentation, elle identifie un «noyau dur» de valeurs que ne saurait remettre en question aucune culture et aucune religion. L'universalisme tend vers un consensus de valeurs et de normes, et «la délibération est un échange d'arguments, dans lesquels des différences fondées sur la raison sont respectées» (p. 296. Traduction C. A.-G.). Ainsi,

> l'universalisme délibérant consiste en (1) un ensemble de principes de justice substantiels et incontournables [...] ainsi que (2) d'un ensemble de procédures qui alimentent de véritables processus continus de résolutions d'oppositions morales fondamentales et qui justifient provisoirement des résultats raisonnables de ces consultations [...] (p. 299. Traduction C. A.-G.).

Ceci dit, l'universalisme délibérant promet, par rapport aux autres modèles, une vision plus juste de la dialectique entre universalisme et particularisme et parvient à une résolution de l'opposition plus satisfaisante. L'universalisme délibérant réduit les risques encourus par un relativisme illimité.

L'essai de Gutmann s'apparente à l'Ethique du discours (Habermas et le courant de pensée qui l'entoure) et il est hautement plausible. Cependant, il n'est pas sans contenir des éléments ethnocentriques et sociocentriques. Gutmann part du principe implicite que l'argumentation rationnelle est une valeur universelle alors qu'en réalité, la raison est un concept typiquement ancré dans les cultures occidentales. De plus, la délibération présuppose des capacités analytiques et rhétoriques qui ne sont pas distribuées d'une manière égalitaire dans l'ensemble de la population mondiale et des classes sociales, entre autres à cause des inégalités des formations acquises. La tradition de l'argumentation possède fort probablement des équivalents d'interaction humaine provenant d'autres cultures et d'autres époques qui sont différentes mais tout aussi valables et efficaces (ne s'agit-il pas ici de termes véhiculant des valeurs occidentales?). Actuellement, nous sommes encore bien loin d'un consensus ou d'une synthèse entre les philosophies de l'Est et de l'Ouest, du Nord et du Sud, du moderne et du postmoderne, et j'en passe. En résumé, si l'*universalisme délibérant* n'est pas la solution parfaite à la résolution de l'opposition entre universalisme et particula-

---

5 Deliberativer Universalismus.

risme, il est une étape importante dans la recherche d'une cohabitation «raisonnable» de plusieurs cultures.

Il est évident que le principe de la délibération peut se heurter à un certain nombre d'obstacles dans la pratique de la formation. Cependant, il m'apparaît évident que la notion de «négociation» est préférable à des normes strictes imposées par un laïcisme dogmatique, tel qu'on le retrouve en France dans la politique d'éducation ainsi que dans la théorie pédagogique. Un tel laïcisme peut être problématique car, pour des raisons constitutionnelles, il neutralise la possibilité d'une discussion portant sur des valeurs influencées par des croyances et des pratiques religieuses.

PERSPECTIVES DE LA FORMATION, DE LA RECHERCHE ET DE L'ENSEIGNEMENT UNIVERSITAIRE

Comment les sciences de l'éducation (dans la recherche comme dans l'enseignement universitaire) réussiront-elles à tirer profit de la conviction que la spécificité culturelle, la différence et la pluralité jouent un rôle important dans la vie au sein des communautés? Dans cette dernière section, je tenterai de répondre à cette question en énonçant quatre propositions majeures.

La pédagogie interculturelle, que nous connaissons aujourd'hui comme une forme de pédagogie conciliant tout type de diversité, n'est pas une pédagogie «pour les étrangers».[6] Malgré une forte opposition aux vieux modèles, des auteurs de la première génération de la pédagogie interculturelle n'ont souvent pas réussi à élaborer et à donner l'image d'une pédagogie réellement différente de la pédagogie destinée à des étrangers. Ils ont laissé entendre que la pédagogie interculturelle était une sorte d'atelier de réparation des déficits des enfants d'immigrés et d'aide aux écoles concernées par le «problème» (pour une critique, voir Abdallah-Pretceille, 1990). Il va sans dire que de telles conceptions de la pédagogie interculturelle n'aboutissent qu'à la marginalisation et à l'inefficacité. Dans la discussion actuelle, la pédagogie interculturelle semble reprendre son rôle initial qui est, comme je l'ai suggéré en faisant l'historique de la pédagogie interculturelle, d'élargir la

---

6 Ausländerpädagogik.

dimension interculturelle dans l'éducation, l'enseignement et la pédagogie. Dans ma définition, la pédagogie interculturelle est:

> [...] une option pédagogique fondée sur la reconnaissance de la diversité linguistique et socioculturelle dans l'organisation, le contenu et les méthodes d'enseignement. Cette approche promeut l'intégration et la valorisation de divers contenus et perspectives culturelles dans le but de les comparer et de permettre aux élèves d'en faire une analyse critique. Les cultures et les langues des minorités nationales ou immigrées peuvent faire partie du projet en fonction de leur présence dans une classe, un établissement scolaire ou une région et en fonction du type de projet de formation (Allemann-Ghionda, 1997, p. 108).

Cette formulation souligne que l'éducation interculturelle n'est pas liée exclusivement à la présence physique d'apprenants issus de minorités linguistiques et culturelles, mais qu'un enseignement interculturel peut se faire au niveau des contenus et de la façon de les traiter.

L'approche interculturelle doit partir de la conviction que la diversité socioculturelle, ou plus précisément, la «pluralité» contient diverses dimensions. Les trois dimensions de la diversité socioculturelle et linguistique (voir aussi Allemann-Ghionda, de Goumoëns & Perregaux, 1999) sont:

- *Les migrations transnationales et intranationales.* Elles provoquent le contact de langues, cultures, religions, normes et valeurs différentes;
- *L'intégration européenne.* Elle oblige les systèmes d'éducation à s'éloigner du modèle monoculturel, unilingue et national. L'objectif est de trouver des moyens d'intégrer la diversité linguistique et culturelle aux curricula de l'enseignement général. Il s'agira alors d'enseigner les langues étrangères à un âge précoce, de pratiquer l'enseignement bilingue, d'enseigner les langues des minorités régionales, d'élaborer un contenu curriculaire européen, voire ouvert aux perspectives internationales, particulièrement pour les matières comme l'histoire, les langues ou la littérature. Toutes ces propositions tiennent une place importante dans les recommandations et textes d'orientation de la Commission européenne (1995; 1997). Ces changements pourraient faciliter la réalisation des perspectives interculturelles;
- *La globalisation économique, politique et culturelle.* Elle pousse l'individu à apprendre à communiquer efficacement avec des personnes possédant d'«autres» références culturelles et linguistiques que les siennes.

Ces trois dimensions nécessitent une définition adéquate de la pédagogie générale ainsi que des changements à divers niveaux: la politique de l'éducation, l'organisation des systèmes d'éducation, les contenus curriculaires de la formation générale, la formation des enseignants et l'éducation en contexte hors-scolaire. La pluralité touche également à certains aspects de la socialisation. Nous pensons à l'influence que l'appartenance culturelle et la vie dans une communauté hétérogène ou dans une «société à risque»[7] (*Risikogesellschaft*, (Beck, 1986)) peuvent avoir sur l'identité personnelle et sociale d'un enfant ou d'un adolescent. Les concepts de pédagogie interculturelle servent avant tout à développer les trois dimensions de la pluralité linguistique et socioculturelle. La pédagogie interculturelle n'est donc pas une pédagogie spéciale, conçue pour les amis et les protecteurs des migrants ni pour une minorité de citoyens conscients de la réalité cosmopolite et internationale. Au contraire, les approches en pédagogie interculturelle doivent être intégrées à la discussion politique et théorique sur l'éducation en tant que telle. A cet égard, la formation des enseignants peut et doit être adaptée aux changements sociaux (Allemann-Ghionda, Perregaux & de Goumoëns, 1999). Aussi, les trois dimensions de la diversité socioculturelle et linguistique ont avantage à être travaillées ensemble pour l'élaboration des contenus curriculaires. Les partenariats ou échanges (entre classes, écoles ainsi qu'entre universités), par exemple dans le cadre des programmes de l'Union européenne comme SOCRATES, constituent une possibilité additionnelle de développer des compétences interculturelles. La troisième dimension, celle de la globalisation, montre à quel point un enseignement général fondé sur une théorie monoculturelle et unilingue est dépassé et insuffisant. Si l'on s'imagine que le monde est une scène, alors l'acteur est un citoyen du monde et l'objectif pédagogique est de le former à devenir un «citoyen cosmopolite»[8] (Gutmann, 1999). Dans l'Enseignement comme dans la recherche, les trois dimensions de la pluralité se retrouvent dans le choix des sujets et de la littérature qui seront étudiés.

Le titre de cet article fait référence aux aspects internationaux et interculturels de la pédagogie générale. Pourtant, dans la plupart des pays du monde, les sciences de l'éducation et en particulier la pédagogie, sont encore enfermées dans un horizon national. Toutefois, le phéno-

---

7 Risikogesellschaft.
8 Cosmopolitan citizen.

mène de l'internationalisation prend place progressivement. De plus en plus d'essais parus récemment dans les revues allemandes *Zeitschrift für Pädagogik* et *Zeitschrift für Erziehungswissenschaft*, ainsi que dans la *Revue française de pédagogie* (pour n'en nommer que trois), qui ne sont pas des revues explicitement consacrées à l'éducation comparée, soulèvent des problématiques reliées à l'échange ou à la comparaison internationale, cela étant un autre phénomène découlant de la globalisation. En plus des trois dimensions interculturelles, je privilégie une recherche en éducation basée sur *l'approche de la comparaison internationale et interculturelle* (Allemann-Ghionda, sous presse). Mes contributions théoriques et méthodologiques se résument à deux expressions: «contextualisation» et «recherche empirique». J'entends par «contextualisation» les trois éléments suivants:

- Le fonctionnement des systèmes d'éducation, les réformes et les problèmes divers s'expliquent plus aisément lorsqu'on les compare dans un contexte international ou interrégional. Les aspects interculturels peuvent (mais ne doivent pas forcément) faire partie des critères de comparaison;
- La «globalité» des problèmes en lien avec l'éducation (Poglia, 1999) doit être mise en relief. Les sujets qui relèvent des théories de la socialisation, de la pédagogie, de la politique d'éducation, de la recherche et de la construction curriculaires, de l'évaluation de l'efficacité des systèmes d'enseignement (ce qui revient à dire aujourd'hui «les performances des élèves et des étudiants») peuvent tirer profit d'une vision plus globale. C'est pourquoi il est essentiel d'employer de la littérature spécialisée dans toutes les langues concernées. Les documents des organisations internationales telles que l'OCDE, l'Unesco, la Commission européenne et la Banque mondiale en font également partie;
- La «globalité» peut être analysée et exemplifiée de diverses façons. Je distingue cinq modalités méthodologiques:

    a) L'examen *synchronique* des faits en politique de l'éducation, par exemple la réforme au niveau secondaire en Angleterre et en Allemagne qui a eu lieu dans les années soixante et soixante-dix, ou encore la transformation des systèmes d'éducation et des contenus curriculaires en réponse à la diversité socioculturelle et linguistique croissante (Grant & Lei, 2001) ainsi que face à d'autres

développements globaux (Carpentier, 2001). Ou, encore, une comparaison internationale des méthodes d'évaluation des prestations des élèves (Allemann-Ghionda, 2002);
b) La diffusion *transnationale* des théories pédagogiques et des expérimentations, par exemple Dewey et l'influence en Europe de *l'éducation progressiste (progressive education)* (Oelkers & Rhyn, 2000) ou l'analyse de *l'éducation nouvelle* comme mouvement international (Oelkers & Osterwalder, 1999);
c) Les influences réciproques et les contradictions entre les différents niveaux de gestion des politiques d'éducation: réformes à l'échelle internationale, européenne, nationale et régionale. Ces dynamismes peuvent être analysés à partir d'exemples comme l'influence grandissante des organisations supranationales dans l'élaboration des politiques d'éducation (Meyer, 1996);
d) L'analyse des *changements* apportés à un système d'éducation suite à un changement politique radical, par exemple la réforme de l'éducation en Espagne après la fin de la dictature franquiste (Arndt, 1999), ou encore dans les anciens régimes socialistes (Tomiak, 1997);
e) La reconstruction *diachronique* d'une évolution mondiale ou continentale, par exemple l'institution de l'école obligatoire dans le monde occidental (Ramírez & Boli, 1994).

En conclusion, une pédagogie générale qui fait la lumière sur les aspects interculturels et internationaux détient un net avantage par rapport à une pédagogie à orientation purement locale, régionale ou nationale, notamment si l'on veut tenir compte des conditions actuelles de départ (l'horizon mondial et transnational) dans lesquelles se trouvent les apprenants. Une pédagogie ainsi définie et élargie, fournit plus d'instruments et de repères pour éclairer les questions d'éducation et de formation dans le monde actuel. Elle se dote de bases plus larges et scientifiquement plus solides pour concevoir, planifier et implanter des innovations et des réformes.

RÉFÉRENCES BIBLIOGRAPHIQUES

Abdallah-Pretceille, M. (1990). *Vers une pédagogie interculturelle* (2ᵉ éd.). Paris: Publications de la Sorbonne.
Allemann-Ghionda, C. (1997). Interkulturelle Bildung. In R. Fatke (Ed.), Forschungs- und Handlungsfelder der Pädagogik. *Zeitschrift für Pädagogik, Supplément no. 36*, 107-149.
Allemann-Ghionda, C. (1999). *Schule, Bildung und Pluralität: Sechs Fallstudien im europäischen Vergleich.* Berne: Lang.
Allemann-Ghionda, C. (2000). La pluralité, dimension sous-estimée mais constitutive du curriculum de l'éducation générale. *Raisons Educatives 3 (1-2)*, 163-180.
Allemann-Ghionda, C. (2002). Von der Rute zum Portfolio – ein internationaler Vergleich. In H. Rhyn (Ed.), *Beurteilung macht Schule: Leistungsbeurteilung von Kindern, Lehrpersonen und Schule* (pp. 121-141). Berne: Haupt.
Allemann-Ghionda, C. (sous presse). *Einführung in die Vergleichende Erziehungswissenschaft.* Weinheim & Basel: Beltz.
Allemann-Ghionda, C., de Goumoëns, C. & Perregaux, C. (1999). *Pluralité culturelle et linguistique dans la formation des enseignants.* Fribourg: Editions universitaires.
Allemann-Ghionda, C., Perregaux, C. & de Goumoëns, C. (1999). *Curriculum pour une formation des enseignant(e)s à la pluralité culturelle et linguistique.* Berne: Programme national de recherche 33 «Efficacité de nos systèmes de formation».
Arndt, O. (1999). *Die spanische Schulreform von 1990. Untersuchung einer systemischen Reformkonzeption.* Köln: Böhlau.
Auernheimer, G. (1990). *Einführung in die interkulturelle Erziehung.* Darmstadt: Wissenschaftliche Buchgesellschaft.
Beck, U. (1986). *Risikogesellschaft. Auf dem Weg in eine andere Moderne.* Frankfurt am Main: Suhrkamp.
Beckedorff, L. von (1993). Beurteilung des Süvernschen Unterrichtsgesetzentwurfs (1818-1822). In B. Michael & H.-H. Schepp (Ed.), *Die Schule in Staat und Gesellschaft. Quellensammlung zur deutschen Schulgeschichte im 19. und 20. Jahrhundert.* Vol. 222 (pp. 113-123). Göttingen & Zürich: Muster-Schmidt.
Berry, J. W., Poortinga, Y. H., Segall, M. H. & Dasen, P. R. (Ed.) (1999). *Cross-cultural psychology. Research and applications. 2nd edition.* Cambridge: Cambridge University Press.

Bourdieu, P. (1979). *La distinction*. Paris: Editions de Minuit.
Bukow, W.-D. & Llaryora, R. (1993). *Mitbürger aus der Fremde. Soziogenese ethnischer Minderheiten. 2. Auflage*. Opladen: Westdeutscher Verlag.
Camilleri, C. (1995). Sociétés pluriculturelles et interculturalité. In C. Camilleri (Ed.), *Différence et cultures en Europe* (pp. 85-103). Strasbourg: Conseil de l'Europe.
Carpentier, C. (Ed.) (2001). *Contenus d'enseignement dans un monde en mutation: permanences et ruptures*. Paris: L'Harmattan.
Commission européenne (Ed.) (1995). *Enseigner et apprendre. Vers la société cognitive. Livre blanc sur l'éducation et la formation*. Luxembourg: Office des publications officielles des Communautés Européennes.
Commission européenne (1997). *L'apprentissage des langues vivantes en milieu scolaire dans l'Union européenne*. Luxembourg: Office des publications officielles des communautés européennes.
De Certeau, M. (1987). Economies ethniques: pour une école de la diversité. In OECD/CERI (Ed.), *L'éducation multiculturelle* (pp. 170-196). Paris: Organisation de coopération et de développement économiques, Centre pour la recherche et l'innovation dans l'enseignement.
De Mauro, T. (1974). *Storia linguistica dell'Italia unita*. 3° edizione. Bari: Laterza.
Gogolin, I. (1994). *Der monolinguale Habitus der multilingualen Schule*. Münster: Waxmann.
Grant, C. A. & Lei, J. L. (2001). *Global Constructions of Multicultural Education. Theories and Realities*. Mahwah & London: Erlbaum.
Gutmann, A. (1995). Das Problem des Multikulturalismus in der politischen Ethik. *Deutsche Zeitschrift für Philosophie 43*, 273-305.
Gutmann, A. (1999). *Democratic education. With a new preface and epilogue* (Revised paperback edition). Princeton: Princeton University Press.
Heyting, F. & Tenorth, H. E. (Ed.) (1994). *Pädagogik und Pluralismus. Deutsche und niederländische Erfahrungen im Umgang mit Pluralität in Erziehung und Erziehungswissenschaft*. Weinheim: Deutscher Studienverlag.
Humboldt, W. von (1859). *De l'origine des formes grammaticales et de leur influence sur le développement des idées, suivi de l'analyse de l'opuscule sur la diversité dans la constitution des langues*. Opuscule traduit par Alfred Tonnellé, suivi de l'analyse de l'opuscule sur la diversité dans la constitution des langues. Paris: Franck.
Humboldt, W. von (1998). *Über die Verschiedenheit des menschlichen Sprachbaues und ihren Einfluss auf die geistige Entwicklung des Menschenge-*

schlechts. (1ʳᵉ éd. 1836, posthume), édité par D. Di Cesare. Paderborn: Schöningh.
Klafki, W. (1994). *Neue Studien zur Bildungstheorie und Didaktik* (4ᵉ éd.). Weinheim & Basel: Beltz.
Meyer, J. W. (1996). Die kulturellen Inhalte des Bildungswesens. *Zeitschrift für Pädagogik, Supplément no. 34*, 23-34.
Nieke, W. (1995). *Interkulturelle Erziehung und Bildung: Wertorientierungen im Alltag.* Opladen: Leske & Budrich.
Oelkers, J. (1997). Allgemeine Pädagogik. In R. Fatke (Ed.), Forschungs- und Handlungsfelder der Pädagogik. *Zeitschrift für Pädagogik, Supplément no. 36*, 237-267.
Oelkers, J. & Osterwalder, F. (Ed.) (1999). *Die neue Erziehung. Beiträge zur Internationalität der Reformpädagogik.* Berne: Lang.
Oelkers, J. & Rhyn, H. (Ed.) (2000). Dewey and European Education – General Problems and Case Studies. *Studies in Philosophy and Education, 19*, 1-2.
Poglia, E. (1999). Globalisation: Terrain miné ou terrain fertile pour l'éducation? In M. Carton, S. Hanhart, S. Pérez, E. Poglia & J. Terrier, (Ed.), *Globalisation économique et systèmes de formation en Suisse* (pp. 25-45). Université de Genève: Faculté de psychologie et des sciences de l'éducation.
Porcher, L. & Abdallah-Pretceille, M. (1998). *Ethique de la diversité et éducation.* Paris: Presses universitaires de France.
Radtke, F.-O. (1995). Demokratische Diskriminierung. Exklusion als Bedürfnis oder nach Bedarf. *Mittelweg 36*, 32-48.
Ramírez, F. O. & Boli, J. (1994). The Political Institutionalization of Compulsory Education: The Rise of Compulsory Schooling in the Western Cultural Context. In J. A. Mangan (Ed.), *A Significant Social Revolution. Cross-Cultural Aspects of the Evolution of Compulsory Education.* (pp. 1-20). London, Portland: The Woburn Press.
Rang, A. (1986). Zur Bedeutung des «Allgemeinen» im Konzept der allgemeinen Bildung. *Zeitschrift für Pädagogik, 32* (4), 477-487.
Segall, M. H., Dasen, P. R., Berry, J. W. & Poortinga, Y. H. (Ed.) (1999). *Human Behavior in Global Perspective.* (2nd edition). Boston (etc.): Allyn & Bacon.
Spranger, E. (1969). *Gesammelte Schriften*, Vol. V (édité par H. W. Nahr). Tübingen: Niemeyer.
Süvern, J. W. (1993). Entwurf eines allgemeinen Gesetzes über die Verfassung des Schulwesens im preussischen Staate (1817-1819). In

B. Michael & H.-H. Schepp (Ed.), *Die Schule in Staat und Gesellschaft. Quellensammlung zur deutschen Schulgeschichte im 19. und 20. Jahrhundert. Vol. 22.* (pp. 108-113). Göttingen & Zürich: Muster-Schmidt.

Taylor, C. (1993). *Multikulturalismus und die Politik der Anerkennung.* Mit Kommentaren von A. Gutmann (Ed.), S. Rockefeller, M. Walzer, S. Wolf. (1re édition en anglais 1992.) Frankfurt am Main: Fischer.

Tenorth, H.-E. (1994). *«Alle alles zu lehren». Möglichkeiten und Perspektiven allgemeiner Bildung.* Darmstadt: Wissenschaftliche Buchgesellschaft.

Todorov, T. (1989). *Nous et les autres: la réflexion française sur la diversité humaine.* Paris: Seuil.

Tomiak, J. (1997). Looking back, Looking forward: Education in Central-Eastern Europe on the eve of the 21st century. In C. Kodron, B. von Kopp, U. Lauterbach, U. Schäfer & G. Schmidt (Ed.), *Vergleichende Erziehungswissenschaft. Herausforderungen – Vermittlung – Praxis, Vol. 1* (pp. 426-436). Köln: Böhlau.

Watson, K. (1998). Memories, models and mapping: the impact of geopolitical changes on comparatives studies in education. *Compare, 28 (19),* 5-31.

Anne-Nelly Perret-Clermont et Felice Carugati

Des psychologues sociaux étudient l'apprentissage[1]

UN LEGS PIAGÉTIEN

Piaget a toujours accordé une grande importance à la thèse selon laquelle l'enfant est seul à construire ses connaissances et il n'avait aucune confiance dans l'idée d'une transmission intergénérationnelle de celles-ci. Il était convaincu que l'enfant pouvait et devait être lui-même l'auteur de sa pensée. Ce postulat a montré par la suite de nombreuses lacunes, mais Piaget a pourtant eu le grand mérite de souligner, dans une époque où régnait le comportementalisme, la nécessité de la participation active de l'enfant à la construction et à la transmission des connaissances.

Cependant, le fait de donner une telle importance à l'idée d'un développement conçu comme essentiellement endogène peut générer un ethnocentrisme substantiel qui peut justifier le fait que les acquisitions cognitives se font avec deux ou trois ans d'avance à Genève et à Boston, en comparaison avec la Côte d'Ivoire ou avec l'Iran, ou dans des groupes d'adolescents des classes socio-culturelles plus élevées par rapport à des groupes de contemporains moins favorisés. Mais alors Quel est le rapport, dans la tradition piagétienne, entre pensée et culture? Il s'avère qu'il s'agit d'une thématique bien peu élaborée par Piaget, ainsi que par ceux qui s'inspirent de manière orthodoxe de ses théories, occultation qui mériterait d'être discutée plus longuement que nous ne le

---

[1] Cette contribution reprend partiellement un texte paru en italien (Carugati & Perret-Clermont, 1999) dans l'ouvrage édité par Clotilde Pontecorvo: *Manuale di psicologia dell'educazione*. Nous la remercions de cette autorisation, et sommes très reconnaissants à Sheila Padiglia pour son appui efficace aux travaux préparatoires à cet article en langue française.

pouvons ici; mais notons déjà qu'elle est étroitement liée, chez Piaget, à une autre question très importante: celle du rapport à l'autorité[2]. Le fait que Piaget, dans sa théorie, ait mis en valeur le risque de voir l'autorité inhiber le développement d'une activité et d'une réflexion personnelles chez l'enfant, et ait souvent conçu de façon réductrice la culture comme étant essentiellement un ensemble de croyances, a porté certains auteurs à défendre des positions plutôt paradoxales à la fin des années 60. Une des conséquences pédagogiques de cette position piagétienne de l'autorité comme une source d'obstacles et en contre-partie de l'activité spontanée de l'élève et de l'interaction entre pairs comme sources fondamentales de développement, fut qu'une minorité d'enseignants essaya d'utiliser cette vision pour organiser une «école active». Ils pensèrent devoir laisser l'enfant apprendre tout seul, en s'opposant à l'idéologie dominante de l'époque qui postulait d'enseigner des notions de manière systématique pour que les enfants apprennent par imitation des modèles corrects. En observant ce qui se passait dans les écoles genevoises de ces années-là, on a pu constater un phénomène spécifique: les enseignants qui désiraient être «*piagétiens*» semblaient être obligés de «rester en coulisse». Ils savaient par expérience directe que tout devait être organisé afin que l'environnement scolaire paraisse intéressant aux yeux de l'enfant, mais en raison de leur formation intellectuelle «piagétienne», ils croyaient que tout provenait de l'enfant et que, par conséquent, l'enseignant devait se tenir dans l'ombre, afin que son au-

---

2 Perret-Clermont (1996) fait l'hypothèse que des circonstances socio-historiques et biographiques ont invité Piaget à prendre des positions éthiques fondamentales qui vont justement marquer profondément son rapport à l'autorité et son image du rôle de la pensée rationnelle. Piaget se méfie des traditions culturelles et religieuses qu'adolescent il croit voir déboucher dans la violence et l'aveuglement de la Grande Guerre mondiale. Il met alors sa foi dans la raison et s'engage de toutes ses forces pour étudier à quelles conditions se développe chez l'enfant non pas l'acquisition de croyances par un esprit soumis, mais une pensée autonome et critique reposant sur une capacité réflexive de raisonnement logique. Piaget se méfie des volontés sociales et scolaires de transmettre à l'enfant un bagage culturel qui ne serait qu'un lot de réponses toutes faites à des questions que l'enfant n'a même pas eu la chance de se poser et encore moins de tenter d'y répondre en se construisant ses propres instruments de pensée personnels. L'asymétrie des statuts rend la relation adulte-enfant asymétrique et contraignante et l'enfant, soumis à la contrainte, ne peut alors pas penser par lui-même.

torité et son savoir n'entravent pas l'élève dans sa confrontation directe avec la tâche et le résultat de ses actions et réflexions. Ils étaient donc en perpétuelle tension, tout comme les élèves qui se demandaient: «Mais alors, si l'enseignant connaît la réponse, pourquoi ne nous la donne-t-il pas? Pourquoi veut-il que nous la découvrions?». Au contraire, avec les enseignants qui menaient les classes de manière traditionnelle, nous avions parfois l'impression qu'ils étaient omniprésents, commençant souvent les phrases que les élèves devaient terminer (une modalité considérée comme utile pour les faire participer, et faussement «inspirée» de Socrate); si l'élève terminait correctement la phrase, il pouvait obtenir une bonne note. De cette manière, les moments d'évaluation et les moments d'apprentissage étaient peu différenciés. Nous étions frappés de voir combien, Piaget et les enseignants (des deux orientations) pensaient qu'il allait de soi que la réponse à laquelle aboutirait *in fine* l'élève serait bien la même que celle de l'adulte. Etait-ce dû à de l'ethnocentrisme culturel ou à une non conscience du rôle des construits culturels?

AUTRES LEGS THÉORIQUES: VYGOTSKI ET G.-H. MEAD

Divers auteurs peuvent aider à comprendre certains points que la théorie de Piaget ne considère pas. La théorie de Vygotski (1934) est fort intéressante, car elle met en évidence le rôle fondamental des interactions enfant-adulte qui permettent la transmission intergénérationnelle des instruments symboliques qui permettent à l'enfant de progresser. Dans ce modèle, la culture occupe un rôle central, tout comme l'enseignant qui assume le rôle de tuteur en «jetant des ponts» vers les modalités de pensée de l'enfant, et en cherchant à travailler dans sa zone proximale de développement, le guidant vers des formes de savoir plus évoluées et lui fournissant des outils de pensée que, peu à peu, il s'appropriera. Nous pouvons également nous demander si, dans cette théorie, il existe des risques d'ethnocentrisme et, à cette fin, risquons une petite caricature de la relation enseignant-apprenant pour nous faire plus aisément comprendre:

> moi, l'enseignant, je suis dans la position de celui qui sait, j'ai des instruments culturels et je peux te diriger, toi, l'élève, en m'ancrant dans ta zone, là où je peux capter ton attention. Puis, en tournant doucement «le moulinet»,

je t'amène à rejoindre ma pensée d'enseignant en te fournissant des instruments symboliques que tu dois utiliser comme je le fais. Ensuite tu feras cela tout seul. Ce sera devenu ta pensée.

D'un point de vue psychologique, cette image n'est pourtant pas totalement fausse. Elle nous suggère comment enseigner ce que l'élève ne sait pas. C'est une théorie de l'apprentissage, mais elle n'est pas satisfaisante en tant que théorie du développement, parce qu'elle se limite à expliquer comment quelqu'un devient semblable à son propre enseignant.[3]

Chez Vygotski, on trouve donc un développement supposé socialement «téléguidé», tandis que chez Piaget, on trouve un développement supposé complètement endogène, qui semble naturellement aboutir (pour des raisons logiques et non seulement culturelles ou sociales, nous dit Piaget) à la pensée logico-formelle.

Un autre auteur, Mead (1934), soutient aussi, au début des années 30, la thèse d'une origine sociale des activités mentales. Mead part de la notion de conservation par gestes: avant même que la conscience de soi ne se manifeste, les actions échangées entre deux individus fournissent une base pour la construction de la pensée symbolique. Mead soutient que la genèse des activités intellectuelles se situe dans l'intériorisation de la conversation à travers les gestes, d'abord non verbaux, ensuite verbaux. Ces gestes, une fois intériorisés, constituent des symboles partagés par la même communauté culturelle. La réflexion de Mead a donné naissance à un courant d'études basées sur l'origine sociale de la définition de soi et sur l'intériorisation des valeurs, dénommée interactionisme symbolique. Le cadre conceptuel offert par Mead permet également un autre éclairage de l'acquisition du langage et aide à penser le rôle fondamental des relations à autrui, de la socialisation, dans la construction du Soi *et* de la pensée.

---

3 Comme cela peut apparaître dans le cas de la théorie de Piaget, il est important d'effectuer une distinction entre, d'une part, les théories épistémologiques des auteurs et, d'autre part, l'interprétation et la mise en pratique de ce cadre théorique par les enseignants, car comme il apparaît dans nos exemples, ce n'est pas tant la théorie en tant que telle qui pose problème, mais son interprétation en vue d'une application en contexte scolaire.

NOUVELLES RECHERCHES EMPIRIQUES: INTERACTIONS SOCIALES ET DÉVELOPPEMENT DE LA PENSÉE

Pour les motifs exprimés ci-dessus, il est compréhensible que se soit développée, à partir des années 70, une orientation de recherche qui a apporté des contributions empiriques à la thèse selon laquelle il est possible de créer, en tout cas en situation de laboratoire, les conditions d'une confrontation sociale de points de vue et donc de conflits intellectuels entre enfants, qui ne soient pas la source de «bagarres» mais de recherche de solutions socialement et cognitivement fécondes. Vingt-cinq ans de recherches empiriques ont documenté la capacité que les enfants ont, tout comme les adolescents et les adultes, de tirer profit de situations d'interaction ou argumentatives où il leur est demandé de résoudre des tâches cognitives (Azmitia, 1996; Carugati & Selleri, 1996; Carugati, 1997; Doise & Mugny, 1981; Gilly, 1989; Howe et al. 1990 et 1995; Littleton & Light, 1999; Perret-Clermont 1979/96; Perret-Clermont & Nicolet 1986/2002; Schwarz, Neuman & Biezuner, 2000). Essayons d'en résumer les principaux résultats.

En premier lieu, les enfants arrivent à construire des coordinations cognitives qu'ils ne sauraient réaliser individuellement en coordonnant leurs actions avec celles des autres sujets, des pairs, eux-mêmes incapables de résoudre seuls les tâches proposées. Cela signifie que se limiter à considérer les résultats des sujets qui travaillent seuls est beaucoup trop réducteur pour comprendre leur niveau de maîtrise de compétences cognitives, et d'autant plus si c'est en vue d'une évaluation en milieu éducatif ou scolaire.

En deuxième lieu, les enfants qui ont participé à certains types d'interactions sociales deviennent capables, même à court terme, d'effectuer seuls des tâches de difficulté analogue. Ces enfants ont donc construit en situation collective des instruments cognitifs dans l'optique de résoudre ces problèmes et ils les manipulent ensuite comme des instruments cognitifs personnels. En outre, ces instruments employés sur un matériel donné et dans une situation sociale spécifique ont un caractère de stabilité et sont souvent utilisés avec succès dans d'autres situations et avec des matériaux différents. Les sujets sont, par conséquent, parvenus à construire une règle générale, indépendante du contexte situationnel, pour la résolution de ces tâches.

L'hypothèse «forte» qui a guidé les recherches évoquées ci-dessus est que les interactions sociales deviennent une source de progrès cognitif à travers les conflits de communication qui s'établissent entre les partenaires. Il a été proposé de dénommer «conflit socio-cognitif» la dynamique de construction en commun de réponses, à travers la mise en discussion des points de vue respectifs, pour souligner la fonction cruciale de la communication interpersonnelle et du conflit entre partenaires appelés à fournir *une seule réponse* à la tâche (il n'y a donc pas de compromis possible) et obligés, par là même, à se décentrer de leur point de vue propre. Certes, parfois le conflit au sujet de la réponse à donner se transforme en une sorte de «querelle» concernant la relation interpersonnelle qui lie les deux partenaires.

En termes généraux, nous avons pu observer que le conflit de communication (Smedslund, 1966) entre les interlocuteurs n'est résolu à travers l'élaboration de solutions cognitivement meilleures que dans les cas où le conflit ne peut pas être réglé selon des modalités exclusivement relationnelles, comme la complaisance, la condescendance ou le conformisme d'un partenaire envers l'autre puisque, quand tel est le cas, aucun des partenaires ne progresse.

En faisant varier les «mises en scène» des tâches, un autre phénomène, dénommé «marquage social» (Rijsman, 1988/2001; Doise, 1986; Nicolet, 1995; Carugati & Selleri, 1996) a été également mis en évidence, qui permet de comprendre la manière par laquelle la production d'une réponse logique peut dépendre du conflit entre l'opération logique nécessaire à la résolution de la tâche et les normes sociales évoquées. Ainsi, par exemple, les enfants admettent plus facilement l'égalité de la quantité de liquide dans deux récipients de dimensions différentes quand celle-ci est définie par l'adulte comme une «récompense» égale pour chaque enfant, offerte par l'adulte pour leur participation à l'expérience (notion de justice distributive). Toutefois, le marquage social est lui-même immergé dans le champ de la construction du sens: son effet dépend de comment les normes évoquées par l'adulte sont comprises par les enfants dans la spécificité des situations de test. Par exemple, la notion de justice distributive a un effet plus évident si, dans une phase précédant l'interrogation, les enfants ont été placés dans une situation de coopération plutôt que de compétition. D'autres recherches qui mettent en œuvre des règles concernant le «droit» d'avoir une quantité égale d'objets ou de boisson confirment ce phénomène.

L'ensemble des résultats obtenus durant ces deux décennies de recherche semble solide: l'exigence de résoudre un conflit entre des résultats différents est susceptible d'exercer une fonction positive dans la construction d'opérations et ceci à un âge largement inférieur à celui indiqué par les modèles théoriques qui se fondent sur des interprétations individualistes du développement cognitif.

QUELLE INTERSUBJECTIVITÉ ENTRE ADULTE ET ENFANT?

Des travaux avaient mis en évidence l'importance du contexte relationnel de l'entretien sur le niveau de compétence déployé (par exemple Labov, 1972), et d'autres la structure implicite des contrats de communication (Rommetveit, 1978 et 1992) soutenant la conversation au sein de laquelle la personne testée actualise ses réponses. Les travaux de Schubauer-Leoni (1986a et 1986b) et Grossen (1988) ont proposé une thèse très stimulante sur la construction de l'intersubjectivité entre le psychologue et l'enfant et entre l'enseignant et l'élève, pour chercher à comprendre comment l'adulte agit afin que l'enfant lui fournisse la preuve qu'il maîtrise, par exemple, la pensée piagétienne, et comment il communique et formule les questions de manière à ce que l'enfant arrive à comprendre de quoi il est en train de parler, et de quelle manière il faut en parler. La question générale qui a intéressé les chercheurs est de savoir quels sont les instruments et les parcours sociocognitifs par lesquels se construit une notion abstraite. Quels sont les présupposés, dans une situation précise, qui font que deux personnes, ensemble, peuvent abstraire les mêmes dimensions d'un problème et arriver à croire qu'elles parlent du même argument voire à être effectivement ensemble aux prises avec, par exemple, le même raisonnement logique?

Pour montrer comment se constitue concrètement l'intersubjectivité entre enfant et expérimentateur, Grossen (1988) demande à un enfant, qui a déjà passé cette épreuve, de la soumettre à un autre enfant. L'analyse de l'enregistrement vidéo (et le protocole afférent) permet de dire que, dans cette scène, de nombreux enfants, qui croient interpréter correctement le rôle du psychologue, essayent d'avertir leur pair de la présence d'un piège (!) en disant: «Maintenant regarde bien, je ferai quelque chose avec le liquide. Mais regarde et réfléchis bien!»; ou verbalisent la situation: «Maintenant fais attention parce qu'il y a un truc!» D'autres font faire le test et s'interrompent d'un coup pour se tourner vers le chercheur placé derrière la caméra en lui demandant: «Mais alors je le lui dis ou je le lui dis pas?» De plus, Grossen observe que les enfants non-conservants font produire plus systématiquement à leurs sujets des réponses non conservantes et les enfants conservants des réponses conservantes. Lorsque les épreuves sont administrées par des psychologues il apparaît aussi que certaines réponses sont surévaluées et d'autres sous-évaluées[4] (Perret-Clermont, Schubauer-Leoni & Trognon, 1992).

Dans une recherche, Bell, Schubauer-Leoni et Perret-Clermont (1991) ont demandé à des élèves de faire toute une série d'épreuves et en particulier de construire un «sutemi». N. Bell arrive avec un grain de raisin sec, des cure-dents et des bouts de papier en disant: «Maintenant, faites-moi un sutemi». Or, aucun enfant n'a rétorqué par exemple: «Pardon, mais de quoi parlez-vous? Je ne sais pas ce que c'est». Les enfants ont toujours attribué un sens à cette question, comme s'il n'était pas possible qu'un adulte demande quelque chose qui n'ait pas un sens; s'il pose une question, il faut répondre! Il faut s'en sortir avec les moyens à disposition!

LE CONTRAT DIDACTIQUE:
UN INSTRUMENT POUR SE COMPRENDRE

A partir des années 80, les recherches se sont tournées vers les relations entre contexte, enseignants, élèves et contenus disciplinaires, en introduisant le concept de contrat didactique (Brousseau, 1980; Chevallard, 1985), entendu comme l'ensemble des règles et des comportements habituels qu'enseignants et élèves mettent en acte de part et d'autre, autour d'un savoir défini par les programmes scolaires, dans la vie quotidienne de la classe. Dans cette perspective, on observe aussi que les contenus disciplinaires deviennent pour l'enseignant un «savoir-à-enseigner» et pour les élèves un «savoir-à-apprendre».

---

4 On y voit par exemple un psychologue œuvrant à faire produire par l'enfant, non pas exactement une proposition qui témoigne que celui-ci a acquis la notion de conservation, mais une proposition «qui convient», c'est-à-dire conforme, ou encore canonique. L'enfant peut donc être considéré par le psychologue comme «non conservant», alors que cela repose essentiellement sur des difficultés proprement linguistiques d'inter-compréhension dans un contexte où se négocient le sens et les règles sociales (voir aussi Smedslund, 1977; Hundeide, 1985 et 1988; Elbers, 1991; Baucal, Muller, Perret-Clermont & Marro, 2002).

La notion de contrat didactique a été reprise par Schubauer-Leoni (1986a, 1986b, 1996), en lien avec les notions de contrat de communication et d'intersubjectivité (Rommetveit, 1976), pour spécifier la manière qu'a l'élève de gérer simultanément le sens à attribuer à l'objet du savoir et le maintien de la relation avec l'enseignant. Par conséquent, les réponses données par les élèves aux questions de l'enseignant peuvent être réinterprétées comme le produit d'une décision de leur part qui porte à la fois sur la matière scolaire et sur la relation avec l'adulte. En classe, les rôles sont clairs: il y a l'enseignant, qui connaît et peut demander, et il y a l'élève qui doit répondre de manière correcte, en posant d'éventuelles questions à condition qu'elles soient pertinentes. Schubauer-Leoni (1986a, 1986b) a construit de belles expériences qui montrent comment les enfants interprètent le rôle d'élève: ainsi, par exemple, des enfants de 1re et 2e primaire doivent construire des problèmes pour les soumettre à des compagnons de classe ou à des enfants de niveau inférieur, en prenant la place de l'instituteur. Les résultats montrent que ces «enseignants en herbe» considèrent qu'un bon problème est un problème que leur compagnon ne peut pas résoudre sans erreur, car si l'autre ne se trompe pas, on ne peut pas être sûr d'être un bon enseignant c'est-à-dire de rester au pouvoir!

Jusqu'à quel point la figure de l'enseignant pèse-t-elle sur les processus de construction de la vie quotidienne à l'école et dans les processus d'apprentissage? Schubauer-Leoni (1990) montre que des enfants d'école enfantine réussissent mieux des tâches arithmétiques lorsque l'expérimentateur est un psychologue qui prétend leur faire faire des jeux, alors qu'en primaire, les élèves réussissent mieux face à cette même personne présentée en tant que maîtresse. La même épreuve est donc clairement connotée par le contexte social.

D'autres chercheurs ont mis en évidence le rôle fondamental du sens que prend une tâche dans son contexte (voir par exemple: Rommetveit, 1978; Light, 1986; Light & Perret-Clermont, 1989; Hundeide, 1985, 1988 et 1992; Säljö, 2000), mais particulièrement intéressants sont les comportements observés chez de bons élèves en mathématiques de 15 et 16 ans (Säljö & Wyndhamn, 1993) devant résoudre en classe un problème d'affranchissement postal. Ils se montrent incapables de recourir au tableau tarifaire distribué par les postes, car ils viennent d'étudier les proportions et s'attendent, par contrat didactique, à devoir mettre en œuvre ce savoir nouvellement acquis!

DE L'INTERPRÉTATION DES TÂCHES À LEUR NÉGOCIATION

Depuis quelques années, des recherches ont amplement illustré que les enfants, lorsqu'on leur donne un problème, font d'abord des efforts pour saisir le sens de la tâche elle-même et des relations sociales en jeu. Ils cherchent en priorité à cerner quelle réponse l'adulte attend de leur part (Donaldson, 1978). Par exemple, la répétition de la consigne par l'adulte influence le type de réponse des enfants. C'est le cas pour les réponses concernant la conservation de la longueur ou du nombre: si la question est posée une seule fois, après la transformation spatiale des objets, alors les enfants fournissent plus fréquemment un jugement conservant, alors que s'il y a deux questions (comme dans l'interrogation piagétienne), une avant la transformation et une après, les enfants sont plus fréquemment non conservants. Une interprétation plausible des résultats de ce type est que les enfants, en situation de doubles interrogations en succession rapide, ne comprennent pas ou hésitent quant aux interprétations possibles des intentions de l'adulte.

Le principal résultat des recherches effectuées dans ce champ nous démontre que tous les partenaires se comportent selon l'interprétation qu'ils se font de la situation, de leur rôle, de leurs buts et du type de prestation considérée comme pertinente. Dans les situations de test, en particulier, la représentation des règles de l'interaction, peut ne pas être partagée par les partenaires: pour l'expérimentateur, le but est clairement de cerner quel est le niveau cognitif de l'enfant, tandis que, pour l'enfant, l'aspect cognitif de la tâche peut être momentanément mis de côté en raison d'autres enjeux, comme par exemple se montrer «bien élevé», tenir son rôle d'aîné, gérer la relation, ou simplement veiller à ne pas prendre le risque d'interrompre une conversation dont pourtant le sens semble leur échapper (Lévy & Grossen, 1991; Perret-Clermont, Schubauer-Leoni & Trognon, 1992).

VERS UNE PSYCHOLOGIE DE LA VIE QUOTIDIENNE À L'ÉCOLE

Dans les paragraphes précédents, nous avons présenté un choix de résultats de recherches qui couvrent une tranche d'âge se référant principalement à l'école primaire et une gamme de tâches qui inclut des épreuves logiques de conservation, mais également des concepts et des problèmes typiques des savoirs scolaires. Dans une conception du développement et de l'apprentissage qui vise à privilégier les origines individuelles des compétences, de tels travaux peuvent paraître superflus, c'est-à-dire avoir l'air de simples illustrations de variables supplémentaires sans aucune épaisseur théorique. Mais si nous optons pour une approche qui prend en considération les dynamiques sociales au sein desquelles se constituent les habiletés cognitives, alors ces travaux illustrent jusqu'à quel point les réponses cognitives sont le résultat de phénomènes complexes de construction du sens où la fonction des négociations symboliques, les diverses formes de communication et les représentations de situations concrètes sont décisives. Dès lors, il nous paraît clair qu'il devient indispensable de quitter, au moins momentanément, les situations de «laboratoire» de l'expérimentation et d'étudier les *situations scolaires concrètes* et leurs dynamiques propres, si l'on veut comprendre les possibilités d'apprentissage des élèves.

LA CONSTRUCTION DU SENS À TRAVERS LA CONVERSATION EN CLASSE

La situation spécifique de la classe met en jeu divers modèles de communication et d'interaction, mais aussi des contenus d'apprentissage spécifiques qui sont au cœur des échanges entre enseignant et élèves. La conversation en classe repose sur des relations asymétriques particulières, en raison des connaissances possédées par les interlocuteurs, de leurs statuts respectifs, et surtout du pouvoir institutionnel de l'enseignant qui s'exerce notamment dans des pratiques d'évaluation de ce qui se dit.

Les conversations entre enseignants et élèves se structurent en conséquence de manière très différente de celles qui naissent dans d'autres contextes de la vie quotidienne. En effet, l'activité en classe est régie le plus souvent par le présupposé implicite suivant: l'enseignant pose les questions et connaît les réponses. Sur cette base, il évaluera les réponses données par les élèves et utilisera ensuite ces informations pour fournir un jugement sur leurs compétences. Chaque fois qu'un groupe d'enfants montre qu'il connaît ou partage cet accord de base, nous nous trouvons face à une classe d'élèves dans laquelle le flux de la communication est réglé par cette manière consensuellement retenue comme étant la «meilleure» pour répondre aux attentes réciproques.

Edwards et Mercer (1987) et Mercer (1993) ont illustré, dans un groupe d'élèves âgés de 8 à 10 ans, comment, au cours de l'activité scolaire, se construit une connaissance partagée des contenus et des règles sociales, sur la base de laquelle les élèves cherchent à attribuer un sens à leurs conversations. Ce sont les caractéristiques organisatrices de la leçon qui produisent des contextes d'expériences spécifiques où confluent les connaissances préscolaires et extrascolaires des élèves et les pratiques didactiques de l'enseignant, lequel intervient pour éclaircir et souligner les moments importants de l'activité en cours, fournissant dès lors à la classe une utilisation commune du vocabulaire par la redéfinition du sens des termes utilisés. Au cours de ce processus continu de reconstruction de l'activité didactique, le rôle tenu par l'enseignant se concrétise dans la perspective d'une intervention qui, au travers du langage, induit l'élève à une réorganisation des connaissances et le guide le long du parcours qui mène à l'acquisition de nouveaux concepts.

MÉDIATION SYMBOLIQUE, CONTRAT DIDACTIQUE ET APPRENTISSAGE

La médiation communicative de l'enseignant a une importance considérable pour l'acquisition de nouvelles connaissances par l'élève. Inévitablement, il est nécessaire d'examiner de quelle manière nous considérons, à l'école, le rapport qui existe entre développement cognitif et apprentissage. Un des devoirs de l'école, et donc de l'enseignant, est d'offrir à l'élève les modalités d'apprentissage qui lui permettent d'opérer des changements dans sa façon de penser, afin de réussir à intégrer ce qu'il connaît déjà et les nouvelles formes de connaissance qu'il y rencontre. La référence à la fonction de l'enseignant selon Vygotski (1934) est ici très utile: celle-ci s'exerce dans la «zone proximale de développement», une notion qui vise la différence entre le niveau de la réponse à un problème qu'un enfant élabore seul et le niveau que l'enfant est en mesure d'élaborer avec la supervision d'un adulte. Le langage est l'instrument principal qui permet cette interaction asymétrique: les paroles et les gestes de l'adulte sont une aide substantielle dans un dialogue interpersonnel qui intègre la réflexion accomplie par l'enfant et l'enrichit. Par la suite, l'enfant intériorisera cette performance collective sous la forme d'un nouvel apprentissage. L'hypothèse qui considère le discours des enfants non seulement comme le miroir de leur mode de pensée, mais aussi comme un instrument pour l'élaboration de la pensée elle-même, stimulée par les règles et par les usages existants dans chaque contexte social, a généré de nombreuses descriptions et analyses de la discussion en classe ces dernières années. Il s'agit d'un changement substantiel de perspective qui place au centre du processus le rapport entre développement et pertinence des argumentations (Pontecorvo, 1991; Schwarz *et al.*, 2002).

Mais, dans la réalité de la classe, beaucoup de situations interactives, surtout celles où intervient l'enseignant, ne peuvent pas être considérées comme de réelles discussions, même si elles en ont l'air, car les élèves ne sont parfois induits à fournir certaines réponses qu'en relation directe avec le comportement verbal et non verbal de l'adulte. Par exemple, un silence de l'enseignant qui suit l'intervention de l'enfant, laisse entendre un désaccord que l'élève peut dépasser uniquement en modifiant sa réponse, et ce changement peut être dû non pas tellement à une réflexion intérieure mais à la nécessité de trouver «la bonne réponse».

Les discussions entre camarades de classe ont également été étudiées en tant que moments durant lesquels les enfants s'approprient des contenus disciplinaires au travers d'un *raisonnement extériorisé*, une sorte de dialogue à plusieurs voix, qui implique tous les élèves et qui comprend donc des éléments de nature linguistique, cognitive et sociale (Pontecorvo, 1991). Dans cette perspective, les interventions de l'enseignant prennent un sens nouveau: l'enseignant doit s'approcher du mode de pensée des élèves non pas pour les guider sur un parcours déjà pré-construit, mais pour favoriser en eux l'élaboration d'un processus discursif et cognitif qui les portera à s'approprier de nouvelles connaissances (Mercer, 1995).

Concevoir la classe comme un contexte où ont lieu des évènements conversationnels de nature spécifique nous amène à examiner l'impact réciproque des connaissances possédées par l'enfant et des contenus culturels propres aux différents milieux sociaux. L'analyse de la conversation à l'école tend à considérer les discussions en classe comme un moment où l'on prend part à une culture commune, enrichie par les expériences quotidiennes, par les objets utilisés, par les procédures adoptées dans chaque domaine disciplinaire. Tous ces éléments fournissent un ancrage référentiel (Resnick, 1991) à l'activité didactique, au cours de laquelle les expériences communes deviennent objets de discours et, comme tels, partagés par tous les participants.

LE SAVOIR APPRIS SE TRANSFÈRE-T-IL HORS DE LA CLASSE, Y ENTRE-T-IL?

Au cours de diverses recherches (Schubauer-Leoni & Perret-Clermont, 1997), des problèmes arithmétiques simples (additions et soustractions) ont été proposés à des élèves de l'école primaire, parfois en classe, parfois en dehors dans une salle proche de là. Ces problèmes étaient facilement résolus par les élèves de 2e primaire: «J'ai fait un bouquet avec cinq fleurs, puis j'en ai mis encore trois, ensuite j'ai rencontré un ami et je lui ai donné deux de mes fleurs. Combien de fleurs me reste-t-il?» Interrogés en classe, les élèves répondaient correctement, interrogés en dehors et seuls avec un adulte, ils faisaient de très beaux dessins, des descriptions articulées: «Comment j'ai fait? Je les ai mis ensemble, j'ai fait un beau bouquet. J'ai trouvé un ami et je lui ai donné les bleus...», ils transformaient donc le bouquet en un problème narratif qui n'avait rien à voir avec l'arithmétique, objet de la recherche. Nous avons alors cherché à comprendre quels étaient les sous-entendus de ces situations-problèmes. Qu'est-ce qui faisait que le même problème, présenté de la même manière, en classe ou en situation de face à face non didactique, produisait des solutions aussi différentes? Les chercheurs étaient surpris de voir qu'en dehors de la classe l'enfant n'utilisait pas les connaissances apprises à l'école et en particulier ne recourait pratiquement plus aux signes arithmétiques pourtant étudiés et connus.

Certaines recherches sur le même thème, mais qui vont dans la direction opposée, ont été conduites par une équipe de Recife dans le Nord du Brésil: Nunes, Schliemann et Carraher (1993) ont étudié le comportement arithmétique des «enfants de la rue». A 6-7 ans, ils doivent déjà réussir à survivre économiquement en revendant des oranges ou en effectuant de petits travaux, et certains y arrivent très bien en évitant de se tromper dans leurs échanges commerciaux. Pourtant les mêmes enfants en 1re primaire échouent systématiquement en mathématiques et sont rapidement rejetés par le système scolaire. Pourquoi n'arrivent-ils pas à transférer ces connaissances acquises dans la rue aux tâches scolaires? Dans la rue, les enfants apprennent des algorithmes très compliqués qui se basent sur le sens des situations d'achat et de vente rencontrées, situations qui rendent nécessaires et efficaces ces calculs; or dans la situation scolaire, leur enseignant ne sait pas que les élèves possèdent déjà de telles stratégies mathématiques et quand, spontanément, ils les utilisent en classe, l'enseignant tend à en considérer la démarche incorrecte ou

maladroite, ce qui contredit l'expérience des enfants et ne les rend pas
conscients des ressources et des limitations des stratégies (en grandes
parties orales) qui sont les leurs dans leurs opérations commerciales.

La question qui naît de ces recherches est celle du lien entre le lieu où
l'on apprend une connaissance donnée et celui où elle est utilisée ou
transférée. Nous observons souvent que le transfert désiré des connaissances et des aptitudes ne survient pas. Les raisons peuvent être multiples. Peut-être que l'enseignant n'en voit pas la pertinence et/ou ne se
pose tout simplement pas cela comme objectif, peut-être que les élèves
eux-mêmes ne saisissent pas les relations entre les savoirs qu'ils ont acquis dans une situation et ceux requis en d'autres lieux.

UNE RELATION TRIANGULAIRE:
ENSEIGNANT – OBJET DU SAVOIR – ÉLÈVES

Dans la relation triangulaire enseignant-apprenant-savoir, pendant trop
longtemps, la psychologie cognitive ne s'est occupée que d'un seul sommet du triangle à la fois, alors qu'elle gagnerait à les tenir les trois. Ainsi
les futurs professeurs sont-ils formés à penser l'objet de la connaissance
(par exemple en mathématiques: comment faire un programme? Comment exposer une démonstration? Comment choisir les exemples?); il
faut sans aucun doute le faire, mais étudier cet objet de manière isolée,
indépendamment du rapport social, et tout particulièrement du rapport
social de l'élève à cet objet (préconceptions, connaissances, usages, représentations, applications) se révèle être trop réducteur. Une autre tendance
très répandue, en psychologie du développement notamment, s'est centrée surtout sur l'enfant: comment il pense, à travers quels stades il
passe, quels sont ses instruments de pensée oubliant d'ailleurs que cet
enfant est socialement un *élève*. Pour l'enseignant, on s'est surtout intéressé aux aspects socio-affectifs de la relation maître-élève, alors que les
modalités par lesquelles l'enseignant se représente le fonctionnement
de la pensée de l'enfant ont eu peu d'attention, tout comme la manière
dont il conçoit et élabore son enseignement en fonction de l'évaluation
qu'il se fait des aptitudes de l'élève. Ce n'est que très récemment qu'ont
été étudiées, chez les enseignants, les liens entre leurs représentations
de l'intelligence, de l'apprentissage et du développement d'une part et
leurs manières de catégoriser les élèves (pour une présentation de cette
dynamique d'attributions causales: Monteil, 1989; et des implications

éducatives des représentations sociales: Carugati & Selleri, 1996; Mugny & Carugati, 1985; Selleri, Carugati & Bison, 1994).

Etudier le triangle enseignants, élèves et connaissances dans la situation didactique, devient toujours plus indispensable (Schubauer-Leoni, Perret-Clermont & Grossen, 1992). Les formateurs d'enseignants, les enseignants eux-mêmes et les psychologues qui observent le triangle, comment le voient-il fonctionner? Il existe, en effet, une sorte de contrat implicite: l'enseignant propose des tâches qui correspondent à ce qu'il souhaite que les élèves sachent. Par conséquent, au courant de ce qu'ils sont tenus de savoir, les élèves, diligemment, s'attendent aux exercices qui leur seront donnés dans le but de réussir la tâche. On peut parler d'une véritable micro-culture de la classe, qui présente aussi des revers éthiques: les attentes, consolidées au cours des routines quotidiennes deviennent des règles et des normes sanctionnées par des critères légitimés (mais sont-ils vraiment adéquats?) sur le plan didactique: «il faut faire ainsi, car c'est ainsi l'on apprend correctement»; «si l'on fait ainsi, on obtient une bonne note»; «si l'on fait ainsi, cela signifie qu'on a compris», etc. En d'autres termes, les réponses attendues des élèves ne sont pas leurs constructions spontanées, mais bien le fruit de pratiques d'enseignement typiques. Sous cet aspect, les modalités de résolution des tâches scolaires informent autant sur les compétences des élèves que sur les modalités d'enseignement des maîtres respectifs.

Comment traiter de tous ces problèmes liés aux sens des situations scolaires et aux conduites attendues en retour? Le thème crucial ici est celui des modalités de construction d'une compréhension partagée entre l'enseignant et les élèves qui permettent effectivement à ces derniers de découvrir ou non les connaissances que l'enseignant veut leur transmettre (Barth, 1994). Quand est-ce que les élèves apprennent (au sens fort) ce qu'on cherche à leur enseigner? Le système scolaire et la vie de classe, en effet, sont suffisamment fondés sur des conduites de routine «bien huilées» pour que les élèves répondent souvent correctement même sans avoir réellement compris! De ces recherches, il ressort aussi que les élèves ne pensent souvent pas que le but du travail scolaire est la compréhension. Très souvent, le but, selon eux, est de réussir les épreuves. L'essentiel dans le métier d'élève est d'avoir une note suffisante aux devoirs; de répondre correctement aux attentes de l'enseignant, et de démontrer que l'on connaît ce qu'il faut connaître. Comprendre est un plus, c'est une «option»! Tout se passe souvent comme si, lorsqu'un enseignant dit «Cherchez à comprendre!», l'élève comprend

«Cherchez à comprendre ce que vous devez répondre, afin que je croie que vous avez compris»! Il n'est pas exclu qu'il y ait des élèves qui arrivent même à des diplômes de l'enseignement supérieur sans jamais avoir vécu, goûté, la satisfaction d'avoir vraiment compris quelque chose: comprendre est un acte autonome, intérieur, libre, qui ne dépend pas des liens hiérarchiques, qui ne peut pas être prescrit ni exigé. L'idée-même de «compréhension», s'ils ne l'ont pas éprouvée, risque de ne pas faire partie de leur champ d'expérience, ni donc de leurs attentes.

Retour sur la démarche du psychologue social

Le psychologue social, par méthode et par culture scientifique, a l'attention centrée sur les processus qui articulent l'individuel et le collectif. Doise (1982) dégage quatre niveaux d'analyse différents de cette articulation: quand on y recourt, qu'est-ce qui apparaît de neuf dans la compréhension des processus d'apprentissage? Nous espérons que l'exposé ci-dessus l'a illustré. Nous avons vu que l'apprentissage n'est ni le résultat d'une simple maturation d'une potentialité ou d'induction sociale directe de comportements, ni d'une transmission sociale par simple décision institutionnelle ou ministérielle, ni d'une forme d'«inconscient» collectif qui se transmettrait d'une génération à l'autre sans requérir d'intention particulière. Peu à peu, et de façon non exhaustive, s'est dégagée sous nos yeux la complexité des processus qui caractérisent l'apprentissage. Qu'une personne puisse s'approprier le savoir d'une autre, qu'une génération puisse utiliser l'expérience des précédentes, que la vie culturelle instrumente la pensée au point de lui donner forme (Bruner 1990/1991), que dans l'interaction puisse surgir la possibilité d'une pensée nouvelle... voilà autant de phénomènes qui, à y regarder de près, semblent parfois relever du miracle! Ils sont sans doute plus rares qu'on le croit lorsque l'on pense naïvement qu'il suffit de dispenser un enseignement pour que le savoir se transmette.

L'apprentissage semble pouvoir être décrit comme un travail de construction et de communication sociale. Il naît d'un tissage de significations à travers les échanges de la vie quotidienne, les interactions avec les partenaires, adultes et enfants, au sein d'activités (programmées par la vie de la classe, par celle des métiers, des usages, des loisirs, de l'étude) que médiatisent des systèmes symboliques fournis par le langage et la vie culturelle. Ces interactions suscitent des conflits sociocognitifs, appellent des restructurations cognitives et des réélaborations symboliques. Au niveau 1 d'analyse, on voit donc à l'œuvre un sujet épistémique en quête de connaissances mais qui est toujours également un sujet psychologique avec une affectivité, une quête d'identité, des intentions, c'est-à-dire aux prises avec un important travail d'interprétation et de recherche de sens. Mais ceci ne se passe pas dans un vide social, bien au contraire: les outils conceptuels du niveau 2 nous permettent d'appréhender quelque chose des dynamiques interactionnelles, et tout particulièrement conversationnelles, par lesquelles se formulent et se résolvent questions et réponses, conflits et solutions, attentes et enjeux dans ces processus d'apprentissage. On peut observer une intersubjectivité qui se construit dans le concret des situations et de leurs buts, en s'appuyant sur les expériences passées communes, en recourant à des champs de référence partagés ou à construire. Ces dynamiques sont elles-mêmes tour à tour sous-tendues ou freinées – au niveau 3 – par les appartenances catégorielles, les statuts sociaux, les répartitions institutionnelles et culturelles des rôles, les dynamiques intergroupes. Au niveau 4, des représentations sociales, des systèmes d'actions construits par l'usage ou explicitement institués, des normes règlent les échanges et les interprétations. Ainsi nous avons vu le rôle des contrats didactiques qui gouvernent la transmission des connaissances et les conditions d'apprentissage. L'apprentissage s'inscrit au sein de clauses relationnelles qui sont liées au reste de la vie quotidienne de la classe et plus généralement aux modes de faire de l'école pour organiser les connaissances et transmettre l'esprit dans lequel elles doivent être réinterprétées par les enseignants et les élèves qui, eux-mêmes, bien sûr, redonnent sens à leur façon à ces consignes et traditions, notamment en raison des contingences qui sont les leurs. La transmission de l'expérience et des connaissances d'une génération à l'autre, non point comme un carcan mais comme des connaissances appropriables, interprétables, susceptibles de devenir des ressources à la fois personnelles et collectives pour celui qui les apprend, ne relève donc pas d'un «miracle» au sens d'un coup de baguette magique mystérieux, mais résulte d'un «miracle technique» de la communication humaine ou plus exactement d'une forme d'ingénierie sociale et didactique complexe qui crée des «espaces de pensée» qui fonctionnent, lorsqu'ils sont sécures, comme des zones transitionnelles où la rencontre de l'altérité, de la règle et de la réalité sollicite une restructuration de l'appréhension cognitive (Perret-Clermont, 2000 et 2001).

Sous le regard du psychologue social, apprendre, au double sens de «se saisir du savoir d'autrui» et de «développer des compétences nouvelles» (nouvelles pour soi et parfois aussi nouvelles pour la collectivité), se révèle être une activité éminemment culturelle et qui n'a lieu que si elle est socialement organisée et personnellement signifiante.

Si le lecteur nous a suivi dans notre propos, il aura vu que la compréhension des processus d'apprentissage que nous présentons ici (et qui n'épuise pas leur complexité!) n'est pas le fruit d'une série de déductions à partir d'un certain nombre de convictions théoriques préalables, mais le résultat du travail de réseaux de chercheurs tentant de mettre en commun leurs données empiriques (observations naturelles ou provoquées, expérimentations, analyses d'entreprises pédagogiques, de difficultés d'élèves, etc.) et discutant de leurs interprétations de celles-ci. Aucun modèle théorique ne rend compte de la complexité du réel. Dans le débat entre chercheurs, ces modèles sont alors éprouvés, remis en question, supplantés par d'autres afin de permettre, peu à peu, d'étendre la compréhension de ce qui est en jeu.

Dans la narration que nous avons faite ci-dessus de la transformation progressive de notre objet d'étude, nous avons mis l'accent sur la construction par les chercheurs de concepts et de modèles susceptibles de fonctionner comme des «clefs de lecture» de la réalité. Tel est le rôle de la recherche fondamentale. Faute de pouvoir tout faire en même temps, nous n'avons pas traité ici, mais ailleurs (Carugati et al., 1981; Emiliani & Bastianoni, 1993; Garduño, 1998; Marro & Perret-Clermont, 2000; Perret & Perret-Clermont, 2001; Zittoun, à paraître) d'une autre perspective de recherche psychosociale importante qui ne vise pas à façonner des «clefs de lecture» mais qui emprunte en quelque sorte les clefs existantes pour ouvrir les «boîtes noires» de la réalité. Elle tente de décrire et de comprendre les réussites et les accidents des entreprises éducatives dans leurs essais de favoriser l'apprentissage et le développement individuel et collectif. Cette démarche n'est pas une «application» de la recherche fondamentale mais une recherche conduite à partir des interrogations nées de la pratique dans les contingences de terrains spécifiques. A son tour elle sollicite «forges et forgerons» des outils de pensée en les invitant à façonner de nouveaux outils conceptuels et à revoir leurs modèles théoriques. Ainsi, actuellement, bien des questions sans réponse (et même difficiles à bien poser) naissent autour de l'arrivée de nouveaux supports multi-medias sur les terrains de l'école: ces supports sémiotiques changeront-ils quelque chose aux dynamiques d'apprentissage individuelles, relationnelles, sociales, institutionnelles, décrites jusqu'ici? Autre exemple encore: l'appel tant diffusé à «apprendre tout au long de la vie» et la pression économique et technique qui rend si vite caduques les savoirs appris au temps de l'enfance et de la jeunesse, vont-ils entraîner la création d'autres entités institutionnelles et influer sur les objectifs des institutions existantes? Ces dernières pourront-elles alors s'accommoder encore longtemps d'une psychologie de l'apprentissage et de la compétence individuelle, et d'une psychologie de l'enseignement et de l'évaluation scolaire, qui cautionnent des pratiques de sélection scolaire précoce et de redoublement qui obligent la majorité de la population à se construire une identité hors du champ de l'étude et de la réflexion?

On ne pourra avancer des réponses à de telles questions que si les pratiques professionnelles deviennent objets d'étude et d'ingénieurie, et si l'on renonce à recourir aux modèles théoriques comme à des normes prescriptives établies en vue d'«applications». Par contre, leur conférer le statut d'outils de pensée devrait nous permettre d'y recourir à la fois pour admirer la complexité du réel et pour «interpréter» (métaphore musicale!) en plus grande connaissance de cause nos rôles culturels et sociaux, et nos libertés et responsabilités d'action et de création.

RÉFÉRENCES BIBLIOGRAPHIQUES

Azmitia, M. (1996). Peer interactive minds: developmental, theoretical, and methodological issues. In P. B. Baltes & U. M. Staudiner (Ed.), *Interactive minds. Life-Span Perspectives on the Social Foundations of Cognition* (pp. 133-161). Cambridge: Cambridge University Press.
Barth, B.-M. (1994). *Le savoir en construction: former à une pédagogie de la compréhension*. Paris: Retz.
Baucal, A., Muller, N., Perret-Clermont, A. N. & Marro, P. (2002). *Nice designed experiment goes to the local community*. Paper presented at the Fifth Congress of the International Society for Cultural Research and Activity Theory, Amsterdam.
Bell, N., Schubauer-Leoni, M. L., Grossen, M., & Perret-Clermont, A.-N. (1991). *Transgressing the communicative contract*. Paper presented at the Conference of the Society of Research in Child Development, Seattle, Washington.

Brousseau, G. (1980). Les échecs électifs en mathématiques dans l'enseignement élémentaire. *Revue de Laryngologie-othologie-rhinologie, 101,* 34, 107-131.
Bruner, J.-S. (1990/1991). *Et la culture donne forme à l'esprit.* Paris: Eshel.
Carugati, F. (1997). Piaget, Vygotski e la questione del «sociale»: un triangolo virtuoso per la psicologia dello sviluppo? *Eta evolutiva, 58,* 105-115.
Carugati, F., Emiliani, F. & Palmonari, A. (1981). *Tenter le possible. Une expérience de socialisation d'adolescents en milieu communautaire.* Berne: Peter Lang.
Carugati, F. & Perret-Clermont, A.-N. (1999). La prospettiva psicosociale: intersoggettività e contratto didattico. In C. Pontecorvo (Ed.), *Manuale di psicologia dell'educazione.* Bologna: Il Mulino.
Carugati, F. (1995) Cognizioni, vite quotidiane e altre invenzioni culturali: una conversazione inesauribile fra psicologia dello sviluppo e psicologa sociale. *Giornale Italiano di Psicologia, 22,* 3, 329-339.
Carugati, F., Emiliani, F., & Palmonari, A. (1981). *Tenter le possible. Une expérience de socialisation d'adolescents en milieu communautaire.* Berne: Peter Lang.
Carugati, F. & Selleri, P. (1996). *Psicologia sociale dell'educazione.* Bologna: Il Mulino.
Chevallard, Y. (1985). *La transposition didactique: du savoir savant au savoir enseigné.* Grenoble: La Pensée Sauvage.
Doise, W. (1982). *L'explication en psychologie sociale.* Paris: PUF.
Doise, W. (1986). Pourquoi le marquage social? In A.-N. Perret-Clermont & M. D. Nicolet (Ed.), *Interagir et connaître* (pp. 103-105). Cousset: DelVal.
Doise, W. & Mugny, G. (1981). *Le développement social de l'intelligence.* Paris: Interedition.
Donaldson, M. (1978). *Children's minds.* New York: Norton.
Edwards, D. & Mercer, N. (1987). *Common knowledge. The development of understanding in the classroom.* London: Methuen.
Elbers, E. (1991). *Ground-rules for testing: expectations and misunderstandings in test situations.* Paper presented at the workshop on Communication and Conceptual Change (8-10 December 1991), University of Linköping.
Emiliani, F., & Bastianoni, P. (1993). *Una normale solitudine. Percorsi teorici e strumenti operativi dellà comunità per minori.* Roma: La Nuova Italia Scientifica.

Garduñno Rubio, T. (1998). *Action, interaction et réflexion dans la conception et la réalisation d'une expérience pédagogique: l'Ecole Paidos à Mexico*. Neuchâtel: Dossiers de Psychologie de l'Université de Neuchâtel.
Gilly, M. (1989). A propos de la théorie du conflit socio-cognitif et des mécanismes psycho-sociaux des constructions cognitives: perspectives actuelles et modèles explicatifs. In N. Bednarz & C. Garnier (Ed.), *Construction des savoirs. Obstacles et conflits*. Québec, Ottawa: Cirade, Agence d'Arc Inc.
Grossen, M. (1988). *La construction de l'intersubjectivité en situation de test*. Cousset: DelVal et *Dossiers de Psychologie*, Université de Neuchâtel.
Howe, C., Tolmie, A. & Rodgers, C. (1990). Physics in the Primary School: Peer Interaction and the Understanding of Floating and Sinking. *European Journal of Psychology of Education, 4*, 459-475.
Howe, C., Tolmie, A., Greer, K. & Mackenzie, M. (1995). Peer Collaboration and conceptual growth in pysics: task influence on children's understanding of heating and cooling. *Cognition and Instruction, 13* (4), 483-503.
Hundeide, K. (1985). The tacit background of children's judgements. In J. V. Wertsch (Ed.), *Culture communication and cognition: Vygotskian perspectives*. Cambridge: Cambridge University Press.
Hundeide, K. (1988). Metacontracts for Situational Definitions and for Presentation of Cognitive Skills. *The Quarterly Newsletter of the Laboratory of Comparative Human Cognition, 10* (3), 85-91.
Hundeide, K. (1992). The message structure of some Piagetian Experiments. In A. H. Wold (Ed.), *The didalogical Alternative, Towards a theory of Language and Mind* (pp. 139-156). Oslo: Scandinavian University Press.
Labov, W. (1972). The study of language in its social context. In P. P. Giglioli (Ed.), *Language and social context* (pp. 283-307). Hardmonsworth: Penguin Education.
Levy, M., & Grossen, M. (1991). Contrat expérimental et acte de questionnement. Deux illustrations empiriques de l'articulation entre processus sociaux et activité cognitive chez l'enfant dans une situation de test piagétienne. *Bulletin de Psychologie, XLIV* (400), 229-238.
Lévy, M., & Grossen, M. (1991). Contrat expérimental et acte de questionnement. Deux illustrations empiriques de l'articulation entre processus sociaux et activité cognitive chez l'enfant dans une situation de test piagétienne. *Bulletin de Psychologie, XLIV* (400), 229-238.
Light, P. (1986). Context, conservation and conversation. In P. L. M. Richard (Ed.), *Children of social worlds. Development in a social Context*. Cambridge: Polity Press.

Light, P., & Perret-Clermont, A.-N. (1989). Social context effects in learning and testing. In J.-A. Sloboda (Ed.), *Cognition and social worlds* (pp. 99-112). Oxford: Oxford Science Publications, University Press.

Littleton, K. & Light, P. (1999). *Learning with Computers: Analysing productive Interaction.* Lindon, New York: Routledge.

Marro Clément, P. & Perret-Clermont, A.-N. (2000). Collaborating and learning in a project of regional development supported by new information and communication technologies. In R. Joiner, K. Littleton, D. Faulkner & D. Miel (Ed.), *Rethinking collaborative Learning* (pp. 229-247). London: Free Association Books.

Mead, G. H. (1934). *Mind, Self and Society.* Chicago: Chicago University Press.

Mercer, N. (1995). *The guided construction of knowledge.* London: Multilingual Matters.

Monteil, J.-M. (1989) *Eduquer et former.* Grenoble: Presses Universitaires de Grenoble.

Mugny, G. & Carugati, F. (1985). *L'intelligence au pluriel.* Cousset: DelVal.

Nicolet, M. (1995). *Dynamiques relationnelles et processus cognitifs.* Lausanne: Delachaux & Niestlé.

Nunes, T., Schliemann, A. D. & Carraher, D. W. (1993). *Street mathematics and school mathematics.* Cambridge: Cambridge University Press.

Perret, J. F. & Perret-Clermont, A.-N. (2001). *Apprendre un métier dans un contexte de mutations technologiques.* Fribourg: Editions Universitaires de Fribourg.

Perret-Clermont, A.-N. (1979/1996). *La construction de l'intelligence dans l'interaction sociale.* (4e édition). Berne: Peter Lang.

Perret-Clermont, A.-N. (1996). Piaget parmi ses aînés et ses pairs. In J. M. Barrelet & A.-N. Perret-Clermont (Ed.), *Jean Piaget et Neuchâtel. L'apprenti et le savant* (pp. 257-286). Lausanne: Payot.

Perret-Clermont, A.-N. (2000). Apprendre et enseigner avec efficience à l'école. In U. P. Trier (Ed.), *Efficacité de la formation entre recherche et politique* (pp. 111-134). Zürich: Ruegger.

Perret-Clermont, A.-N. (2001). Psychologie sociale de la construction de l'espace de pensée. In J. J. Ducret (Ed.), *Actes du colloque Constructivisme: usages et perspectives en éducation* (Vol. I, pp. 65-82). Genève: Département de l'Instruction Publique: Service de la recherche en éducation.

Perret-Clermont, A.-N. & Nicolet, M. (Ed.) (1986/2002). *Interagir et connaître.* Cousset: DelVal.

Perret-Clermont, A.-N., Schubauer-Leoni, M.-L. & Trognon, A. (1992). L'extorsion des réponses en situation asymétrique, *Verbum, (1-2),* 3-32.
Pontecorvo, C. (1991). *La condivisione della conoscenza.* Firenze: La Nuova Italia.
Resnick, L. B. (1991). *Shared cognition: Thinking as social practice.* In L. B. Resnick, J. M. Levine & S. D. Beherend (Ed.), *Perspectives on socially shared cognition.* Washington, D.C.: American Psychological Association.
Rijsman, J. (1988/2001). Partages et normes d'équité: recherches sur le développement social de l'intelligence. In A.-N. Perret-Clermont & M. Nicolet (Ed.), *Interagir et connaître, enjeux et régulations sociales dans le développement cognitif* (pp. 123-137). Paris: L'Harmattan.
Rommetveit, R. (1976). On the architecture of intersubjectivity. In L. H. Strickland, K. J. Gergen & F. J. Aboud (Ed.), *Social psychology in transition.* New York: Plenum Press.
Rommetveit, R. (1978). On piagetian cognitve operations, semantic competence, and message structure in adult-child communication. In I. Markova (Ed.), *The social Context of Language* (pp. 113-150). Chichester: Wiley.
Rommetveit, R. (1992). Outlines of a Dialogically Based Social-Cognitive Approach to Human Cognition and Communication. In A.-H. Wold (Ed.), *The Dialogical Alternative, Towards a Theory of Language and Mind* (pp. 19-14). Oslo: Scandinavian University Press.
Säljö, R. & Wyndhamn, J. (1993). Solving everyday problems in the formal setting: An empirical study of the school as context for thought. In S. Chaiklin & J. Lave (Ed.), *Understanding practice: Perspectives on activity and context* (pp. 327-342). Cambridge: Cambridge University Press.
Säljö, R. (2000). Concepts, learning and the constitution of objects and events in discursive practices. *Cahiers de Psychologie, 46,* 35-46.
Säljö, R. & Wyndhamn, J. (1987). The formal setting as context for cognitive activities. An empirical study of arithmetic operations under conflicting premises for communication. *European Journal of Psychology of Education,* 2 (3), 233-245.
Schubauer-Leoni, M.-L. (1990). Ecritures additives en classe ou en dehors de la classe: une affaire de contexte. *Résonances, 6,* 16-18.
Schubauer-Leoni, M.-L. (1986a). Le contrat didactique: un cadre interprétatif pour comprendre les savoirs manifestés par les élèves en mathématiques. *European Journal of Psychology of Education,* 1 (2), 139-153.

Schubauer-Leoni, M.-L. (1986b). *Maître-élève-savoir: analyse psychosociale du jeu et des enjeux de relation didactique.* Thèse de doctorat. Faculté de Psychologie et des Sciences de l'Education, Université de Genève.
Schubauer-Leoni, M.-L. (1990). Ecritures additives en classe ou en dehors de la classe: une affaire de contexte. *Résonances, 6,* 16-18.
Schubauer-Leoni, M.-L. (1996). Etude du contrat didactique pour des élèves en difficulté en mathématiques. In C. Raisky & M. Caillot (Ed.), *Au-delà des didactiques, le didactique* (pp. 160-189). Paris, Bruxelles: De Boeck.
Schubauer-Leoni, M.-L. & Perret-Clermont, A.-N. (1997). Social interactions and mathematics learning. In P. Bryant & T. Nunes (Ed.), *Learning and teaching mathematics. An international perspective* (pp. 265-283). Hove: Psychology Press Ltd.
Schubauer-Leoni, M.-L., Perret-Clermont, A.-N. & Grossen, M. (1992). The Construction of Adult Child Intersubjectivity in Psychological Research and in School. In M. V. Cranach, W. Doise & G. Mugny (Ed.), *Social Representations and the Social Bases of Knowledge* (pp. 69-77). Berne: Hogrefe & Huber Publishers.
Schwarz, B., Neuman, Y. & Biezuner, S. (2000). Two Wrongs may make a Right... If They Argue Together! *Cognition and Instruction, 18* (4), 461-494.
Schwarz, B., Neuman, Y., Gil, J. & Ilya, M. (2003). Construction of collective and individual knowonwledge in argumentative activity: an empirical study. *The Journal of the Learning Sciences, 12*(2).
Selleri, P., Carugati, F. & Bison, I. (1994). Compagni intelligenti e compagni bravi a scuola. *Rassegna di Psicologia, (6), 2,* 29-52.
Smedslund, J. B. (1966). Les origines sociales de la décentration. In F. Bresson & M. de Montmollin (Ed.), *Psychologie et épistémologie génétiques. Thèmes piagétiens* (pp. 159-167). Paris: Dunod.
Smedslund, J. B. (1977). Piaget's psychology in practice. *British Journal of educational psychology, 47,* 1-6.
Vygotski, L. S. (1934/85) *Myslenie i rec'. Psichologiceskie issledovanija,* Moskva-Leningrad: Gosudarstvennoe Social'no-Ekonomiceskoe Izdatel'stvo, (trad. française: *Langage et pensée).* Paris: Messidor/Editions sociales.
Zittoun, T. (à paraître). *L'envie devant soi.* Berne: Peter Lang.

Deuxième partie

Unité-pluralité dans la constitution de l'objet d'étude en lien avec la demande professionnelle et sociale

Agnès van Zanten

Les sociologues de l'éducation et leurs publics

INTRODUCTION

Pour examiner l'évolution d'un domaine de recherche comme la sociologie de l'éducation, trois approches sont possibles: 1) analyser les logiques internes de transformation des problématiques, des thèmes et des méthodes qui lui sont propres 2) faire le lien entre ces logiques et l'organisation des communautés scientifiques et des universités ou 3) étudier leur interaction avec des changements dans le fonctionnement de la société globale. Ignorer le premier niveau reviendrait à nier l'autonomie relative de la sociologie de l'éducation en tant que champ scientifique. Ne pas tenir compte des deux autres, comme c'est le plus souvent le cas, c'est limiter singulièrement l'entreprise d'objectivation, cette réflexivité indispensable à l'exercice de la recherche en sciences sociales (Gouldner, 1973).

Dans ce texte, je m'intéresserai surtout à ces deux derniers niveaux à partir d'une réflexion sur les relations entre les chercheurs et leurs différents publics, l'hypothèse sous-jacente étant que ceux-ci, loin de constituer un auditoire passif, structurent fortement les orientations scientifiques et ce notamment dans un domaine comme la sociologie de l'éducation qui, comme l'ensemble des sciences de l'éducation, peut difficilement échapper à une interrogation sur son utilité pratique et politique. Parmi ces publics, je distinguerai cinq catégories: 1) les collègues 2) les étudiants 3) les acteurs de terrain 4) les décideurs politiques et l'administration 5) les journalistes. J'essaierai de montrer que les évolutions actuelles concernant les problématiques et les thèmes de recherche, les modes de conduite des enquêtes et de présentation des résultats et l'orientation des débats au sein de la communauté scientifique des sociologues de l'éducation ne sont pas indépendantes de l'influence inégale qu'exercent ces différents publics.

LES COLLÈGUES

Le travail de recherche en sciences sociales est souvent encore conçu, en France notamment, comme un travail individuel faisant intervenir faiblement la dimension collective. Pourtant, les contextes de travail et les collègues jouent un rôle formel et informel important dans la structuration des recherches. De ce point de vue, un certain nombre de constatations peuvent être faites concernant l'organisation actuelle des sociologues de l'éducation français. On observe tout d'abord qu'un milieu scientifique existe. A partir des années 1960, la sociologie de l'éducation s'est progressivement autonomisée au sein de la sociologie en tant que champ spécifique où travaille un nombre important de chercheurs, peut-être une centaine de personnes. Le degré de développement de ce domaine de recherche peut être évalué à l'aune des publications, dont la production s'est considérablement accrue au cours des vingt dernières années, même si celles-ci ne représentent que la partie la plus visible de l'activité de recherche (Zagefka, 1993).

Le développement rapide des publications s'explique en partie par des phénomènes de concurrence, notamment entre les jeunes titulaires d'un doctorat qui sont en compétition pour un nombre limité de places dans les universités ou le Centre National de la Recherche Scientifique. Cette concurrence touche aussi cependant des chercheurs titulaires plus âgés dont les pratiques de publication sont remises en cause par l'arrivée de ces jeunes chercheurs porteurs d'un souci plus accusé de rentabilité et de valorisation de leur investissement professionnel et par les incitations institutionnelles et sociales. Toutefois, il faut noter que la pression collégiale et administrative en matière de production scientifique dans les sciences sociales est moins importante en France que dans les pays anglo-saxons où les chercheurs sont davantage soumis à une logique de marché relayée par leurs universités et leurs centres de recherche.

La sociologie de l'éducation constitue aussi un milieu bien intégré. La taille encore relativement réduite de la communauté scientifique favorise des formes d'interconnaissance et d'échange qui se traduisent par des publications qui se répondent les unes aux autres et par des séminaires et des colloques qui s'adressent à l'ensemble des chercheurs. Les clivages entre les chercheurs qui privilégient la démarche quantitative et ceux qui effectuent des études qualitatives, par exemple, n'interdit pas des renvois mutuels autour d'une même problématique. D'ailleurs, la

Les sociologues de l'éducation et leurs publics 189

publication au cours des dix dernières années d'un certain nombre d'ouvrages de synthèse, manuels ou *readers*, témoigne du souci de cumulativité à l'intérieur de la discipline (Hassenforder, 1990; Duru-Bellat & van Zanten, 1992, 1999; Cacouault & Œuvrard, 1995; de Queiroz, 1995; Forquin, 2000; van Zanten, 2000). L'apparition il y a deux ans de la première revue consacrée exclusivement à la sociologie de l'éducation, *Education et sociétés*, montre un souci parallèle d'échange et de visibilité externe.

Ce degré relativement élevé d'organisation interne n'a pas empêché les sociologues de l'éducation de s'intégrer aux autres sciences de l'éducation. En effet, la plupart des sociologues de l'éducation enseignent aujourd'hui dans des départements de Sciences de l'éducation où ils organisent des cursus de formation, des enseignements, voire des recherches en lien avec leurs collègues venant d'autres champs disciplinaires. Leurs publications sont largement représentées au sein d'organes s'adressant à l'ensemble de chercheurs concernés par la recherche en éducation comme la *Revue française de pédagogie*. Toutefois, si un dialogue fructueux existe de longue date avec les historiens par exemple, il est clair que c'est plutôt l'ignorance et l'évitement réciproque qui l'emportent encore avec des disciplines traditionnellement concurrentes comme la psychologie ou plus récemment en position de rivalité comme la didactique. Force est de constater que l'interdisciplinarité, prônée par les autorités académiques et encensée par nombre de chercheurs dans leur discours, reste largement un vœu pieux dans la pratique.

Par ailleurs, le rapprochement de la sociologie avec les autres sciences de l'éducation, tant concernant les objets d'études que les appartenances institutionnelles, a eu pour conséquence d'éloigner la sociologie de l'éducation de la sociologie. Certes, la sociologie de l'éducation continue à être fortement représentée dans les grandes revues de la discipline, comme la *Revue française de sociologie* ou *Sociologie du Travail*. Toutefois, elle constitue un petit monde à part qui dialogue peu avec d'autres sous-domaines proches comme la sociologie de la jeunesse, de la famille, du travail, des professions ou des organisations. Les sociologues de l'éducation sont assez peu nombreux dans les départements universitaires et les équipes de recherche de sociologie. Ils sont également peu présents dans les ouvrages collectifs de sociologie et, encore moins, dans les grands colloques disciplinaires organisés au niveau national comme au niveau international.

Il faut en outre noter que la cohésion interne de la sociologie de l'éducation est actuellement menacée par la segmentation croissante des recherches en champs thématiques adossés à un domaine de la pratique. On observe ainsi la constitution d'un champ de recherches sur les enseignants, sur les établissements scolaires, sur la violence à l'école, etc. Cette tendance n'est pas exclusive à la France. On la retrouve dans de nombreux pays où le milieu des sociologues de l'éducation est suffisamment important pour permettre cette spécialisation comme la Grande-Bretagne. Elle est en effet en partie la conséquence logique de l'accroissement quantitatif du nombre de recherches et de chercheurs. Pourtant, dans les faits, elle obéit surtout à une structuration et à une coordination des recherches à travers la demande sociale qui s'exprime au niveau national et, de plus en plus international, à travers les appels d'offre de recherche, l'organisation de groupes de travail et le lancement de débats et de colloques par les pouvoirs publics, les administrations et des organismes parapublics. Or si cette ouverture comporte des aspects positifs en termes d'influence extérieure de la recherche – et parfois de rapprochements avec d'autres sciences de l'éducation qui s'intéressent aux mêmes objets d'étude – elle apparaît de moins en moins maîtrisée par une communauté qui semble avoir du mal à s'autoréguler de façon efficace.

LES ÉTUDIANTS

L'affaiblissement de la régulation par le milieu scientifique doit être mise en relation avec l'influence grandissante qu'exercent les usagers les plus immédiats de la recherche, c'est-à-dire les étudiants. Ceux-ci jouent un rôle d'autant plus important que la plupart des sociologues de l'éducation en France travaillent actuellement dans des départements universitaires. Le nombre de chercheurs au Centre National de la Recherche Scientifique est assez réduit et encore plus rares sont les chercheurs qui ont réussi à s'insérer dans des centres ou des associations de recherche privés. De ce fait, la «massification» de l'université à partir des années 1960 et encore plus dans les années 1980, ainsi que la tertiarisation croissante des formations aux métiers de l'enseignement et du travail social dans des instituts d'enseignement supérieur non directement liés aux universités, a eu des effets très importants sur la production scientifique.

Un premier effet capital est l'accroissement du nombre de recherches empiriques. Nous avons noté que l'accroissement considérable du nom-

Les sociologues de l'éducation et leurs publics 191

bre de travaux de recherche dans les années 1990 est étroitement lié à l'augmentation du nombre de «producteurs» de recherche. Toutefois, cette augmentation obéit beaucoup moins à une volonté étatique de développer la recherche en sciences sociales en vertu de ses qualités intrinsèques, qu'à la nécessité de recruter de nouveaux enseignants pour faire face à l'arrivée massive d'étudiants dans les disciplines littéraires, scientifiques et tertiaires, notamment dans les sciences humaines (Erlich, 1998). Il faut cependant noter qu'un nombre croissant de ces nouveaux enseignants sont des professeurs du secondaire, agrégés ou certifiés, recrutés à titre provisoire ou définitif, dont les charges d'enseignement laissent très peu de place à une activité de recherche digne de ce nom. En fait, la croissance, aujourd'hui ralentie, des effectifs étudiants a eu des effets non négligeables sur l'accentuation de la différentiation interne dans les départements universitaires entre des chercheurs assumant des charges administratives lourdes, des chercheurs assurant essentiellement des tâches d'enseignement et des chercheurs consacrant un temps important à la recherche.

Un deuxième effet de ce mouvement a été la redistribution des pôles de recherche. L'augmentation du nombre d'étudiants ayant eu pour effet de contribuer au renforcement de centres universitaires dans les grandes métropoles régionales telles qu'Aix, Bordeaux, Lille, Lyon, Marseille, Nancy, Nantes, Strasbourg ou Toulouse, elle a aussi contribué à rééquilibrer la localisation des pôles de recherche au détriment de Paris et au profit de la province. Si l'absence d'études sur les effets de cette redistribution rend toute interprétation hasardeuse, on peut faire l'hypothèse qu'elle a probablement contribué à rapprocher les chercheurs des décideurs locaux. L'influence de ceux-ci est en effet d'autant plus grande en province que le milieu scientifique, de par sa taille et par son éloignement relatif des lieux centraux de structuration de la production scientifique et de financement de la recherche, est logiquement plus dépendant des appuis locaux pour assurer son fonctionnement. On peut dès lors supposer que ce rapprochement a eu des conséquences sur les orientations et les types de recherche avec notamment le développement plus important des recherches appliquées visant à évaluer des politiques et des initiatives éducatives locales.

L'augmentation des étudiants et le développement des pôles d'enseignement et de recherche régionaux a aussi eu un impact sur le rapprochement des orientations de la recherche avec les centres d'intérêt des praticiens de l'éducation. On observe, comme dans les années 1970 en

Grande-Bretagne, que le contact quotidien avec ces nouveaux publics étudiants qui se destinent pour la plupart aux professions de l'éducation, de la formation ou du travail social conduit les chercheurs à s'intéresser davantage aux pratiques professionnelles concrètes dans le contenu de leurs recherches (van Zanten, 1999a). En outre, la présence de professionnels ou de futurs professionnels qui sont de plus en plus amenés, en raison de changements dans les politiques éducatives qui seront analysés plus loin, à monter et à évaluer des projets, pousse également les chercheurs à focaliser leurs enseignements davantage sur les méthodes d'enquête et leur adaptation aux préoccupations immédiates des administrateurs ou des praticiens que sur les théories et les débats proprement scientifiques.

Ces tendances sont d'autant plus prononcées que la massification, la diversification et la spécialisation des parcours universitaires et la demande de professionnalisation ont aussi contribué à réduire largement le rôle de l'université comme espace public de débat intellectuel (Roman, 2000). Actuellement, les chercheurs sont davantage conçus par les étudiants comme des experts et des personnes ressource pour construire leurs parcours professionnels que comme des intellectuels contribuant à approfondir leur réflexion théorique et leur formation scientifique. Un des effets concrets de ce mouvement est que les étudiants lisent beaucoup moins d'ouvrages théoriques ou des comptes rendus originaux de recherches empiriques que des ouvrages de synthèse, ce qui explique l'accroissement très important du nombre de manuels et de *readers* que nous avons eu l'occasion de souligner précédemment.

LES ACTEURS DE TERRAIN

De façon plus générale, il est possible d'affirmer que les acteurs de terrain – et notamment les enseignants – exercent actuellement une influence plus importante sur l'orientation des recherches que par le passé où ils étaient perçus comme des agents inconscients de la reproduction sociale. Jusqu'à la fin des années 1970, les recherches en sociologie de l'éducation tendaient à se focaliser sur le «dévoilement» des conséquences, dans l'ensemble négatives, des pratiques des acteurs de l'éducation en montrant le décalage profond entre les intentions individuelles et les effets au plan collectif de l'action pédagogique et ce à partir de po-

Les sociologues de l'éducation et leurs publics 193

sitions théoriques contrastées. En effet, certaines de ces théories mettaient l'accent sur le poids des forces structurelles alors que d'autres insistaient sur les conséquences de l'agrégation mathématique des pratiques individuelles. Toutefois, la réévaluation de la responsabilité individuelle des enseignants par l'introduction des politiques éducatives décentralisées mettant l'accent sur le rôle des dynamiques locales et l'engagement volontariste dans des réformes a favorisé la pénétration chez les sociologues de l'éducation du paradigme du «retour de l'acteur» (Touraine, Wiervoka & Dubet, 1984) par l'effet simultané de plusieurs mouvements.

D'une part, encouragés par les autorités éducatives à participer de façon plus active à l'impulsion, la mise en place et l'évaluation des réformes, les professionnels de l'éducation sont devenus plus ouverts à un questionnement de leurs pratiques et à des collaborations de recherche. Un effet visible de cette évolution est que les équipes enseignantes, notamment les plus engagées dans les transformations actuelles, ont tendance à faire davantage appel de façon spontanée aux chercheurs pour assurer des formations, animer des discussions ou suivre des projets. Ceci est d'autant plus le cas que, grâce à l'élévation des niveaux d'études et à la tertiarisation des formations à l'enseignement et au travail social, ainsi qu'à la plus grande diffusion des résultats de la recherche par les médias, ces nouveaux professionnels ont acquis une certaine familiarité avec l'approche sociologique et la recherche en éducation en général. D'autre part, les syndicats, plus impliqués que par le passé dans une logique de professionnalisation des enseignants, qui passe, entre autres choses, par une meilleure prise en compte de savoirs produits par la recherche, sont, eux aussi, plus réceptifs aux discours scientifiques. Ils sont devenus aussi bien commanditaires de nombreuses recherches sur les évolutions de la profession enseignante, sur les savoirs ou sur les effets de diverses réformes que médiateurs entre le monde de la recherche et de l'action à travers l'appel récurrent aux chercheurs pour guider leurs réflexions, pour animer leurs débats ou pour commenter leurs prises de décision.

Des bémols doivent néanmoins être mis concernant l'influence réelle de la recherche sur la transformation des pratiques pédagogiques. Du côté des chercheurs, la prégnance en France d'un modèle académique fondé sur la séparation entre l'université et le monde social, c'est-à-dire entre la réflexion et l'action, limite encore fortement la place des études appliquées. Ceci est d'autant plus le cas que l'évaluation du travail académique par les pairs et par l'administration fait peu de cas et méprise même parfois ce type de travail auprès des acteurs. On constate clairement les effets de cette vision de l'autonomie scientifique dès lors que l'on compare l'implication des chercheurs français dans les zones d'éducation prioritaires par rapport à celle de leurs collègues américains ou européens dans des politiques de compensation similaires. Malgré l'engagement politique dominant en faveur de la lutte contre l'échec scolaire dans les milieux populaires, très peu d'initiatives de collaboration avec le terrain ayant l'ambition d'un programme comme *Rapsodie* à Genève ont vu le jour, si l'on excepte un certain nombre de recherches-actions menées par l'équipe du CRESAS à l'Institut National de la Recherche Pédagogique (Hadorn, 1985; CRESAS, 1983; Henriot-van Zanten, 1991). Il faut à cet égard noter que la formule originale de travail de cet institut, qui consiste à associer temporairement des enseignants, surtout issus du secondaire, aux opérations de recherche, a conduit ces derniers à passer progressivement d'un rôle d'«informateurs privilégiés», à celui d'assistants de recherche, puis de chercheurs beaucoup plus qu'à jouer un rôle de «médiateurs» vis-à-vis de leur milieu professionnel (Derouet, 1985).

Du côté des professionnels eux-mêmes, on connaît les réticences classiques que ceux-ci expriment dans de nombreux pays à l'égard des savoirs théoriques produits par la recherche perçus comme très distincts des savoirs d'expérience y compris lorsque les chercheurs adoptent une posture théorique «compréhensive» à l'égard de leurs pratiques et de leurs idéologies (Hargreaves, 1984). A cela se rajoutent dans le contexte français d'autres éléments et notamment la grande fermeture d'une large partie du corps enseignant du secondaire à la pédagogie et aux connaissances produites par les sciences de l'éducation. Cette fermeture est en grande partie le résultat des valeurs et des normes transmises lors de la formation professionnelle initiale dans des départements disciplinaires à l'université et dans des Instituts Universitaires de Formation de Maîtres qui n'ont pas pour l'instant réussi à imposer un modèle plus global de la compétence professionnelle (Lang, 1998). On observe ainsi que les recherches-actions sont le plus souvent menées dans les écoles primaires et beaucoup moins dans les collèges et encore moins dans les lycées. Il faut en outre mentionner que si les chercheurs peuvent apparaître comme des alliés pour les syndicats enseignants par rapport à leurs orientations actuelles et à leur désir de se doter de nouvelles formes de légitimité fondées sur l'expertise scientifique auprès de leurs adhérents et de l'administration, ils apparaissent aussi comme des «ri-

Les sociologues de l'éducation et leurs publics 195

vaux» potentiels dans la définition de la compétence enseignante ou dans le repérage des causes des dysfonctionnements actuels, ce qui rend les collaborations fragiles.

On observe donc que la relation entre chercheurs et praticiens est traversée par de nombreuses tensions que l'on peut facilement repérer dans la conduite ordinaire des recherches de terrain. Une partie de ces tensions renvoie aux différences, voire aux oppositions, fondamentales qui subsistent entre les objectifs des chercheurs et ceux des professionnels de l'éducation. Les premiers visent à produire des savoirs généralisables, les seconds attendent des savoirs utiles, même si, contrairement à ce qui est souvent affirmé, ils ne souhaitent pas de simples recettes *ad hoc* mais des savoirs transposables d'une situation à une autre. Ces tensions peuvent être plus fortes dans les études sociologiques que dans celles qui sont conduites par d'autres spécialistes de l'éducation en raison de la plus grande mobilisation de facteurs non-contextuels dans les interprétations. Des malentendus surgissent également en raison de l'organisation même de l'activité de recherche et notamment de sa durée, qui apparaît souvent bien longue à des praticiens confrontés de façon immédiate et récurrente à certains problèmes que la recherche pourrait aider à résoudre. Les rapports de pouvoir sont également source de conflits entre des chercheurs détenteurs d'une compétence scientifique et d'un statut universitaire et des praticiens aux compétences moins clairement définies et au statut moins reconnu, mais maîtres de leur classe. Les recherches-actions ou «en collaboration» n'arrivent pas toujours à réduire ces conflits qui sont par ailleurs souvent durcis par les tentatives d'encadrement de la recherche par l'administration.

LES DÉCIDEURS

Or les relations des sociologues avec les «décideurs» politiques et administratifs ont aussi connu d'importants changements en France, sans doute plus importants que dans d'autres pays en raison du plus grand gouffre existant entre ces deux milieux. Comme pour les praticiens, cette séparation s'explique en partie par les orientations et l'organisation de la recherche. En effet, la prééminence dans une grande partie des travaux de sociologie critique, au-delà même de son utilisation en tant que cadre théorique, du modèle marxiste d'inspiration althussérienne du fonctionnement de la société a conduit à un mépris profond du politique. Celui-ci, dans une société divisée en classes, ne correspondrait qu'à des formes illusoires et mensongères de représentation. Le discours sur le «bien commun» masquerait toujours des intérêts particuliers et des rapports de force de sorte qu'il est difficile de concevoir ce qui peut légitimer d'agir dans tel ou tel sens pour transformer la société ou l'un de ses segments comme l'école. A cela s'ajoute le fait que ce sont des coalitions de droite qui ont occupé le pouvoir jusqu'au début des années 1980, ce qui a contribué à accentuer les clivages politiques avec les milieux de la recherche.

Mais cette séparation s'explique aussi par l'absence de liens institutionnels entre l'univers de la recherche et celui de la décision. Ainsi, alors qu'à Genève, par exemple, un Service de la recherche sociologique a été crée dès la fin des années 1950 au sein du Département de l'Instruction Publique, en France la recherche en sociologie de l'éducation et, plus globalement, dans les sciences de l'éducation s'est développée sans lien étroit avec le Ministère de l'Education nationale. Ceci s'explique par le poids de la centralisation et de la fermeture vis-à-vis de l'extérieur au sein de cette administration. En effet, s'étant dotée d'un système de normes pédagogiques définies par des instructions officielles centralisées, négociées dans une très grande opacité avec les syndicats enseignants, mises en œuvre par des enseignants fonctionnaires et dont l'application était contrôlée par un corps d'inspection interne, l'administration de l'Education nationale ne pouvait que regarder avec méfiance les travaux issus d'un monde universitaire concurrent. Ceux-ci pouvaient en effet clairement mettre en cause les points de vue de la hiérarchie et la pertinence des modèles et des modes d'action de l'administration (Isambert-Jamati, 1984).

Cette séparation a commencé à se réduire à partir des années 1980 avec l'arrivée des socialistes au pouvoir et les transformations des politiques scolaires. Les expérimentations pédagogiques, la territorialisation de l'action étatique à travers la politique de zones d'éducation prioritaires, la décentralisation et l'autonomie des établissements, la réforme de la formation des instituteurs et des professeurs du secondaire ont introduit des changements importants dans les représentations et les pratiques des administrateurs. Mettant moins l'accent sur les transformations structurelles que sur la mobilisation des «ressources humaines» à l'échelle des établissements, ces réformes ont encouragé des recherches qui se focalisent sur les effets contextuels et le sens que les individus attribuent à leur action et à leur engagement (Derouet, 1992). Elles ont de ce fait largement contribué au développement des études qualitatives et ethnographiques dans le champ de l'éducation (van Zanten, 1999b).

Ces transformations ont aussi engendré des changements dans les modes de relation entre l'univers de la recherche et celui de la décision. Depuis les années 1970, des ouvertures politiques en direction des chercheurs avaient eu lieu par la création de commissions consultatives et par la mise en place d'expérimentations pédagogiques auxquelles ils ont été associés avant le lancement des réformes. Les liens se sont néanmoins davantage resserrés avec l'arrivée de la gauche au pouvoir en raison de la proximité idéologique et culturelle entre les responsables ministériels et les universitaires, beaucoup de ces responsables étant eux-mêmes des universitaires ou d'anciens universitaires, mais aussi de la nécessité pour l'Etat, en l'absence d'un grand projet mobilisateur, de se doter d'une légitimité scientifique et de trouver des «médiateurs» susceptibles de négocier les réformes avec l'ensemble des acteurs concernés. On observe en fait une généralisation du recours aux chercheurs en tant qu'experts. Ces derniers sont choisis en fonction de leur compétence scientifique dans le domaine concerné, mais aussi de leur capacité à produire un savoir à usage pratique et politique par leurs liens avec des institutions productrices de données, leur connaissance du milieu professionnel et leur proximité avec les orientations politiques des réformateurs (Tanguy, 1995).

Les relations entre les chercheurs en éducation et les «décideurs» ont également évolué en lien avec le développement de l'évaluation et de la demande sociale d'une plus grande efficacité et d'une plus grande transparence des institutions d'enseignement. En effet, si les chercheurs ont pénétré la «boîte noire» de l'établissement pour analyser la fabrication institutionnelle des inégalités sociales, c'est certes pour enrichir la connaissance scientifique des faits éducatifs, mais aussi pour contribuer à la régulation du système d'enseignement par des analyses empiriques externes (Duru-Bellat & Mingat, 1993). Par ailleurs, avec la décentralisation, les demandes explicites à l'égard des chercheurs pour qu'ils mènent des évaluations régulatrices, quantitatives ou qualitatives, au niveau local, pour informer l'action des collectivités et des administrations territoriales, se sont également multipliées (van Zanten, 1999b).

Il n'est pas sûr cependant que les recherches en sciences sociales influencent beaucoup plus que par le passé les choix politiques. En effet, si les «problèmes sociaux» définis comme tels par les responsables politiques infléchissent fortement l'orientation des travaux scientifiques par le biais notamment des appels d'offres de recherche et de demandes d'études et d'expertises et si les chercheurs semblent plus ouverts qu'autrefois aux implications politiques de leurs travaux, il n'est pas évident qu'ils sachent toujours s'exprimer de façon à pouvoir être écoutés par les pouvoirs publics. En effet, beaucoup de chercheurs ont du mal à faire clairement la différence entre des discours moralisants qui mélangent la dénonciation de certaines conduites et l'appel au retour de certaines valeurs chez les individus et des discours laissant la place à des choix préférentiels, au niveau collectif, que pourraient faire ceux qui sont placés aux postes de décision.

Du côté des politiques, on peut noter que si les concepts et les analyses sociologiques ont fortement pénétré les rhétoriques qui accompagnent les réformes, dans l'exercice de la décision, les recommandations des chercheurs s'avèrent souvent de peu de poids face à l'influence de l'administration, des conseillers politiques, des syndicats et de différents groupes de pression (Dubet, 1999). Très souvent, au niveau national comme au niveau local, les résultats de la recherche sont utilisés pour légitimer des choix arrêtés d'avance ou pour valoriser diverses initiatives. Les évaluations auxquelles les chercheurs participent infléchissent rarement de façon décisive les orientations des «décideurs» en raison de la temporalité différente de la recherche et de l'action politique, mais aussi du fait que la rationalité technique et scientifique dont elles relèvent n'est ni celle de la bureaucratie, ni celle de la mobilisation pédagogique à la base (Thélot, 1993). Il faut d'ailleurs noter que les chercheurs peuvent aussi apparaître sur ces points comme des concurrents par rapport aux évaluations menées au niveau national par la Direction de l'Evaluation et de la Prospective du Ministère de l'Education ou par les administrateurs locaux.

LES JOURNALISTES

Les relations avec les collègues, les étudiants, les praticiens et les décideurs structurent fortement les orientations des recherches et l'activité des chercheurs en sociologie de l'éducation et dans les sciences de l'éducation en général. Toutefois, une vision «compréhensive» des évolutions récentes passe par la prise en compte d'une catégorie d'acteurs, ignorée dans la plupart des analyses et qui joue pourtant un rôle central non seulement dans la diffusion, mais également dans la présentation des recherches et dans l'animation du milieu scientifique: celle des journalistes et des spécialistes des médias. S'ils sont de moins en moins des intellectuels au sens fort du terme, les chercheurs sont de plus en plus conduits à jouer des rôles d'«experts médiatiques» qui les dotent de nouveaux pouvoirs à l'extérieur de la communauté universitaire mais qui ont des conséquences non négligeables sur la production et le débat scientifique (Roman, 2000). Or ce travail est largement construit par les types de relation qui sont en train de se mettre en place avec le monde des médias.

Les médias jouent ainsi un rôle important dans la construction de l'expertise politique. Les sociologues, et parmi eux les sociologues de l'éducation de façon assez privilégiée, sont souvent consultés pour commenter dans la presse, la télévision ou la radio, des sondages et des enquêtes commandés par des associations, des syndicats ou par les médias eux-mêmes ainsi que toute décision politique d'actualité susceptible d'intéresser le grand public. On pourrait croire que les médias contribuent ainsi à accroître l'influence des chercheurs sur la prise de décision. Pourtant ce qui intéresse davantage les médias, comme une grande partie des décideurs, est davantage l'obtention d'une caution scientifique, fut-ce très critique, que le contenu même des propos des chercheurs sollicités, la logique de renom l'emportant largement sur le débat démocratique. Il en va ainsi des palmarès d'établissements publiés chaque année dans plusieurs hebdomadaires et régulièrement commentés par des sociologues de l'éducation qui les critiquent ou les nuancent mais qui contribuent de fait à leur valorisation.

Les journalistes jouent aussi un rôle important dans le *marketing* de la recherche. Les éditeurs qui tablent beaucoup sur le lancement médiatique des livres pour assurer les ventes le savent bien. Le rituel très français qui veut que les livres jugés plus «grand public» dans le domaine de l'éducation paraissent en septembre pour coïncider avec la rentrée scolaire et donc avec le moment où l'attention médiatique se centre pendant quelques jours ou semaines sur l'école est toujours très vivace et fait l'objet d'un investissement croissant de la part des éditeurs. On voit notamment se développer la commande d'ouvrages destinés quasi-exclusivement à monopoliser l'attention à cette période par leur caractère provocateur quitte à tomber dans l'oubli peu de temps après.

Ce mode de fonctionnement n'exerce pas seulement une influence sur le calendrier des publications (et donc de la rédaction voire de la conduite des recherches). Le contenu même des publications en est altéré par le fait que les éditeurs et les directeurs de collections cherchent de plus en plus à adapter les «produits scientifiques» à l'attente des journalistes, elle-même supposée relayer celle du marché de lecteurs potentiels. A la demande de titres et de présentations «alléchants» se rajoute celle de documents lisibles et faciles à retenir. Ceci conduit à demander des textes plus courts, moins «jargonnants», avec plus de chapitres et de divisions et moins de notes et de références bibliographiques. Les conclusions plus ou moins polémiques qui permettent d'organiser de faux ou de vrais débats avec d'autres auteurs, avec de décideurs ou avec diverses «personnalités», sont également très valorisées. Or toutes ces recommandations tendent à gommer les différences entre les ouvrages à caractère scientifique et les essais ou les témoignages, toujours très nombreux, dans le domaine de l'éducation.

De fait, par les liens qu'ils instaurent entre les chercheurs eux-mêmes et entre ceux-ci et les décideurs ou les éditeurs, les médias jouent aujourd'hui un rôle essentiel dans la structuration de débats à prétention scientifique. Or ces débats, dans un contexte où la spécialisation disciplinaire et l'orientation vers la demande externe affaiblissent la cohérence et les échanges internes, prennent une place importante dans l'animation du milieu scientifique et dans les jugements qui sont portés sur les chercheurs par le public mais aussi par l'administration et par leurs pairs. Les journalistes sont en fait placés en position d'arbitres de la qualité des recherches et des chercheurs. Ceci ne va pas sans poser des problèmes concernant les critères d'évaluation car l'accent est souvent mis dans les débats et les *interviews* médiatiques sur l'habileté verbale du chercheur, sur sa capacité à énoncer des anecdotes plaisantes ou des formules «choc» ou à susciter une controverse, plutôt que sur l'intérêt intrinsèque de l'enquête, sur la possibilité de généralisation des résultats ou sur les nuances à apporter à leur interprétation.

CONCLUSION

Que peut-on conclure de l'évolution des relations entre les sociologues de l'éducation et leurs différents publics? Il est évident que les recherches qu'ils mènent rencontrent aujourd'hui un large écho non seulement parmi leurs collègues de sciences de l'éducation et de disciplines proches mais aussi à l'extérieur. Une telle tendance contribue fortement à la dynamique interne de la discipline qui ne s'est jamais portée aussi bien si l'on prend comme indicateurs le nombre et la variété des publications. Elle participe également de son rayonnement externe si l'on prend à témoin le nombre des travaux des sociologues de l'éducation auxquels il en est fait référence dans la presse écrite quotidienne ou hebdomadaire. On doit également souligner que les chercheurs sont de plus en plus sollicités pour lancer, accompagner et évaluer les réformes et que leurs travaux sont aujourd'hui bien plus diffusés que par le passé parmi les futurs enseignants ou les enseignants en exercice par le biais de la formation, de débats et de colloques, ainsi que de leur présentation médiatique.

Pourtant, il n'est pas sûr que les chercheurs infléchissent aujourd'hui beaucoup plus qu'hier les orientations politiques et pédagogiques et que, quand ils le font, ce soit toujours dans le sens où ils le souhaitent dans la mesure où ce qui est attendu d'eux est davantage une légitimation globale par l'appel à la science que des recommandations à mettre en œuvre de façon concrète. En revanche, il apparaît que l'interaction plus forte avec ces différents publics et notamment avec les décideurs et les médias, même si elle ne concerne qu'un nombre relativement réduit des chercheurs, peut avoir certains «effets pervers». On peut notamment souligner le risque de réduire la confrontation interne et la cohérence disciplinaire et de transformer les exigences scientifiques par la pénétration d'autres valeurs que celles de la recherche de la vérité, d'autres temporalités que le temps long et continu de la recherche et d'autres modes de construction de réputations scientifiques que la qualité du travail d'enquête et de réflexion.

RÉFÉRENCES BIBLIOGRAPHIQUES

Cacoualt, M. & Œuvrard, F. (1995). *Sociologie de l'éducation*. Paris: La Découverte.
CRESAS (1983). *Ecoles en transformation. Zones prioritaires et autres quartiers*. Paris: L'Harmattan-INRP.
Derouet, J.-L. (1992). *Ecole et justice. De l'inégalité des chances aux compromis locaux?* Paris: Métailié.
Derouet, J.-L. (1985). Des enseignants sociologues de leur établissement? Ethnologie de terrain et contrôle sociologique dans l'étude du fonctionnement des établissements scolaires. *Revue française de pédagogie,* 72, 113-124.
Dubet, F. (1999). Du côté de l'action. *Sociologie du Travail,* 41(1), 79-88.
Duru-Bellat, M. & Mingat, A. (1993). *Pour une approche analytique du fonctionnement du système éducatif*. Paris: Presses universitaires de France.

Duru-Bellat, M. & van Zanten, A. (1992). *Sociologie de l'école*. Paris: Armand Colin.
Duru-Bellat, M. & van Zanten, A. (1999). *Sociologie de l'école*. (2e édition revue et actualisée). Paris: Armand Colin.
Erlich, V. (1998). *Les nouveaux étudiants. Un groupe social en mutation*. Paris: Armand Colin.
Forquin, J.-C. (2000) (Ed.). *Sociologie de l'éducation. Nouvelles approches, nouveaux objets*. Paris: INRP.
Gouldner, A. (1973). *For Sociology. Renewal and Critique in Sociology Today*. London: Allen Lane.
Hargreaves, A. (1984). Experience counts, theory doesn't: How teachers talk about their work. *Sociology of Education, 57*, 244-254.
Hadorn, R. (1985). La lutte contre l'échec scolaire et les autres enjeux de la recherche-action Rapsodie. In E. Plaisance (Ed.), *L'échec scolaire, nouveaux débats, nouvelles approches sociologiques* (pp. 43-51). Paris: Editions du CNRS.
Hassenforder, J. (Ed.) (1990). *Sociologie de l'éducation. Dix ans de recherches*. Paris: L'Harmattan-INRP.
Henriot-van Zanten, A. (1991). La sociologie de l'éducation en milieu urbain: discours politique, pratiques de terrain et production scientifique, 1960-1990. Note de synthèse. *Revue française de pédagogie, 95*, 115-142.
Isambert-Jamati, V. (1984). Les sciences sociales de l'éducation et «le ministère» en France. In J.-M. Berthelot (Ed.), *Pour un bilan de la sociologie de l'éducation, Cahiers du Centre de recherches sociologiques, 2*, 143-162.
Lang, V. (1998). *La professionnalisation des enseignants*. Paris: Presses universitaires de France.
Queiroz de, J.-M. (1995). *L'école et ses sociologies*. Paris: Nathan.
Roman, J. (2000). La vie intellectuelle au regard de l'Université, de l'édition et des médias. *Esprit, 3-4*, 191-204.
Tanguy, L. (1995). Le sociologue et l'expert. Une analyse de cas. *Sociologie du Travail, 38(3)*, 457-477.
Thélot, C. (1993). *L'évaluation du système éducatif*. Paris: Nathan.
Touraine, A., Wiervoka, M. & Dubet, F. (1984). *Le retour de l'acteur*. Paris: Fayard.
Zagefka, P. (1993). The sociology of education in seven European countries: theoretical trends and social contexts. *Innovation in the Social Sciences, 6(2)*, 22-35.

van Zanten, A. (1999a). Le savant et le politique dans les années quatre-vingt-dix. Quelques problèmes éthiques de la recherche ethnographique en éducation. In A. Vasquez & I. Martinez (Ed.), *Recherches ethnographiques en Europe et en Amérique du Nord* (pp. 171-191). Paris: Anthropos.

van Zanten, A. (1999b). Saber global, saberes locais. Evoluçoes recentes da sociologia da educaçap na França e na Inglaterra. *Revista Brasileira de Educaçao, 12,* 113-131.

van Zanten, A. (2000) (Ed.). *L'école: l'état des savoirs.* Paris: La Découverte.

Gisela Chatelanat et Isaline Panchaud Mingrone

De l'intégration nécessaire des connaissances et des acteurs en éducation spéciale

LA RECHERCHE EN ÉDUCATION SPÉCIALE

La recherche en éducation spéciale est, comme c'est le cas dans beaucoup de domaines des sciences de l'éducation, le plus souvent multiréférentielle et s'inscrit dans une démarche pluridisciplinaire. Pour construire des savoirs en éducation spéciale à propos des caractéristiques et des besoins éducatifs d'une population particulière, ici celle d'enfants avec une déficience intellectuelle, des facteurs éducationnels, mais aussi médicaux, psychologiques et sociaux doivent être pris en compte. C'est donc par nécessité que les chercheurs en éducation spéciale sont amenés à entretenir, directement ou indirectement, des relations, non seulement avec d'autres domaines des sciences de l'éducation, mais aussi avec des disciplines voisines. Et quand les savoirs servent à mettre à l'épreuve des pratiques et qu'il s'agit de la diffusion de résultats d'études, les chercheurs sont obligés d'interpeller différents acteurs sur divers terrains: ceux de la médecine, des soins et de la thérapie comme ceux de l'éducation et de l'instruction.

Afin d'éclaircir le problème de la nécessité et de la difficulté d'intégrer des connaissances, des acteurs et des terrains multiples, nous nous appuyons sur une recherche en cours intitulée «Partenariat entre les parents d'enfants handicapés et les professionnels: expériences et attentes des parents». Si notre travail illustre à la fois les apports et les tensions entre différents domaines des sciences de l'éducation, il montre aussi comment des concepts empruntés à d'autres disciplines sont assimilés au domaine de l'éducation spéciale lorsque qu'ils sont retravaillés par la confrontation avec les données de recherche. A la tache d'intégration des connaissances scientifiques s'ajoute celle tout aussi nécessaire de la mise en commun des savoirs et savoir-faire professionnels et profanes. Notre contribution invite également à une discussion sur les rapports tantôt passionnants, tantôt délicats ou difficiles, que les chercheurs en sciences de l'éducation entretiennent avec les lieux de la pratique auprès desquels ils récoltent leurs données.

LA THÉMATIQUE DE LA RECHERCHE

Ce projet de recherche est né en 1996 au moment où s'amorce un changement de vocabulaire dans l'école ordinaire et spécialisée. Depuis quelques années, on voit apparaître le terme de partenariat à côté de celui de collaboration. Les établissements d'éducation spécialisée présentent le partenariat souvent comme un idéal à atteindre et en tant que tel il figure dans les projets institutionnels comme fondement des interactions de l'institution avec les usagers. Intriguées par la propagation de cette notion, qui semble promettre une nouvelle et meilleure forme de participation des familles aux soins et à l'éducation des enfants en situation de handicap, nous avons essayé de vérifier son existence et sa signification à travers les dires des parents. En effet, si nous connaissons déjà assez bien les avis des professionnels à ce sujet, nous sommes beaucoup moins informés sur les perceptions des parents qui ne sont que depuis peu de temps recensées plus systématiquement (Gardou, 1996; Garel & Lesain-Delabarre, 1999).

De nombreuses recherches ont étudié les rapports école-famille (Montandon & Perrenoud, 1987; Montandon, 1991; Kellerhals & Montandon, 1991; Pourtois & Desmet, 1995; Nicolet & Kuscic, 1997). La plupart des auteurs partent du constat des rapports asymétriques et souvent difficiles entre les parents et l'école, alors même qu'aujourd'hui, la participation active des parents dans les institutions éducatives semble un élément incontournable pour les réformes de l'enseignement dans lesquelles notre société est engagée. Ceci conduit les chercheurs à analyser les occasions de participation des parents et le partage des rôles, à réfléchir aux modes d'échanges, de communications et aux canaux d'informations proposés. D'autres encore ont travaillé sur les styles éducatifs des familles et sur la façon dont ils peuvent déterminer les attentes des parents face à l'école.

Depuis, ce thème a continué à susciter d'abondantes réflexions, y compris pour des populations avec des problématiques particulières

De l'intégration nécessaire des connaissances 207

(échec scolaire, migration, handicap). L'accélération des transformations sociales, notamment celles qui sont liées à l'organisation familiale, les modifications dans l'exercice de l'autorité parentale, sont parmi les phénomènes à l'origine de cet intérêt accru. Les chercheurs qui travaillent sur les thèmes de l'école et de la famille connaissent l'avalanche de publications parues sur cet argument ces dernières années (pour ne citer que les travaux liés à l'école ordinaire, voir le rapport de la CSRE, Cusin & Grossenbacher (2000), ou celui de l'OCDE/CERI, 1997). La raison même de la multiplication de ces recherches peut se résumer par ce que dit Herzog (Rapport CSRE, 2000):

> [...] c'est l'école qui se voit contrainte de s'adapter. Il s'est produit une situation unique dans l'histoire: il y a eu simplement inversion du rapport famille/école. L'école se met à réaliser qu'elle ne peut plus compter avec les structures ‹normales› de la famille telles qu'elle les a connues jusqu'ici (p. 18).

Notre recherche a étudié ce thème dans les domaines de l'éducation spéciale et de l'enseignement spécialisé. Comment les parents comprennent-ils, perçoivent-ils, utilisent-ils les cadres de collaboration qui leur sont proposés?

L'APPROCHE THÉORIQUE

La collaboration parents-professionnels est une transaction interindividuelle vécue par des familles singulières, mais cette transaction se situe dans le cadre d'un système éducatif mis en place dans un contexte culturel et politique donné.

Nous avons adopté comme principe organisateur général de nos réflexions la théorie écosystémique du développement (Bronfenbrenner, 1979; Bernheimer, Gallimore & Weisner 1990; Goodnow, 1995), empruntée à la psychologie du développement, qui conceptualise des influences réciproques entre l'enfant inséré dans son environnement immédiat (différents micro-systèmes), mais également dans des systèmes plus larges et lointains, l'exo- et le macro-système qui ont des répercussions sur son mode de vie et son développement (services disponibles, législation, valeurs, représentations sociales). Le partenariat ou la collaboration entre parents et professionnels est une problématique de niveau méso-systémique qui se manifeste dans l'interaction entre différents micro-systèmes (micro-systèmes famille/école, famille/hôpital, ...).

Un ouvrage collectif édité en l'honneur de Urie Bronfenbrenner (Moen, Elder & Luescher, 1995) illustre l'apport heuristique du découpage du concept «contexte social» proposé par Bronfenbrenner. De nouvelles questions de recherche peuvent être posées pour explorer et comprendre les interactions entre les individus et les contextes, en intégrant les aspects multiples des activités et interactions humaines, qu'elles soient individuelles ou collectives. Ainsi Goodnow (1995) rappelle que les différents sous-systèmes ou secteurs doivent être compris et distingués en termes d'espaces différents: espaces géographiques, espaces sociaux ou aussi espaces ou domaines de connaissance. Ce modèle dit écologique pose des questions sur les limites et barrières qui séparent les secteurs, sur les transitions d'un site à l'autre, sur l'accès et le degré de participation dans les différents espaces. Goodnow s'interroge aussi sur les droits et devoirs qui y sont spécifiés (et/ou les représentations que les personnes en ont). Dans notre recherche, ces questions sont importantes pour comprendre l'expérience que les parents font au contact des différents milieux professionnels.

Nous avons adapté ce modèle d'un écosystème humain à notre problématique du partenariat en plaçant les parents au centre d'un microsystème «famille» en interaction avec plusieurs micro-systèmes professionnels. En effet, en éducation spéciale, il faut considérer, en plus des professionnels de l'éducation, les relations que les parents établissent avec les professionnels de la santé, les thérapeutes, les travailleurs sociaux, chacun exerçant le plus souvent dans des lieux et des cadres institutionnels différents. Comme nous l'avons déjà indiqué, nous avons fait d'emblée l'hypothèse que les interactions face à face, telles qu'elles ont lieu lors des rencontres et des communications directes entre les acteurs concernés par l'enfant handicapé, sont influencées par de nombreux facteurs originaires de l'exo- ou du macro-système. Un rapport de collaboration suppose ce que l'on peut appeler un contrat social (explicité et formalisé ou non) entre les familles et les professionnels. Et évidemment, ce contrat n'est pas uniquement négocié entre des acteurs individuels, mais co-déterminé, sinon subordonné, par rapport à l'ensemble des réglementations dictées par les services et institutions. Au même titre, la manière dont les parents se représentent l'exo- et le macro-système, leur degré d'adhésion ou de résistance aux idéologies et à l'organisation des institutions, influenceront leurs interactions avec les professionnels qu'ils rencontrent. Sans oublier, évidemment, les représentations que les différents acteurs ont les uns des autres (Goodnow, 1995).

D'autres cadres théoriques nous ont été fournis par les sciences de l'éducation. Notamment, comme nous l'avons déjà dit, ceux des recherches d'orientation sociologique concernant les parents et l'école. Si cette thématique nous a rapproché d'autres chercheurs en sciences de l'éducation, ce rapprochement mérite quelques commentaires, car il nous a aussi paradoxalement fait prendre conscience des écarts formidables qui existent entre les pratiques destinées à la population d'enfants et d'élèves handicapés et celles qui sont destinées aux enfants non-handicapés.

En voici quelques exemples:

Les cadres institutionnels sont souvent difficiles à comparer. En Suisse, l'enfant avec une déficience intellectuelle fréquente encore la plupart du temps des écoles spécialisées, qui se différencient dans le fonctionnement, tant par le mode de financement et les instances dont elles dépendent, que par les pratiques pédagogiques.

L'éducation spéciale ou l'enseignement spécialisé et les structures qui y sont rattachées ont longtemps dépendu, et c'est encore le cas dans certains cantons, des services sociaux et sanitaires plutôt que de l'instruction publique. Ceci est évidemment assorti d'une perspective d'intervention plus corrective et thérapeutique que proprement scolaire et éducative. Selon l'Assurance invalidité, la formation des enfants handicapés relève de mesures pédago-thérapeutiques.

Dans l'école ordinaire, on mène régulièrement le débat quant à l'équilibre à trouver entre sa fonction d'instruction et sa responsabilité éventuelle face à l'éducation des enfants en général. Dans le cadre de la scolarisation des élèves handicapés, et plus particulièrement des élèves avec une déficience intellectuelle, le problème semble se poser différemment. Pour une partie de ces derniers, il a souvent été considéré, pour reprendre la formule en vigueur dans le canton de Vaud, qu'ils ne sont «éducables que sur le plan pratique», c'est-à-dire qu'une bonne partie d'entre eux n'apprendraient que pour et à travers les gestes du quotidien, gestes qui, par définition, appartiennent à la sphère familiale. Ainsi le projet d'apprentissage peut consister à accomplir des activités très proches de celles qui sont développées quotidiennement par les parents. Cette proximité des rôles éducatifs peut susciter autant de très bonnes occasions de partage que de conflits et de rivalités.

Enfin, comme nous l'avons déjà dit, à la différence de l'école ordinaire, l'éducation spécialisée oblige les parents à entretenir des relations avec un grand nombre de professionnels de fonctions différentes (enseignants, éducateurs mais aussi thérapeutes). La présence d'autant d'interventions diverses pose des problèmes particuliers.

Les comparaisons entre ces deux champs d'intervention de l'éducation laissent apparaître des différences significatives qui n'ont pas toujours leur raison d'être, car certaines sont plus fortement déterminées par les pratiques institutionnelles que par les caractéristiques et les besoins mêmes des acteurs. En conséquence, la démarche de nous inspirer des recherches dans le domaine des relations parents-école, nous a permis de mettre en évidence des pratiques souvent très différentes; par contre, les possibilités de mettre en commun les résultats de ces recherches avec les nôtres se sont révélées très difficiles et plus limitées que ce que nous souhaitions.

Il n'en reste pas moins que dans les deux contextes, on parle du partenariat comme d'un des modes de participation des parents au sein des structures éducatives et c'est cet aspect que nous avons étudié. Dans le monde de l'éducation, le terme peut aussi faire référence à un type de collaboration entre différentes institutions ou services ou encore entre les lieux de pratique et les lieux de formation, comme c'est le cas dans le cadre de la formation des enseignants. Puisqu'il nous importe de préciser de quoi est faite une relation partenariale, par opposition à d'autres formes de collaboration, nous nous sommes aussi intéressées aux travaux concernant ces différents cas de figures.

Les définitions du partenariat étaient au départ, en éducation spéciale du moins, assez générales: «When families and professionals respect and trust, and communicate openly with one another, a partnership is formed»[1] (Turnbull & Rutherford Turnbull 1990, p. 144), «[…] An association between a family and one or more professionals who function collaboratively using agreed upon roles in pursuit of a joint interest or common goal»[2] (Dunst & Paget, 1991, p. 29). Les concepts sous-jacents (confiance, communication ouverte, fonctionnement collaboratif, …) et les liens entre eux sont encore peu explicités.

Des précisions nous viennent par la suite du champ de l'éducation des adultes. Le partenariat y est décrit comme «permettant une coopéra-

---

[1] «Le partenariat est réalisé quand la famille et les professionnels se respectent, se font confiance et communiquent ouvertement les uns avec les autres.»
[2] «[…] une association entre une famille et un ou plusieurs professionnels qui fonctionnent d'une manière collaborante, qui se mettent d'accord sur leurs rôles pour la poursuite d'un intérêt partagé ou d'un but commun.»

tion étroite entre les organisations qui collaborent à un projet éducatif commun» (Landry & Mazalon, 1997); cette notion implique celles de *négociation* et de *conflit* «action commune négociée», «coopération potentiellement conflictuelle» (Zay, 1997), celle de *réciprocité* (Landry & Mazalon, 1997) et *d'égalité* (Maroy, 1997). A souligner la remarque de Zay: «Chacun conserve ses objectifs propres, tout en acceptant de contribuer à un objectif commun» (Zay, 1997, p. 15).

Aujourd'hui, il semblerait que de grandes ambitions se fondent sur la mise en pratique du partenariat. Il n'est donc pas étonnant que les chercheurs qui tentent de rendre cette notion intelligible, fassent appel à des concepts issus de nombreuses autres disciplines ou sous-disciplines des sciences sociales et humaines.

Dans le champ de l'éducation familiale où se rencontrent des chercheurs en sciences de l'éducation, en psychologie et en sociologie, Desmet, Pourtois et Nimal (1999) voient dans le concept du partenariat «famille-école-société» une solution émergente pour construire un modèle éducatif postmoderne. Un modèle qui pourrait contribuer à résoudre les tensions entre les pratiques éducatives d'hier (conformité aux normes, rejet de la subjectivité en faveur de la pensée rationnelle...) et une nouvelle forme de socialisation qu'ils décrivent dans les termes suivants: «communication, échanges, tolérance, autonomie, droit à la parole...» (p. 53) et qui, avec «individualisme», semblent devenus les mots d'ordre d'aujourd'hui. Pour trouver une nouvelle articulation entre les pôles rationalité-subjectivité, une alliance, «des réseaux d'activités et d'échanges continus et stables» (p. 48) entre l'école et la famille sont à construire. Elle doit reposer sur une prise de conscience de tous les acteurs de la nécessité et des enjeux d'un nouveau système éducatif qui mise sur la complémentarité de tous les membres de «la communauté éducative» comme la nomme la loi française du 10 juillet 1989 (art. 11, chap. III) et dans laquelle les parents occupent une position fondamentale.

D'autres auteurs, pas moins ambitieux, tantôt du domaine de l'éducation spéciale (Dunst, Trivette & Deal, 1994; Bouchard, Boudreault, Pelchat & Lalonde-Graton, 1994), tantôt des sciences sociales et politiques (Rappaport, 1981) ou encore des sciences médicales (Fox, 1989), voient le partenariat comme un moyen de révolutionner la relation d'aide, telle qu'on la conçoit encore souvent dans les services sociaux, éducatifs et de santé. Ces services ont traditionnellement une approche essentiellement centrée sur les déficits, dysfonctionnements ou difficultés des demandeurs d'aide. Ils entretiennent, consciemment ou non, la croyance que les problèmes rencontrés ont leur origine chez l'individu en difficulté et que les solutions aux problèmes sont exclusivement l'affaire des professionnels, des «spécialistes». Les effets pervers à craindre de tels services sont évidents: perte de maîtrise, sentiment d'incompétence, immobilisation des ressources internes du demandeur d'aide; du côté des professionnels: prise de pouvoir (intentionnelle ou non), obligation ressentie par l'expert d'avoir réponse à tout. Un tel système peut indubitablement avoir comme conséquence que les usagers deviennent de plus en plus dépendants du service d'aide, pourtant mis en place pour les rendre plus autonomes.

Une approche proactive et plus dynamique est alors préconisée et des relations partenariales en seraient la clef de voûte. Comme éléments constitutifs de ce partenariat on retiendra donc: la reconnaissance réciproque et l'échange de savoirs et de compétences de chaque partenaire, la transparence en ce qui concerne les informations, la négociation d'objectifs communs (ce qui sous-entend la possibilité de divergences et de conflits) et, enfin, un pouvoir décisionnel partagé.

Cette vision du partenariat est étroitement liée au concept d'*empowerment*. Dans les sciences sociales et politiques le terme *d'empowerment* est aujourd'hui couramment employé pour décrire, dans des contextes divers, la participation directe et active des individus et des collectivités dans la gestion des situations ou événements importants de leur existence. Il peut s'agir du management d'une communauté, du partage de ressources individuelles ou collectives ou encore de la gestion de situations de difficultés psycho-sociales ou médicales. Ces notions ont d'autant plus intéressé l'éducation spéciale que ce domaine est caractérisé par le fait qu'on a souvent considéré les acteurs en présence (parents versus professionnels) comme étant par définition dans des positions asymétriques et inégales quant à leurs compétences. Dans les années 80 déjà, Dunst & Trivette (1988) ont introduit une réflexion approfondie sur les notions d'*empowerment* et d'*enabeling*.

Ces termes sont difficiles à traduire en français. Bouchard, Talbot, Pelchat & Boudreault, (1998, p. 191) s'y sont essayés en proposant: «autodétermination» *(enabeling)* et «appropriation» *(empowerment)*. Selon ces auteurs, le principe de l'autodétermination *(enabeling)* réfère à «l'habileté de se rendre capable d'assumer la responsabilité de décider, de préciser ses objectifs, son rôle, ses attentes de services [...]», tandis que l'appropriation *(empowerment)* «réfère à l'acquisition du sentiment de compétence et de confiance nécessaire à la famille pour participer adéquate-

De l'intégration nécessaire des connaissances 213

ment à la prise en charge [...]». Remarquons déjà que cette traduction ne nous satisfait pas complètement; pour nous, la notion d'*empowerment* se concrétise à travers une suite d'expériences appelées *enabeling* (rendre capable ou se rendre capable, être renforcé ou se renforcer, ...) et les deux notions sont si imbriquées et interdépendantes qu'il est difficile, peut-être même inutile, de les séparer. Du reste, Rappaport (1985, p. 17) souligne avec humour la difficulté de saisir ce concept en disant: «Empowerment is a little bit like obscenity; you have trouble defining it, but you know it when you see it»[3]. En menant des entretiens avec les parents notre objectif était bien de mieux comprendre les manifestations de ce processus.

PRÉSENTATION DE LA RECHERCHE: ÉTAPES ET ILLUSTRATIONS

Notre recherche s'est déroulée en trois étapes successives.

- Lors d'une *première étape exploratoire*, nous avons analysé des livres et des articles écrits par des parents, notamment les extraits qui concernent leurs rencontres avec des professionnels.
- La *deuxième étape* était une enquête par questionnaire envoyé aux parents d'un enfant avec un retard du développement ou une déficience intellectuelle et qui fréquente un service spécialisé. Les enfants ont entre 2 et 18 ans.
- Lors de la *troisième étape,* nous avons mené une trentaine d'entretiens approfondis avec des parents ayant préalablement répondu au questionnaire.

L'ANALYSE DE DOCUMENTS

De l'analyse de la première étape, nous avons tout d'abord retenu que les parents fréquentent un grand nombre de professionnels exerçant des fonctions différentes et qu'il s'agit de faire une distinction entre les rapports que les parents établissent avec les professionnels de la santé ou ceux de l'éducation, ainsi que des attentes qu'ils formulent à l'égard de ces deux catégories de personnes.

---

3 «L'*empowerment* c'est un peu comme l'obscénité; vous avez de la peine à la définir mais vous la reconnaissez quand vous la voyez.»

Un deuxième enseignement que nous tirons de cette étude exploratoire est que les parents abordent rarement d'une manière directe le thème de leur relation avec les professionnels mais que celui-ci est subordonné aux situations dans lesquelles la collaboration est obligée de s'exercer: annonce de la déficience, transition d'une structure éducative ou thérapeutique à une autre, intégration scolaire et sociale, décisions concernant les orientations d'apprentissages ou de thérapies. On peut d'ores et déjà supposer que le partenariat est une forme de collaboration parmi de nombreuses autres, et surtout qu'il n'est pas toujours la forme la plus appropriée, ni systématiquement souhaitée par les parents. Un des parents que nous avons interrogé lors de la troisième étape de cette même recherche, nous disait du reste: «Mon médecin reste mon médecin, mon partenaire, c'est ma femme».

L'exploration de documents écrits par les parents dans les bulletins d'associations montre qu'ils ne s'autorisent que rarement, en tant qu'individus, ou en tant que membres d'une association, à formuler des revendications ou même des souhaits de changements. Nous formulons alors une hypothèse: la relation parents-professionnels a un caractère obligé. On ne choisit pas de s'adresser à un professionnel; ce sont les circonstances qui vous l'imposent. Cet aspect incontournable souligne encore l'asymétrie de la relation et rend sa mise en discussion plus improbable. Le débat ne se manifeste alors que par rapport à certaines situations-clés dans lesquelles les deux groupes d'acteurs se trouvent plus systématiquement confrontés à des points de vue ou des attentes contrastées.

LE QUESTIONNAIRE

Dans l'enquête par questionnaire, 75 parents dont l'enfant est suivi par un Service éducatif itinérant et/ou fréquente un jardin d'enfant, une école, une classe spécialisée dans le Canton de Vaud ont répondu à nos questionnaires.

Notre questionnaire explorait différents thèmes tels que les lieux d'éducation et les professionnels en contact avec les parents et/ou l'enfant, les occasions de se rencontrer et de communiquer, les projets éducatifs individualisés, les priorités éducatives des parents, leur accès à l'information et le réseau de soutien des familles.

Nos résultats – nous n'en citerons que quelques-uns – confirment très nettement l'impression retenue de la première étape, c'est-à-dire la multiplicité et la variété des professionnels que les parents rencontrent (45/75 sont en contact avec plus de neuf professionnels, sur ces 45, 29 en rencontrent treize et plus. Dans le cas d'un enfant de deux ans, par exemple, les parents ont interagi avec au moins vingt-deux professionnels!). Cette multitude de contacts avec des professionnels, aux fonctions fort différentes, indique déjà qu'il serait incongru et inapproprié de désigner toutes ces relations par le même terme de partenariat ou même d'avoir l'ambition de viser qu'elles soient toutes de type partenarial.

Par ailleurs, les résultats déconstruisent quelques notions répandues dans les milieux professionnels et mettent en évidence des attentes qui mériteraient d'être prises en considération, comme par exemple: l'école, comme les institutions spécialisées, attache une grande importance à des rencontres collectives de parents. Les parents préfèrent nettement les rencontres individuelles organisées pour parler régulièrement de l'enfant. Ils considèrent les rencontres collectives comme bien moins importantes.

Les professionnels relèvent souvent la difficulté d'impliquer les parents lors des différentes rencontres. Au vu des réponses au questionnaire, une explication possible est le manque flagrant de possibilités pour les parents de se préparer à la réunion individuelle. Ainsi, par exemple, seulement la moitié des parents est informée sur les sujets qui seront abordés lors de ces réunions, à peine plus savent d'avance qui seront les personnes présentes.

Les parents attribuent une importance capitale aux documents écrits (rapports, évaluations, descriptions de l'enfant au quotidien). Dans la pratique, les traces écrites destinées aux parents sont excessivement rares, à l'exception de l'usage répandu du «cahier de communication».

LES ENTRETIENS

La troisième étape, l'étape centrale de notre recherche, a consisté à approfondir les éléments des deux étapes précédentes, non pour les vérifier systématiquement, mais bien pour les décrire, en comprendre le sens et découvrir les stratégies que les parents mettent en œuvre pour dépasser ou contourner les difficultés et manques qu'ils perçoivent. S'il s'agit bien pour nous de contribuer à la compréhension de la notion de partenariat, il s'agit aussi d'alimenter une meilleure connaissance de la condition de parents d'enfants handicapés et de faire entendre leur voix en vue des réformes à venir.

Nous avons donc mené une trentaine d'entretiens avec des parents dont l'enfant handicapé a entre 2 et 18 ans. Toutes les familles, sauf deux, ont d'autres enfants.

Pour cette étape, nous avons utilisé le logiciel d'analyse qualitative, si joliment nommé QSR NUD*IST (Creswell, 1998), développé dans le champ des sciences de l'éducation et utilisé par des chercheurs en sciences sociales et humaines. Nous n'avons pas encore épuisé les ressources fournies par 1500 pages de transcriptions.

Nous ne pouvons esquisser ici que quelques thèmes qui ont émergé des entretiens. Nous en citerons trois en guise d'exemples.

Pour qu'une collaboration puisse devenir un partenariat, un certain nombre de pré-requis organisationnels doivent exister, ce qui ne semble pas être le cas dans les descriptions données par les parents. Comme nous l'avions déjà constaté dans les questionnaires, les parents ne disposent que rarement de moyens de se préparer aux réunions individuelles, ils ne reçoivent pas d'ordre du jour, ne disposent que rarement de bilans, de comptes rendus écrits des réunions ou de projets écrits. D'autre part, peu d'entre eux décrivent des situations d'élaboration de projets pédagogiques individualisés ou de plans d'intervention qui laissent entendre que la construction d'un certain nombre d'éléments soit commune. Le constat que nous faisons est qu'actuellement le plus souvent la pratique consiste à présenter le projet aux parents. Ceux-ci se bornent à donner leur accord ou leur avis sur des projets déjà formulés.

Pour les élèves en âge de scolarité obligatoire et post-obligatoire, le débat mené par les parents d'enfants avec une déficience autour des questions d'instruction et d'éducation est tout aussi animé que celui qui est tenu dans le cadre de l'école ordinaire. Un débat d'autant plus chaud qu'on attribue volontiers aux parents d'enfants handicapés qui revendiquent des apprentissages scolaires pour leur enfant, la caractéristique de «ne pas avoir accepté son handicap». Les parents perçoivent de la part des professionnels un manque d'ambition par rapport aux objectifs purement scolaires. Ceci constitue, dans un certain nombre de cas, une source de conflit qui entraîne une rupture de la collaboration; les parents cherchent alors à l'extérieur de l'institution d'autres professionnels et parents qui les soutiennent dans leur projet d'instruction.

On peut imaginer qu'un véritable espace d'échanges s'ouvre lorsque les apprentissages concernent un niveau très pratique et rapprochent ainsi les actions éducatives des familles et celles des éducateurs (gestes de la vie quotidienne, jeux, stimulation sensorielle, etc.). Les savoirs et

De l'intégration nécessaire des connaissances 217

savoir-faire profanes et professionnels devraient pouvoir se déployer d'une manière complémentaire dans des situations très concrètes que les acteurs partagent. Mais ce n'est que pour un tiers des parents que nous avons questionnés que ces occasions permettent de construire une pratique de partenariat autour d'un projet. Les autres disent faire fréquemment l'expérience de situations de non-écoute, d'une sorte de résistance passive («la sourde oreille») face à leurs souhaits ou demandes de modification concernant la prise en charge. D'autres encore décrivent des situations de conflits ouverts qui laissent entrevoir qu'une lutte de pouvoir s'engage, lutte dans laquelle les parents se sentent dans un rapport de force inégal. Sans compter que, redoutant d'éventuelles conséquences négatives pour l'enfant, les parents s'imposent fréquemment une certaine autocensure.

Afin d'approfondir l'analyse de ces trois thèmes, nous avons confronté le contenu des entretiens à un certain nombre de «mots-clefs» qui semble conditionner l'exercice du partenariat.

LA CONFIANCE

Dans les milieux professionnels, on exhorte habituellement les parents à «faire confiance». Dans la description des relations de collaboration faite par les parents, le terme de confiance apparaît aussi fréquemment. Les parents «confient» leurs enfants aux professionnels qui les soignent, les éduquent, les instruisent. Mais, nous l'avons déjà dit: dans la majorité des cas, ils n'ont pas le choix ni des lieux, ni des personnes à qui ils les confient. Il s'agit donc tout d'abord d'une *confiance obligée* ou d'un *capital de confiance* plus ou moins grand qui évoluera dans la plupart des cas vers une *confiance vigilante*, vite mise en question ou même retirée lorsqu'un événement ou un comportement inquiétant leur semble indiquer que l'évolution ou le bien-être de leur enfant est troublé. Ce n'est qu'après avoir reçu des preuves que les intervenants s'engagent dans la prise en charge de l'enfant avec leurs compétences professionnelles, mais aussi avec leurs qualités humaines et dans le respect des souhaits et projets parentaux, qu'une réelle *confiance construite* peut s'observer.

La notion de confiance se décline dans des nuances multiples, mais elle fait de toute évidence partie des concepts qui participent à la construction de la notion de partenariat. En même temps elle est aussi impliquée dans l'ensemble du processus d'*empowering* et d'*empowerment*. Le parent peut «se permettre» de faire confiance à l'expertise et la bienveillance des professionnels (sans pour autant «signer un chèque en blanc», selon l'expression d'une des mères que nous avons interviewées) parce qu'il est *empowered* et *enabled*. Le parent se perçoit alors comme le légitime décideur du parcours éducatif et thérapeutique de son enfant, il dispose de connaissances et d'informations et il croit en ses propres capacités d'évaluer et d'influencer la situation. Acquérir et maintenir cette position suppose qu'il s'inscrit dans une dynamique de renforcement de sa confiance en lui-même et en les professionnels qui l'accompagnent.

Nos entretiens suggèrent que les parents se situent à des étapes différentes de ce processus qui les mène vers un état d'*empowerment*. Le degré d'*empowerment*, autrement dit la conscience que les parents ont de leur capacité de prendre les bonnes décisions pour leur enfant, semble déterminée alors largement la place qu'ils prennent dans l'espace de collaboration qu'on leur propose.

Parmi les parents que nous avons entendus, nous avons relevé trois cas de figure. Dans un premier groupe minoritaire, les parents acceptent un rôle de parents reconnaissants. Ils souscrivent aux pratiques et règles de fonctionnement de l'institution; ils sont présents lorsqu'on le leur demande mais délèguent largement les responsabilités aux professionnels et se contentent d'approuver les orientations élaborées sans eux.

Les autres parents peuvent êtres divisés en deux groupes, de taille à peu près semblable. Dans le premier de ces groupes, on trouve les parents activement impliqués et déterminés à jouer leur rôle de premier responsable du bien-être de leur enfant et de son développement. Ils surveillent étroitement la qualité de la prise en charge; ils développent un comportement de client circonspect et souvent exigeant, tantôt satisfait, tantôt demandeur de meilleures ou de plus de prestations. Certains parents de ce groupe, désireux de s'impliquer plus fortement, tout en voulant limiter les sources potentielles de conflits, pratiquent ce que nous avons appelé une *confiance sectorisée*: ils laissent au libre arbitre des professionnels les sphères «instruction» et «thérapies», mais exigent un pouvoir décisionnel par rapport à la sphère «éducation» (dans laquelle les activités des professionnels ressemblent à celles que tout parent entreprend avec son enfant).

Dans le deuxième groupe, on trouve les parents qui ne se contentent pas d'une surveillance attentive, mais qui cherchent à garder un contrôle ou même à exercer une influence décisive quant aux orientations et stratégies éducatives et thérapeutiques. Ils tentent alors de modifier les modalités de collaboration dans le sens d'une forte implication de leur part dans tous les domaines de la prise en charge et revendiquent un pouvoir de décision dans une relation plus égalitaire. Lorsqu'ils n'obtiennent pas satisfaction, ils peuvent développer une méfiance systématique ou être amenés à créer à l'extérieur du cadre institutionnel des réseaux d'information, d'intervention et de soutien.

Ces différentes façons de faire nous semblent illustrer divers degrés d'appropriation et d'autodétermination. Ce qui reste difficile à élucider – et la grandeur de notre échantillon ne nous permettra pas de faire des affirmations – c'est la part de responsabilité du contexte par rapport à celle d'autres variables (niveau socio-éducatif, biographies individuelles, caractéristiques de l'enfant, etc.) dans l'expression de ces modalités d'interactions différentes selon les parents. Néanmoins, un constat s'impose assez clairement: le plus grand degré d'autodétermination des parents de jeunes enfants par rapport à ceux qui ont des enfants plus âgés et, par conséquent, une plus longue histoire institutionnelle.

Discussion

Construction du concept de partenariat

Cette recherche devait éclairer le champ conceptuel dans lequel s'élabore le partenariat tel qu'il est aujourd'hui présenté sur le plan théorique. Nous nous sommes surtout attachées à travailler davantage la notion d'*empowerment* qui nous paraît centrale dans la définition du partenariat, notamment dans le cadre de la relation d'aide. L'*empowerment* semble d'une part désigner *un état* (d'esprit), une sorte de conviction interne des individus qu'ils peuvent être non seulement des acteurs, mais aussi des auteurs de leurs propres projets. Cette conviction les conduit alors à mobiliser les ressources et à s'approprier les savoirs nécessaires, afin de pouvoir décider en connaissance de cause des orientations de ces projets. Dans cette perspective, l'*empowerment* peut combler l'écart (de savoir, de pouvoir etc.) entre «partenaires», ouvrant la voie alors à une relation partenariale, c'est-à-dire une réelle mise en commun des ressources et des savoirs dans un rapport d'interdépendance ou de complémentarité, en vue d'atteindre des objectifs fixés ensemble.

L'«EMPOWERING»

Le processus qui conduit à la certitude qu'on peut être auteur, ou du moins co-auteur, des projets qui concernent notre vie, est alimenté par des expériences qui révèlent à la personne sa propre capacité de réaliser des changements positifs ou de résoudre des problèmes qui empêchent ces accomplissements. Dunst, Trivette et Deal (1994) parlent d'*enabeling experiences*, des expériences qui «rendent apte»; il faut souligner qu'elles rendent apte non seulement parce qu'elles ont permis d'acquérir de nouvelles compétences ou un nouveau savoir, mais surtout parce que la personne a pu se percevoir comme l'initiateur et le responsable de l'évolution positive de la situation. Même si ce processus peut, dans certaines conditions, s'accomplir chez l'individu sans un soutien formel, il semble souvent nécessaire que le professionnel soutienne ou même provoque le processus d'autodétermination du parent. Et cette fonction paraît comme aussi importante que le déploiement des expertises professionnelles qui contribuent à l'élaboration, l'accompagnement et l'évaluation de l'intervention auprès de l'enfant.

LA PRATIQUE DU PARTENARIAT

Le but principal de cette recherche était de donner la parole aux parents pour nous aider à mieux comprendre les interactions entre familles et professionnels impliquées dans les soins et l'éducation d'un enfant en situation de handicap et pour indiquer des perspectives d'évolution de ces rapports. Il s'agissait d'apprécier l'existence, selon les parents, de relations de type partenarial et de dégager les facteurs perçus comme favorables ou, au contraire, faisant obstacle à un partenariat ou à une collaboration satisfaisante.

Au terme de cette recherche, nous constatons que la réalité décrite par les parents d'enfants handicapés, montre que la collaboration en partenariat est l'exception plutôt que la règle. Pourtant, les outils sont à disposition des professionnels et un effort semble être engagé pour généraliser leur utilisation plus systématique (projets éducatifs individualisés élaborés avec les parents dans des réunions interdisciplinaires, transmission de dossiers, moyens d'informations multiples, formation des parents et des professionnels, etc.). Cependant, les directives et moyens mis à disposition des professionnels et des parents pour mettre en pratique cette nouvelle manière de collaborer sont largement insuffisants, surtout et paradoxalement, quand l'ensemble des interventions est centralisé dans le même lieu. En effet, les services éducatifs itinérants, les services à domicile ou indépendants, semblent avoir une longueur d'avance dans le développement vers de véritables relations partenariales. Plusieurs parents rapportent, par exemple, que des expériences d'observations et d'évaluation faites en commun ont favorisé le partage d'expertise et des relations plus égalitaires.

D'une manière générale, il nous paraîtrait inadéquat de la part des milieux professionnels de faire une utilisation «inflationniste» du terme de partenariat pour désigner toute forme de collaboration. Tout d'abord, les parents ont comme interlocuteurs de nombreux professionnels aux fonctions et métiers différents; ces interactions ne réclament pas toutes une relation égalitaire et la poursuite d'objectifs communs précis. Ensuite, les demandes parentales à ces différents professionnels sont très diverses: elles vont de la simple information à la consultation sur un problème très spécifique, en passant par des séances de thérapie limitées dans le temps et enfin, à l'accompagnement éducatif et/ou thérapeutique de plus longue durée. A notre avis, c'est d'abord dans le cadre de ce dernier cas de figure qu'il faut commencer à construire un partenariat qui peut s'élaborer à travers des échanges précis autour d'un projet construit en fonction d'une famille et d'un enfant singulier. Ce type de projet est favorable à l'exercice d'une relation faite de complémentarité et de reconnaissance réciproque des compétences, de la possibilité d'exprimer des attentes différentes, et enfin de négociations et de recherche de consensus. Il s'agirait de créer autour du projet individualisé un espace relativement stable où les parents pourraient alors exercer leur droit décisionnel quant au parcours de leur enfant, sans avoir à s'engager dans des luttes de pouvoir ouvertes ou masquées, sans devoir se positionner dans un rapport de rivalité avec des experts omniscients. Il nous semble prudent aujourd'hui de réserver scrupuleusement le terme de partenariat à des situations suffisamment structurées, qui permettent l'ajustement fréquent des objectifs communs et l'élaboration de stratégies de négociation et de gestion de conflits.

Enfin, des contraintes légales, financières et administratives limitent aujourd'hui la marge de manœuvre des parents et les choix éducatifs ou thérapeutiques possibles. Dans ce contexte, promettre globalement une place de partenaire aux parents risque fort de les conduire à des déceptions et à l'impression d'avoir été floués.

EN GUISE DE CONCLUSION:
LES TROIS CASQUETTES DU CHERCHEUR

Mener des recherches dans le but de participer à la construction de nouvelles connaissances, tout en ayant l'ambition de contribuer à amorcer des changements sur le terrain, est sans doute une spécificité de bien des chercheurs en sciences de l'éducation.

Les deux tâches – l'une théorique, qui consiste à produire des savoirs qui interrogent et mettent en question la compréhension que nous avions jusque-là d'un phénomène, et à contribuer à l'intelligibilité d'une notion, l'autre qui s'inscrit dans une réflexion sur des pratiques en vue de leur amélioration – font partie du cahier des charges du chercheur en sciences de l'éducation. Il est vrai que si le chercheur tente de s'en acquitter dans une même recherche, il se confronte à des problèmes majeurs. Tout d'abord, il a deux analyses distinctes des données de recherche à mener en parallèle.

Une analyse tente de dégager des concepts et processus permettant d'enrichir un savoir théorique. A ce propos, nous pouvons penser que nos résultats seront aussi pertinents pour d'autres domaines des sciences sociales et humaines. En effet, à partir des préoccupations spécifiques à l'éducation spéciale, une articulation plus précise entre les notions de partenariat et de collaboration avec celles d'autodétermination et d'appropriation pourraient enrichir les réflexions des travaux, ceux qui cherchent à comprendre les liens sociaux se construisant entre bénéficiaires et prestataires de services, ou entre les acteurs dans des relations d'aide institutionnalisées dans lesquelles il s'agit souvent de concilier des intérêts et actions collectifs et individuels.

L'autre analyse privilégie l'observation et l'analyse d'une pratique (ou dans notre cas, la perception subjective d'une pratique) pour en découvrir les maillons forts et faibles, les ouvertures et les résistances, en vue d'une transformation des pratiques. Par ailleurs, le chercheur doit jongler avec deux casquettes face aux acteurs du terrain: celle de l'observateur extérieur, distancié de l'action dans lequel les acteurs sont engagés et qu'il essaie de décrire et de comprendre, puis celle de l'observateur participant, investi avec ses propres convictions dans un processus de changement. Mission impossible? Peut-être, mais a-t-il toujours le choix? Cette question nous renvoie à la discussion ouverte quant aux conditions d'exercice de la recherche en sciences de l'éducation, à sa liberté tant face aux mandants en général que face aux attentes des lieux de pratique, parfois très normatives. A ce propos, nous conclurons par deux considérations.

Notre recherche, par sa problématique et son approche, a interpellé les acteurs, parents, praticiens et responsables d'institutions. A juger des sollicitations que nous avons reçues à participer à des groupes de travail et journées d'étude sur le thème du partenariat, notre recherche a contribué localement à problématiser et à rendre plus visibles les interrogations et à nourrir les réflexions. Ignorer la demande sociale et ne pas participer aux discussions sur les évolutions des pratiques en partageant au fur et à mesure les pistes de réflexion que nos résultats nous indiquaient, nous aurait paru comme la violation de la confiance que les parents nous ont accordées et un manque de reconnaissance face aux institutions qui nous ont mises en contact avec les parents usagers.

En recueillant les dires des parents et en diffusant ces données, nous soulevons de toutes façons des questions épineuses sur les pratiques actuelles et les systèmes qui les cautionnent. Il est probable que les institutions qui ont fait un accueil favorable à notre recherche en étaient conscientes, animées d'un réel désir de changement quant aux modes de collaboration avec les parents. Néanmoins, elles n'avaient peut-être pas prévu que nos résultats allaient pointer dans la direction d'un changement plus radical que celui qu'elles étaient prêtes à envisager. En effet, de la question initialement posée: «Existe-t-il un partenariat entre parents et professionnels et comment le favoriser», nous avons abouti à une nouvelle question qui nous semble un préalable à la réalisation d'un partenariat: «Comment favoriser l'*empowerment* des parents et comment adapter le système à des parents *empowered*, c'est-à-dire autodéterminés?» Cet impératif du développement systématique des compétences, de l'expertise et de la confiance en soi du «partenaire» modifie radicalement la relation d'aide et les pratiques professionnelles aussi bien en amont qu'en aval.

Le chercheur doit transmettre les résultats mis en évidence par sa recherche aux praticiens; il peut par ces éléments et ses conclusions proposer un autre regard sur les pratiques, afin de contribuer à un débat plus large qui précède les décisions qui ne lui appartiennent pas. Il est problématique d'être à la fois engagé comme chercheur tout en étant très proche des lieux de pratique. Mais c'est peut-être notre troisième casquette, celle de formateurs de professionnels, qui nous condamne en quelque sorte à naviguer entre rigueur intellectuelle et engagement sur le terrain?

Références bibliographiques

Bernheimer, L. P., Gallimore, R. & Weisner, T. S. (1990). Ecocultural theory as a context for the Individual Family Service Plan. *Journal of Early Intervention, 14,* 219-233.

Bouchard, J.-M., Talbot, L., Pelchat, D. & Boudreault, P. (1998). Partenariat entre les familles et les intervenants: qu'observe-t-on dans la pratique? In A. M. Fontaine & G. P. Pourtois (Ed.), *Regard sur l'éducation familiale* (pp. 189-201). Bruxelles: De Boeck

Bouchard J.-M., Boudreault P., Pelchat D. & Lalonde-Graton M. (1994). *Déficiences, incapacités et handicaps: processus d'adaptation et qualité de vie de la famille.* Montreal: Guérin.

Bronfenbrenner, U. (1979). *The ecology of human development.* Cambridge: Harvard University Press.

Cusin, C. & Grossenbacher S. (2000). *Au cœur de redéfinitions, l'interface école/famille en Suisse.* Rapport de tendance CSRE No 4. Aarau: CSRE.

Creswell, J. W. (1998). *Qualitative inquiry and research design. Choosing among five traditions.* Thousand Oaks, CA: Sage.

Desmet, H., Pourtois, J.-P. & Nimal, P. (1999). Les partenaires de l'éducation: Famille – Ecole – Société. Institutions et familles. *La nouvelle revue de l'AIS adaptation et intégration scolaire, 7,* 3e trimestre, 61-71.

Dunst, C. J. & Paget, K. D. (1991). Parent-professional partnerships and family empowerment. In M. Fine (Ed.), *Collaborative involvement with parents of exceptional children* (pp. 25-44). Brandon, VT: Clinical Psychology Publishing Company, Inc.

Dunst, C. J. & Trivette, C. M. (1988). *Enabeling and empowering families: principles and guidelines for practice.* Cambridge, MA: Brookline Books.

Dunst, C. J., Trivette, C. M. & Deal, A. G. (Ed.). (1994). *Supporting and Strengthening families: Methods, strategies and practices.* Cambridge: Brookline Books.

Fox, M. R. (1989). More power to the families. *Hospital and Community Psychiatry, 10* (11), 1109.

Garel, J.-P. & Lesain-Delabarre, J.-M. (1999). Réussir l'intégration scolaire: à quel prix pour les parents? Institutions et familles. *La nouvelle revue de l'AIS adaptation et intégration scolaire, 7,* 3e trimestre, 83-99.

Gardou, C. (Ed.) (1996). *Parents d'enfant handicapé. Le handicap en visage – II.* Toulouse: Editions Erès.

Goodnow, J. (1995) Differentiating among social contexts: by spatial features, forms of participation, and social contracts. In Ph. Moen,

H. Elder, Jr. & K. Luescher (Ed.), *Examing Lives in Context: perspectives on the ecology of human development* (pp. 269-301). Washington, DC: APA.
Kellerhals, J. & Montandon, C. (1991). *Les stratégies éducatives des familles.* Neuchâtel: Delachaux & Niestlé.
Landry, C. & Mazalon, E. (1997). Les partenariats école-entreprise dans l'alternance au Québec: un état des recherches. *Education permanente, 131,* 37-49.
Maroy, C. (1997). Le partenariat: concept ou objet d'analyse? *Education Permanente, 131,* 29-38.
Moen, P., Elder, G. H., Jr. & Lüscher, K. (1995). *Examining lives in context: Perspective on the ecology of human development.* Washington: American Psychological Association
Montandon, C. (1991). *L'école dans la vie des familles.* Genève: Service de la recherche sociologique, cahier no 32.
Montandon, C. & Perrenoud, P. (1987). *Entre parents et enseignants: un dialogue impossible?* Berne: Peter Lang.
Nicolet, M. & Kuscic, D. (1997). *Ecole et familles: le point de vue des parents.* Lausanne: Centre vaudois de recherches pédagogiques.
OCDE/CERI (1997). *Les parents partenaires de l'école.* Paris: OCDE.
Pourtois, J.-P. & Desmet, H. (1995). Les paradoxes en éducation. In: M. Perrez, J.-L. Lambert, C. Ermert & B. Plancherel (Ed.), *Famille en transition* (pp. 253-268). Berne: Hans Huber.
Rappaport, J. (1981). In praise of paradox: A social policy of empowerment prevention. *American Journal of Community Psychology, 9,* 1-25.
Rappaport, J. (1985). The power of empowerment language. *Social Policy, 16,* 15-21.
Turnbull, A. P. & Rutherford Turnbull, H. (1990). *Families, professionals and exceptionality: a special partnership.* New York: Merrill, Macmillan Publishing Company.
Zay, D. (1997). Le partenariat en éducation et en formation: émergence d'une notion transnationale ou d'un nouveau paradigme? *Education permanente, 131,* 13-28.

Peter Sieber

Le développement de la compétence d'écrire

Que peut-on en dire? Qui peut le dire?

INTRODUCTION

Le développement de la compétence d'écrire est incontestablement l'un des objectifs de l'école; on peut même dire que l'école a été créée en bonne partie pour enseigner la compétence d'écrire[1]. Ainsi, si l'école est devenue obligatoire au 19e siècle, c'est pour que tous les jeunes acquièrent au moins les bases de la littéracie. Cette entreprise n'a connu qu'un succès mitigé, et pour le découvrir, il n'aura pas fallu attendre le débat sur l'alphabétisme fonctionnel, tel qu'il a aussi lieu en Suisse dès la seconde moitié des années 80 (sur l'état actuel des débats, voir Notter, Bonerad & Stoll, 1999). Aujourd'hui, nous devons faire face à un nouveau défi, qui requiert de plus en plus d'efforts du point de vue pédagogique: un nombre croissant de personnes doivent plus que jamais disposer de compétences linguistiques élevées, et en particulier de compétences concernant le langage écrit.

Il n'est dès lors pas surprenant qu'une étude plus pointue de l'écrit ait commencé à gagner du terrain au cours des dernières années: des recherches sur l'écrit sont menées dans différentes disciplines, au moyen d'outils méthodologiques les plus variés, suivant des objectifs divergents. L'exemple des recherches sur l'écrit constitue ainsi une parfaite illustration des différentes entrées disciplinaires possibles permettant d'aborder un phénomène ayant trait aux sciences de l'éducation et à la didactique.

---

1 Nous utilisons le plus souvent ci-après le terme de «compétence écrite».

Je me propose d'aborder ce vaste domaine en deux grandes étapes: dans un premier temps, j'esquisserai, dans les grandes lignes, les différentes approches de la recherche et la nature des questions qui ont été posées ainsi que leur évolution (1). On montrera alors à quel point l'écriture et la recherche en la matière sont complexes. Dans un deuxième temps, j'illustrerai de manière plus détaillée (pour ainsi dire à petite échelle) l'évolution des questions de recherche au travers de projets auxquels j'ai moi-même participé au cours de ces dernières années (2). En effet, les perspectives des chercheurs se modifient en fonction de l'évolution et de l'état des débats, à partir desquels est conceptualisée la recherche. Cela nous mènera en conclusion à plaider en faveur d'un ancrage interdisciplinaire de la recherche sur l'écrit dans le champ de la didactique des langues (3).

ORIGINES DE LA RECHERCHE DANS LE DOMAINE DE L'ÉCRIT ET ÉVOLUTION DES QUESTIONS DE RECHERCHE

Dans un ouvrage admirable sur «l'écrit comme activité culturelle dans l'école élémentaire», portant le titre parlant de *Textes et contextes*, Dehn exprime ainsi le point d'ancrage de l'écrit: «L'écrit est toujours lié à des contextes: les contextes de la pensée, de l'expression, de l'échange.» (Dehn, 1999, p. 11)

Ces contextes ont été définis de manières très différentes dans la recherche sur l'écrit. Dans un ouvrage général très instructif intitulé *Ecrire – processus, procédures, produits*, Baurmann et Weingarten (1995, p. 10) parlent de trois sources qui alimentent la recherche:

1. la tradition rhétorique jusqu'à la rhétorique de l'écrit (Ueding, 1985). L'écrit est ici étudié dans la tradition philosophico-philologique; le but est le produit de l'écrit: le texte;
2. les approches cognitives, révélées au monde germanophone par deux volumes d'Antos et Krings (Antos & Krings, 1989; Krings & Antos, 1992). Ici, c'est le processus d'écrire qui se retrouve au centre de l'attention;
3. enfin, les approches de la linguistique textuelle qui réhabilitent la surface du texte par rapport aux approches cognitives (Antos & Krings, 1989, pp. 13ss).

Le développement de la compétence d'écrire

Il faut encore citer les études qui se concentrent principalement sur les aspects culturels et conceptuels de l'écriture – vaste champ qui peut être défini par les mots clefs «oralité» et «littéracie» (voir par exemple Ong, 1982/1987). On s'attardera d'une part sur les approches scientifiques en matière d'écrit qui l'abordent du point de vue culturel (1) et d'autre part, sur les études qui se sont penchées sur le *processus* d'écrire et le développement de la compétence écrite (2). On découvrira ainsi que l'écriture fait l'objet de multiples recherches, menées dans le cadre de nombreuses disciplines (3).

PERSPECTIVES CULTURELLES

Des recherches culturelles et historiques ont focalisé l'attention sur le développement de la littéracie et sur les différences entre oralité et littéracie (pour un résumé: voir Koch & Oesterreicher, 1994; Sieber, 1998, ch. 6). Ce sont ces études qui, pour la première fois, nous ont éclairés sur les aspects évolutifs de l'écrit dans une perspective phylogénétique. Ce que chaque individu doit apprendre au cours de son développement linguistique, comprenant le processus secondaire d'apprentissage de l'écrit, correspond aussi, dans l'histoire des civilisations, au long cheminement des cultures orales vers les cultures écrites. Les travaux de Ong (1982/1987) et de Goody, Watt et Gough (1968/1986) dans le cadre du recueil de Goody (1968/1981), peuvent être considérés comme une étape centrale dans l'étude de l'écrit sous l'angle de l'approche culturelle. Dans l'introduction à la version allemande de ce recueil, intitulée *Historische Bedingungen der Erkenntnis über Schriftkultur,* Heinz Schlaffer décrit de manière frappante au travers d'un long parcours historique comment les conséquences de la littéracie, déjà mises en évidence dans l'antique ville d'Athènes, entre autres par Platon, n'ont déployé pleinement leurs effets que récemment: «Au moyen-âge, les hommes devaient aller vers les livres; [...] depuis les temps modernes, ce sont les livres qui viennent aux hommes, de telle manière que le savoir s'accumule rapidement.» (Schlaffer, 1986, p. 21). D'ailleurs, au Moyen Age et aux temps modernes, l'oral et l'écrit correspondaient à deux langues différentes: la grande majorité du peuple et l'aristocratie vivaient dans une culture orale; seuls les érudits maîtrisaient en deuxième langue le latin – mais uniquement tel que transmis par écrit, non comme langage parlé. Ce n'est que récemment, après 2500 ans, que les «conséquences de la littéracie deviennent importantes»: on produit des «textes» qui sont des «œuvres littéraires en prose, que l'on a travaillées et artistiquement arrangées»[2] (Schlaffer, 1986, p. 23).

Aujourd'hui, la connaissance ne se présente plus seulement sous la forme de livres imprimés, mais aussi en caractères virtuels sur un écran, que l'on peut manipuler à loisir. Les moyens offerts par le traitement de texte et par la réception de messages électroniques conduisent à de nouvelles formes de littéracie. Dès lors, l'enseignement de l'écrit aussi – et par là la didactique de l'écrit – est sollicité de manière nouvelle, alors que dans nos écoles la pédagogie d'une «littéracie créative» s'est à peine imposée à grande échelle. Il s'avère ici très instructif de se pencher brièvement sur l'histoire de l'écriture et de son enseignement (cf. Ludwig, 1996). Si l'on considère que les hommes connaissent l'écriture depuis l'époque des Sumériens, l'écrit a une histoire de 5500 ans. Pendant les 5000 premières années, les tâches de l'activité écrite ont été réparties entre deux protagonistes: l'auteur ou «dicteur», qui dictait (travail intellectuel), et le scribe ou scripteur, qui écrivait (travail manuel – dont la valeur était appréciée en fonction de la calligraphie). Les tâches intellectuelles et manuelles étaient ainsi des activités écrites séparées. Après un très long processus qui s'est déroulé sur les cinq derniers siècles, l'auteur est devenu scripteur et le scripteur aussi auteur.

L'enseignement scolaire de l'écrit a longtemps consisté en une «formation de scripteur», avec un accent particulier mis sur la calligraphie et l'orthographe. Les revendications des tenants de l'éducation nouvelle au début du 20e siècle (cf. Sieber, 1990) entraînent une nouvelle approche: on attend de l'école à la fois une formation d'auteur et de scripteur. L'enseignement s'est aujourd'hui largement engagé dans cette voie: l'écriture est considérée actuellement à l'école comme une activité créatrice (d'auteur). La didactique de l'écrit doit ainsi encourager et promouvoir les deux aspects que sont le développement des compétences d'auteur et des activités de scripteur.

Les approches culturelles ont mis en évidence que la compétence d'écrire ne se limite pas à une simple transcription de l'oralité. Le processus d'apprentissage de l'écrit a gagné ainsi une place centrale dans l'acquisition des capacités cognitives.

---

2   «Es werden ‹Texte› als ‹prosaisch fortlaufende, kompositorisch verfremdete und künstlerisch arrangierte Schriftwerke› produziert.»

Le développement de la compétence d'écrire　　　　　　　　　　231

Processus d'écrire et compétence écrite

Dans la tradition linguistique, en particulier germaniste, on possède une vaste expérience de l'analyse détaillée de textes et de modélisations de l'écrit sur un petit nombre de cas. Par contre, les catégories d'analyse permettant de traiter de grandes quantités de données sont moins élaborées. Ainsi, un grand nombre d'études empiriques de l'écrit menées en sciences sociales (IEA/NAEP/OECD – cf. Brügelmann (1999) pour une vue d'ensemble) fait souvent l'erreur d'utiliser des catégories d'analyse trop générales, ce qui limite la portée des résultats. Les petites et moyennes études (N = < 30 > 300) comprenant des observations détaillées offrent alors un complément indispensable à la recherche dans le domaine de l'écrit. On trouve des exemples de ces trois types d'études chez Feilke (1993; 1996). Cependant, si la recherche en la matière a effectué un grand pas en avant, c'est grâce à l'intensification des recherches dans un autre domaine: l'étude de l'écrit sous l'angle des sciences cognitives.

L'écriture comme activité de résolution de problèmes – les perspectives de processus et de production. Dans la première «grande époque» de la recherche dans le domaine de l'écrit, ce dernier a été modélisé comme un type particulier d'activité de résolution de problèmes, que l'on a mis ensuite en relation avec d'autres. Le premier plan était alors avant tout occupé par les procédés de planification et de correction du texte. Dans ce domaine, les travaux et modèles de Hayes et Flower (1980) et Flower et Hayes (1980) revêtent une importance fondamentale (pour un résumé voir Molitor-Lübbert, 1996, pp. 1005ss). Au niveau suisse, ces modèles, parfois encore affinés, ont permis d'élaborer un «Orchestermodell» de production de textes (Baer, Fuchs, Reber-Wyss, Jurt & Nussbaum, 1995).

Ces recherches basées sur la psychologie cognitive s'appuyaient presque exclusivement sur des modèles d'experts, et faisaient des procédés de planification de la rédaction leur point de mire. Cela a mené entre autres à des modèles didactiques qui soulignaient surtout l'importance d'un plan établi avant la rédaction et qui considéraient cette stratégie comme condition *sine qua non* d'une rédaction réussie.

Développement de la compétence écrite – la perspective de l'acquisition. A partir de l'étude des processus, les chercheurs se sont intéressés à l'évolution de la compétence de production écrite. Dans ce domaine, ce furent les modèles de développement proposés par Bereiter et Scaramalia (Bereiter, 1980; Bereiter & Scaramalia, 1987) qui eurent une influence capitale (pour un résumé voir Molitor-Lübbert, 1996, pp. 1010ss). Bereiter (1980) distingue plusieurs capacités pouvant intervenir dans la production écrite:

- écrire aussi longtemps que viennent les idées (associative writing);
- se conformer à des conventions scolaires (performative writing);
- s'adresser à un lecteur potentiel (communicative writing);
- juger son produit en tant que lecteur (unified writing);
- écrire pour acquérir des connaissances (epistemic writing).

Des modèles plus récents (par exemple Becker-Mrotzek, 1997, pp. 294ss) partent de différentes dimensions de l'écrit: le contenu du texte *(que faut-il écrire?)*, les réalisations textuelles *(comment faut-il écrire?)*, l'organisation du processus de rédaction *(comment faut-il organiser le texte?)*. Flower et Hayes (1980) déjà ont utilisé à cet égard l'image du jongleur, qui doit *jongler* avec les différentes exigences de l'écrit.

De plus, différentes dimensions se déploient au cours du développement ontogénétique. Le développement part du noyau de chaque dimension, et s'étend ensuite vers ses limites, aidé par l'acquisition de comportements routiniers. Le développement de la compétence écrite dépend de l'âge auquel se déroule l'apprentissage, c'est-à-dire de l'expérience accumulée en production écrite plus que de l'âge chronologique du sujet: chaque niveau de performance rédactionnelle ne correspond pas simplement à un âge de la vie! Par la pratique, l'évolution continue à travers l'âge adulte et ne connaît en fait jamais de fin. Le développement de la compétence écrite n'est pas un processus linéaire d'acquisition continue de nouvelles capacités. Au contraire, on peut observer les phénomènes suivants:

- une augmentation quantitative en fonction de l'âge, mais aussi une évolution de structures locales vers des structures globales («Von der Reihung zur Gestaltung»[3], comme le résume le titre de l'ouvrage d'Augst et Faigel, 1986);
- une évolution de la planification: l'accent est d'abord mis sur la surface, puis sur la structure et enfin sur le contenu;

---

3   NdT: «De la juxtaposition à la composition».

Le développement de la compétence d'écrire

- les remaniements de textes n'apportent des améliorations qu'avec l'âge;
- d'importants progrès sont accomplis durant le passage de l'adolescence au début de l'âge adulte (16 à 18 ans), à savoir après la fin de l'école obligatoire.

L'examen de *l'acquisition de la compétence écrite* enrichit les modèles d'experts sous plusieurs aspects. On relèvera notamment: les exigences du texte en cours de réalisation, la situation dans laquelle on écrit, et les diverses stratégies que vont élaborer et utiliser différents rédacteurs. Au début, l'étude des stratégies de celui qui écrit se concentrait sur le plan établi *avant* la rédaction. Depuis, nous savons que plusieurs stratégies peuvent mener au succès dans l'écriture. Barton (1994, pp. 173ss) a suggéré de distinguer quatre approches différentes:

- *la stratégie de la peinture à l'huile:* on n'élabore qu'un plan minimum, on met immédiatement sur papier les idées, puis on remanie le texte à plusieurs reprises;
- *la stratégie de l'architecte:* l'organisation et le plan établis au préalable évitent trop de brouillons et de remaniements;
- *la stratégie du maçon:* on polit chaque phrase avant d'attaquer la suivante;
- *la stratégie de l'aquarelle:* on écrit relativement rapidement une version complète.

Chaque stratégie peut mener au résultat escompté, mais toute stratégie n'est pas idéale pour chaque type de rédaction. De plus, tout rédacteur n'a pas forcément accès à chaque stratégie – il n'existe donc pas de modèle unique pour arriver à écrire! C'est pourquoi il est important dans l'apprentissage de l'écriture d'échanger ses expériences, comme il l'est demandé lorsque l'on discute de textes et de leur qualité (cf. Nussbaumer & Sieber, 1995) et comme on essaie de le mettre en pratique dans le cadre de dispositifs didactiques tels que les «cercles d'écriture», les «Schreibkonferenzen» (cf. Spitta, 1992).

L'ÉCRIT, OBJET DE RECHERCHE POUR DE NOMBREUSES DISCIPLINES

Pour résumer cette première partie, on retiendra les points suivants:

1. La recherche culturelle sur les rapports entre oralité et littéracie a permis de révéler les particularités et les effets de la littéracie. La science de la culture et l'histoire des civilisations ont ainsi fait avancer la recherche dans le domaine de l'écriture en lui offrant de nouvelles dimensions, qui fournissent dans la période actuelle de révolution médiatique des outils importants pour évaluer les processus de transformation.
2. Les vastes recherches empiriques menées sur l'écrit dans la perspective des sciences cognitives se sont d'abord concentrées sur les processus rédactionnels en s'orientant en grande partie sur des modèles d'experts et en étudiant uniquement les stratégies d'architecture du texte. Les modèles, largement influencés par la psychologie, accordaient avant tout de l'importance au processus d'écrire; ils ne prêtaient pas attention aux questionnements linguistiques, et encore moins aux questionnements didactiques.
3. Dans le stade ultérieur de la recherche en matière d'écriture, on a pris en considération non seulement les processus, mais aussi les procédures et les «patterns» de l'écrit, et on a étudié plus attentivement les étapes de son apprentissage. Cela a conduit à une combinaison de perspectives issues des sciences cognitives, linguistiques et didactiques – et concrètement à une collaboration plus étroite entre la recherche en matière d'écriture et la didactique de l'écrit.
4. Plus récemment, la question d'une participation plus importante du *sujet-rédacteur* au processus d'écrire est devenu objet d'étude. On porte dès lors – à nouveau – une plus grande attention aux procédés d'évaluation, au fait de discuter des textes et de leur qualité. Il devient également important d'examiner l'écrit dans différentes situations sociales – les perspectives que l'on a eu jusqu'à présent sont donc complétées par des aspects pédagogiques. La complexité de l'apprentissage de l'écrit requiert ainsi impérativement des perspectives d'étude *interdisciplinaires*, qui ne peuvent être adoptées qu'en coopération.

Le développement de la compétence d'écrire

UN APERÇU DES ESSAIS PERSONNELS

La première partie de cet exposé présentait globalement d'importants courants de recherche en matière d'écriture; cette deuxième partie illustrera au moyen d'études zurichoises comment les perspectives adoptées pour aborder l'écriture peuvent changer au cours de différents projets, rendant ainsi possible et nécessaire une coopération entre plusieurs disciplines de référence.

LE PROJET ZURICHOIS «COMPÉTENCES LANGAGIÈRES»[4]

Le premier projet d'importance sur l'écrit, auquel j'ai moi-même eu l'occasion de participer, remonte aux années 1988-94. Le projet zurichois «compétences langagières» (Sieber, 1994) devait permettre une analyse d'observations sur les capacités langagières d'étudiants passant leur maturité ou commençant leur cursus universitaire. Cette recherche a été initiée à la suite de récriminations sur une prétendue diminution des compétences linguistiques/orthographiques, qui dominaient alors (et pas seulement à cette époque, d'ailleurs) les débats sur la formation. Pour cette raison, l'élément central du projet a consisté en une analyse linguistique de textes, du point de vue de leurs qualités et de leurs défauts, selon l'hypothèse que l'on pourrait inférer une *compétence écrite originelle de l'auteur* en fonction des qualités découvertes dans le texte.

Les résultats démontrèrent (Sieber, 1994, pp. 299ss) une grande diversité des résultats dans toutes les catégories examinées. En outre, du point de vue formel, un haut niveau d'exactitude linguistique a été trouvé (99,3% des mots orthographiés correctement, 82% des phrases ponctuées de manière exacte). La moyenne de mots par phrase était de 15,86 mots, phrase en aucune façon aussi courte que ce que veulent toujours nous laisser croire les «pessimistes de la culture».

Les propriétés particulières que l'on a pu relever dans les textes sont les suivantes:

- la structure graphique
- l'interpellation d'un lecteur fictif
- la présentation du point de vue personnel
- le recours à des moyens méta-communicatifs.

---

4 «Sprachfähigkeiten-Projekt».

De plus, nous avons remarqué au cours d'analyses des phénomènes textuels qui ne pouvaient faire l'objet d'une interprétation claire et qui nous ont conduits à formuler l'hypothèse suivante: nous pensons pouvoir observer dans l'écriture à l'école un phénomène qui traduit une tendance importante de l'évolution linguistique de notre siècle, celle du rapprochement des langages écrit et parlé, avec une évolution marquée en direction du langage parlé.

Nous caractérisons de telles tendances par le terme *parlando*. Cette dénomination est empruntée au lexique musical, où cet adverbe caractérise un style d'adaptation en musique et d'interprétation, en vogue dans l'opéra bouffe des 18e et 19e siècles, essayant de reproduire le langage parlé (avec sa rapidité et son naturel). Appliqué à des textes écrits, le *parlando* décrit un certain type de *surface textuelle* qui, aussi bien par le choix des mots et de la syntaxe que par la structure, semble s'orienter vers une *situation fictive de conversation*. Ou mieux, si c'est un texte *parlando* réussi, on le comparera à un *manuscrit radio*: un monologue utilisant le langage parlé. De tels textes – moins portés vers l'idéal de la norme formelle que vers leur «digestibilité» – sont d'emblée faciles à comprendre, opposent (au premier abord) peu de résistance et sont de lecture fluide (Sieber, 1994, p. 319).

L'ensemble du projet «compétences linguistiques» s'inscrivait dans une perspective synchronique à la fois linguistique et didactique: une analyse de textes actuels ainsi que d'autres données devaient fournir les bases nécessaires à un diagnostic sur la compétence d'écrire. Ce diagnostic a permis de développer des thèses en matière de politique de formation pour le «développement des compétences langagières dans les écoles moyennes et supérieures» (Sieber, 1994, chap. 8).

L'exemple «*parlando* dans les textes» a cependant aussi démontré que beaucoup de phénomènes de l'évolution de l'écrit ne peuvent être mis en évidence que si l'approche linguistique synchronique peut être complétée par d'autres approches, tantôt spécifiques à une discipline, tantôt pluridisciplinaires.

LE PROJET «PARLANDO DANS LES TEXTES»

Dans un projet ultérieur (1994-1998, cf. Sieber, 1998), l'occasion s'est présentée de suivre une telle approche pluridisciplinaire. En effet, pour expliciter le phénomène désigné sous le nom de *parlando* et les changements plus profonds pressentis dans les «patterns» de textes,

Le développement de la compétence d'écrire

plusieurs voies ont été suivies, aussi bien empiriques (a) que théoriques (b).

a) Une base empirique a été constituée par deux recueils différents de textes rédigés par des étudiant/es passant leur maturité:
    – d'une part, nous avions à disposition le matériel récolté pour le projet «compétences langagières» décrit ci-dessus (plus de 800 textes d'écoles secondaires et de l'Université) – permettant une approche synchronique;
    – d'autre part, nous avons pu établir puis examiner en détail un recueil historique de travaux de maturité rédigés entre 1881 et 1991 dans un gymnase suisse (pour plus de précisions, cf. Sieber, 1998, pp. 72ss). Nous avons alors introduit une perspective diachronique dans l'expérimentation.

Alors que l'analyse de la qualité des textes dans le projet «compétences langagières» avait été menée dans une micro-perspective, rendant notamment indispensable une grille d'analyse détaillée (la «grille d'analyse zurichoise», das «Zürcher Textanalyseraster» – cf. Nussbaumer & Sieber, 1995), c'est une perspective macroscopique qui a dominé dans le projet *parlando*, complétant et élargissant la portée du projet précédent. Cette perspective macroscopique devait permettre de tirer des phénomènes textuels observés des conséquences relatives au processus général d'évolution du langage.

b) La recherche d'explications à un possible processus d'évolution du langage, que l'on peut démontrer par l'apparition du pattern *parlando*, implique nécessairement que l'on s'oriente davantage vers des réflexions théoriques, menées dans plusieurs disciplines. En premier lieu, ces réflexions concernent les modifications du pattern de base de la communication (Sieber, 1998, chap. 5). Des réponses ont été apportées par la synthèse d'approches théoriques sur la modélisation d'une compétence de sens commun d'une part (Feilke, 1994), et sur l'évolution du langage socio-communicatif d'autre part (Mattheier, 1988). Les réflexions menées sur la théorie de la compétence de «common sense» ont également rendu plausible l'idée que la communication orale se base sur la possibilité de relier un message à un autre[5]

---
5   Anschliessbarkeit von Kommunikation an Kommunikation.

(Luhmann, 1985). Cela conduit à une nouvelle manière de voir le *parlando*, en cherchant dans ce pattern de textes des possibilités nouvelles de *relier des messages*. De telles modifications peuvent être constatées – conformément aux réflexions menées sur l'évolution du langage socio-communicatif – par des changements dans la demande, les besoins et les conditions de la communication.

Certains résultats de la discussion concernant l'oral et l'écrit du point de vue des sciences de la culture et des théories du langage permettent de voir le *parlando* comme une structure textuelle influencée par une attitude communicative dominant traditionnellement à l'oral (Sieber, 1998, chap. 6). Ainsi, le *parlando* pourrait être une réaction langagière à de nouvelles exigences de la société, se détournant de la tendance traditionnelle qui prône une rédaction écrite «élaborée», et indiquant la prise en compte d'influences extérieures à la langue elle-même.

La question des causes de ce phénomène particulier – des textes *écrits* rédigés en adoptant l'attitude communicative de *l'oral* – conduit à dépasser une dimension explicative purement linguistique et à reconnaître les apports de la sociologie et de la psychologie sociale, à travers les mots-clefs de «tendance à l'individualisation» et «développement de l'identité» (Sieber, 1998, chap. 7). Finalement, pour comprendre le phénomène *parlando*, il faut aussi prendre en considération les changements survenus dans la théorie de l'enseignement (Sieber, 1998, chap. 8). Sur une large période au début du 20e siècle, l'enseignement de l'écrit a occupé une place centrale dans la conception (conservatrice) que l'on avait de l'éducation. Le combat mené pour l'établissement d'un système de formation gymnasiale réaliste, soutenu par le progrès des sciences naturelles, a déclenché un processus de dévalorisation de la formation linguistique qui s'est poursuivi à travers le 20e siècle, même si cette formation linguistique constitue comme auparavant un des buts énoncés parmi les plus importants de l'éducation.

Rappelons en bref les éléments à prendre en considération pour expliquer le phénomène «*Parlando* dans les textes». Une question relevant à l'origine de la linguistique et de la didactique des langues – celle de l'explication d'un phénomène textuel (le *parlando*) – a conduit à dépasser le domaine d'étude d'origine de la recherche dans le domaine des langues. Cette question ne pouvait en effet être traitée de façon satisfaisante qu'en adoptant parallèlement des perspectives issues des sciences sociales et des théories de l'éducation. C'est uniquement ainsi que l'on

Le développement de la compétence d'écrire 239

peut tirer des conséquences didactiques tenant compte de la recherche active menée par des jeunes pour élaborer un style propre et une attitude originale face à la langue et à ses normes (cf. Sieber, 2000, pp. 129ss). La recherche *parlando* illustre ainsi la nécessité de dépasser les perspectives de la linguistique, pour faire appel à différentes théories et traditions scientifiques, à plus forte raison quand on examine des phénomènes complexes de l'évolution de l'écrit. L'histoire de la culture et des langues, la sociologie, la psychologie sociale, les théories de l'éducation et des médias occupent une place centrale dans les études actuelles.

LA SITUATION ACTUELLE: LE PROJET DU FONDS NATIONAL «APPRENDRE DANS LE CONTEXTE DES NOUVEAUX MÉDIAS: EFFETS SUR LE DÉVELOPPEMENT DE LA LITTÉRACIE»

Le projet *parlando* a mis en évidence la forte influence des médias sur l'écrit, puisque le pattern *parlando* constitue une tentative de répondre par l'écrit à des exigences posées normalement par le langage oral. Plus récemment, ces *tensions et rejets entre oral et écrit* peuvent être clairement observés dans l'utilisation des possibilités d'écrire offertes par la technologie informatique. L'*e-mail* et la communication par *chat* dévoilent de tout nouveaux modèles; ils exerceront très probablement une influence sur le développement de la compétence écrite.

Il est de ce fait particulièrement intéressant qu'un groupe d'étude se soit penché de plus près sur ces aspects mêmes, dans le cadre d'un projet du programme prioritaire du Fonds national suisse «Demain la Suisse», lancé au printemps 2000. Alors que dans les projets décrits ci-dessus nous avions uniquement eu recours aux perspectives d'autres disciplines pour interpréter des phénomènes analysés au préalable, dans ce projet-ci, on a fait appel à une coopération interdisciplinaire entre des expert(e)s en matière de littérature, de linguistique et de sciences sociales.

Les réflexions de départ de ce projet peuvent se résumer comme suit. Les médias sont d'importantes instances de socialisation pour le développement de l'écrit. L'évolution actuelle du système médiatique n'a pas seulement une influence déterminante sur l'utilisation et les formes de la communication: les changements des structures médiatiques entraînent aussi la création de *nouveaux modes d'organisation de textes*. Face aux médias, on a affaire à une base de réception qui règle de manière tout à fait nouvelle la compréhension et la production de textes. Pour cette raison, *la question des nouvelles modalités d'apprentissage de l'écrit, et des changements survenus dans les activités de lecture et d'écriture est centrale pour évaluer l'effet des médias sur les processus de formation et, en particulier, sur l'acquisition d'une connaissance générale de l'écrit comme compétence-clef.*

Le projet se concentre sur des enfants et des jeunes et part des résultats des recherches menées dans le cadre du projet antérieur «Littéracie dans le domaine des médias» («Literalität im medialen Umfeld», cf. Bertschi-Kaufmann, 2000). Le projet comporte d'une part des analyses approfondies de nombreuses données récoltées à partir de cahiers quotidiens de lecture et d'écriture (les Lese- und Medientagebücher) et poursuit d'autre part des observations longitudinales à long terme (Längschnittbeobachtungen) menées sur l'évolution de la lecture et de l'écrit dans le contexte multimédia. Le projet cherche à répondre à la question centrale «*quelles relations faut-il observer entre l'offre des médias, leur utilisation et la compétence écrite?*» en suivant trois perspectives différentes. On a choisi pour cela une approche par plusieurs méthodes, procédant en trois temps:

- dans un premier temps, on examine les changements intervenus dans la base de réception et les comportements de lecture qui en résultent (méthodes: analyses comparatives de contenu et de structure; entretiens cliniques, questionnaire Delphi);
- dans une deuxième étape, on se concentre sur la production de textes écrits en rapport avec l'utilisation plus étendue des médias (méthode: analyse linguistique de textes);
- finalement, on procède à une analyse des interactions entre les composantes école et famille, qui apportera des éclaircissements sur les conditions de la socialisation par les médias et de ses influences sur la littéracie (méthodes: entretiens semi-dirigés; étude par questionnaire).

De cette façon, on récoltera des données empiriques et on acquerra des connaissances plus développées sur la relation entre les textes que proposent aujourd'hui les multimédias et les changements que ces textes ont provoqués, ainsi que sur la manière et les possibilités d'apprentissage de l'écrit chez ceux qui ont grandi avec eux. Ces connaissances seront nécessaires pour encourager le développement de la littéracie dans de nouveaux environnements médiatiques et pour définir les futures méthodes de formation à l'écrit.

Le développement de la compétence d'écrire

Ces questions ne pouvaient trouver une réponse que dans le cadre d'un projet interdisciplinaire auquel participeront des linguistes, des chercheurs en littérature et en sciences sociales. De surcroît, une telle étude constitue un bon exemple de projet mené de concert par différents instituts de recherche et de formation. En effet, outre l'auteur, de Zurich, participent aussi le chercheur en sciences sociales Wassilis Kassis (section Pédagogique, Université de Bâle), la germaniste et didacticienne de l'allemand Andrea Bertschi-Kaufmann (professeure à la Haute Ecole Pédagogique de Zofingen), les linguistes Thomas Bachmann, de St-Gall/Zurich, et Hansjakob Schneider, de Bâle/Zurich.[6]

EN CONCLUSION

Le titre de cet exposé posait la question suivante: Le développement de la compétence d'écrire, que peut-on en dire? Qui peut le dire? En s'appuyant sur la citation de Dehn reproduite dans l'introduction, on peut maintenant tenter de formuler une réponse: «L'écrit est toujours lié à des contextes: des contextes de la pensée, de l'expression, de l'échange» (Dehn, 1999, p. 11). Celui qui étudie les contextes de la pensée en relation avec l'écrit, les moyens d'expression et les produits qui en résultent, les formes d'échange, ainsi que les discussions menées autour de textes et de l'activité de rédaction peut s'exprimer sur l'évolution de l'écrit.

En un mot, la compétence d'écrire est un sujet d'étude qui ne peut être abordé de façon satisfaisante que de manière interdisciplinaire. Selon la composition de l'équipe de chercheurs, différents aspects occuperont le centre de l'intérêt. L'examen de l'ensemble des formes et des fonctions d'une telle combinaison d'activités et de réflexions ne me paraît pas possible. Cela nous contraint, dans notre étude du développement de l'écrit, à définir le domaine de recherche avec la même exactitude que celle avec laquelle nous devons limiter le champ d'application des résultats.

Ce ne sont pas tant les classements par discipline qui sont importants, mais les questions que pose la recherche. En tous les cas, pour promouvoir l'écrit, la didactique des langues tient un rôle central dans la coordination et la promotion de projets sortant du strict cadre discipli-

---

6 Pour des informations plus détaillées sur ce projet, on peut consulter le site Internet www.literalitaet.ch.

naire. La didactique des langues a tout intérêt à poursuivre l'étude de l'écrit, parce qu'elle ne peut progresser qu'au moyen des découvertes faites en la matière. Et pour étudier l'écrit, plusieurs centrations didactiques sont particulièrement pertinentes, telles que l'étude de l'acquisition de la compétence écrite, sous des perspectives aussi bien ontogénétiques que phylogénétiques; la modélisation du processus d'écrire; et enfin le développement de dispositifs d'enseignement/apprentissage adéquats et de possibilités d'appui pédagogique pour que l'école puisse remplir de manière professionnelle et efficace son mandat et encourager plus intensément l'écrit.

La didactique des langues se doit donc d'assumer la noble tâche de promouvoir et de garder les approches interdisciplinaires de l'écrit. Ainsi, la recherche en matière de construction et de développement de la compétence écrite pourra être poursuivie en coopération interdisciplinaire par la didactique des disciplines et les sciences de référence, plus particulièrement avec l'aide des sciences sociales et des sciences de l'éducation; les connaissances nécessaires et les bases idoines pour une promotion efficace de l'écrit pourront ainsi être élaborées.

RÉFÉRENCES BIBLIOGRAPHIQUES

Antos, G. & Krings, H.-P. (Ed.) (1989). *Textproduktion. Ein interdisziplinärer Forschungsüberblick*. Tübingen: Niemeyer.
Augst, G. & Faigel, P. (1986). *Von der Reihung zur Gestaltung. Untersuchungen zur Ontogenese der schriftsprachlichen Fähigkeiten von 13-23 Jahren*. Frankfurt/ Berne/New York: Lang.
Baer, M., Fuchs, M., Reber-Wyss, M., Jurt, U. & Nussbaum, T. (1995). Das «Orchester-Modell» der Textproduktion. In J. Baurmann & R. Weingarten (Ed.), *Schreiben. Prozesse, Prozeduren und Produkt* (pp. 173-200). Opladen: Westdeutscher Verlag.
Barton, D. (1994). *Literacy: an introduction to the ecology of written language*. Oxford: Blackwell.
Baurmann, J. & Weingarten, R. (Ed.) (1995). *Schreiben. Prozesse, Prozeduren und Produkte*. Opladen: Westdeutscher Verlag.
Becker-Mrotzek, M. (1997). *Schreibentwicklung und Textproduktion. Der Erwerb der Schreibfertigkeit am Beispiel der Bedienungsanleitung*. Opladen: Westdeutscher Verlag.

Bereiter, C. (1980). Development in writing. In L. W. Gregg & E. R. Steinberg (Ed.), *Cognitive processes in writing* (pp. 73-93). Hillsdale, NJ: Erlbaum.
Bereiter, C. & Scardamalia, M. (1987). *The psychology of written composition*. Hillsdale, NJ: Erlbaum.
Bertschi-Kaufmann, A. (2000). *Lesen und Schreiben in einer Medienumgebung: die literalen Aktivitäten von Primarschulkindern*. Aarau: Bildung Sauerländer.
Brügelmann, H. (Ed.) (1999). *Was leisten unsere Schulen? Zur Qualität und Evaluation von Unterricht*. Seelze: Kallmeyer.
Dehn, M. (1999). *Texte und Kontexte: Schreiben als kulturelle Tätigkeit in der Grundschule*. Berlin/Düsseldorf: Volk & Wissen, Kamp.
Feilke, H. (1993). Schreibentwicklungsforschung. Ein kurzer Überblick unter besonderer Berücksichtigung der Entwicklung prozessorientierter Schreibfähigkeiten. *Diskussion Deutsch, 129*, 17-34.
Feilke, H. (1994). *Common-sense-Kompetenz. Überlegungen zu einer Theorie des ‹sympathischen› und ‹natürlichen› Meinens und Verstehens*. Frankfurt am Main: Suhrkamp.
Feilke, H. (1996). Die Entwicklung der Schreibfähigkeiten. In H. Günther & O. Ludwig (Ed.), *Schrift und Schriftlichkeit. Writing and its use* (pp. 1178-1191). Berlin/New York: de Gruyter.
Flower, L. S. & Hayes, J. R. (1980). The Dynamics of Composing: Making Plans and Juggling Constraints. In L. W. & R. Gregg, E. Steinberg (Ed.). *Cognitive Processes in Writing* (pp. 31-50). Hillsdale, NJ: Erlbaum.
Goody, J. (Ed.) (1968/1981). *Literacy in Traditional Societies*. Cambridge: Cambridge University Press.
Goody, J., Watt, I. & Gough, K. (1968/1986). *Entstehung und Folgen der Schriftkultur*. (F. Herborth, trad.) Frankfurt: STW.
Hayes, J. R. & Flower, L. S. (1980). Identifying the organization of writing processes. In L. W. Gregg & E. R. Steinberg (Ed.), *Cognitive porcesses in writing* (pp. 3-30). Hillsdale, NJ: Erlbaum.
Koch, P. & Oesterreicher, W. (1994). Schriftlichkeit und Sprache. In H. Günther, & O. Ludwig (Ed.), *Schrift und Schriftlichkeit. Writing and Its Use. Ein interdisziplinäres Handbuch internationaler Forschung* (pp. 587-604). Berlin/New York: de Gruyter.
Krings, H. P. & Antos, G. (Ed.) (1992). *Textproduktion. Neue Wege der Forschung*. Trier: Wissenschaftlicher Verlag.
Ludwig, O. (1996). Vom diktierenden zum schreibenden Autor. In H. Feilke & Portmann, P. R. (Ed.), *Schreiben im Umbruch. Beiträge der lin-*

guistischen Schreibforschung zur Praxis und Reflexion schulischen Schreibens (pp. 16-28). Stuttgart: Klett.

Luhmann, N. (1985). *Soziale Systeme, Grundriss einer allgemeinen Theorie*. Frankfurt am Main: Suhrkamp.

Mattheier, K. J. (1988). Das Verhältnis von sozialem und sprachlichem Wandel. In *Handbuch ‹Sociolinguistica›*, 2. Halbband (pp. 1430-1452). Berlin/New York: de Gruyter.

Molitor-Lübbert, S. (1996). Schreiben als mentaler und psychischer Prozess. In H. Günther & O. Ludwig (Ed.), *Schrift und Schriftlichkeit. Writing and Its Use. Ein interdisziplinäres Handbuch internationaler Forschung*. 2. Halbband (pp. 1005-1027). Berlin/New York: de Gruyter.

Notter, P., Bonerad, E.-M. & Stoll, F. (1999). *Lesen – eine Selbstverständlichkeit? Schweizer Bericht zum ‹International Adult Literacy Survey›* (Nationales Forschungsprogramm 33: Wirksamkeit unserer Bildungssysteme). Chur/Zürich: Rüegger.

Nussbaumer, M. & Sieber, P. (1995). Über Textqualitäten reden lernen – z.B. anhand des ‹Zürcher Textanalyserasters›. *Diskussion Deutsch, 141*, 36-52.

Ong, W. J. (1982/1987). *Oralität und Literalität. Die Technologisierung des Wortes*. Opladen: Westdeutscher Verlag.

Schlaffer, H. (1986). Einleitung. In J. Goody, I. Watt & K. Gough (Ed.), *Entstehung und Folgen der Schriftkultur* (pp. 7-23). (F. Herborth, trad.) Frankfurt am Main: Suhrkamp.

Sieber, P. (1990). *Perspektiven einer Deutschdidaktik für die deutsche Schweiz* Aarau/Frankfurt/Salzburg: Sauerländer.

Sieber, P. (Ed.). (1994). *Sprachfähigkeiten – Besser als ihr Ruf und nötiger denn je! Ergebnisse und Folgerungen aus einem Forschungsprojekt* Aarau/Frankfurt a.M./Salzburg: Sauerländer.

Sieber, P. (1998). *Parlando in Texten. Zur Veränderung kommunikativer Grundmuster in der Schriftlichkeit* Tübingen: Niemeyer.

Sieber, P. (2000). Schreiben im Spannungsfeld von Oralität und Literalität. In H. Witte, C. Garbe, K. Holle, J. Stückrath & H. Willenberg (Ed.), *Deutschunterricht zwischen Kompetenzerwerb und Persönlichkeitsbildung* (pp. 114-133). Hohengehren: Schneider.

Spitta, G. (1992). *Schreibkonferenzen in Klasse 3 und 4. Ein Weg vom spontanen Schreiben zum bewussten Verfassen von Texten*. Berlin: Cornelsen/Scriptor.

Ueding, G. (1985). *Rhetorik des Schreibens. Eine Einführung* (Athenäum Taschenbücher; 2181.) Königstein/Ts.: Athenäum-Verlag.

Eric Delamotte

Les voies et les voix de l'économie de l'éducation

Introduction :
LE FOISONNEMENT DES SCIENCES DE L'ÉDUCATION

On le sait, les sciences de l'éducation ne sont pas unifiées. Il n'existe même plus désormais de paradigme dominant, mais un foisonnement difficilement maîtrisable de théories et d'approches différentes. Leur point commun tout de même, qui assure leur appartenance au champ des sciences de l'éducation, est qu'elles reconnaissent l'irréductibilité des connaissances, de leur apprentissage, caractère qui n'est pas un simple calque d'un autre domaine, et qu'elles relèvent donc d'une discipline spécifique.

Parallèlement, les sciences de l'éducation définissent leur position épistémologique en relation avec les sciences connexes qui, elles, sont concernées par les questions d'apprentissage sans pour autant les prendre pour leur objet propre. Pour chaque chercheur, le choix des disciplines auxquelles s'articule sa théorie est constitutif de son positionnement théorique lui-même. Ainsi l'économie de l'éducation, dont l'appartenance au double champ économique et éducatif est assez explicite, oblige à organiser ce type de connexions. L'articulation à des disciplines voisines que chacun justifie, ne résulte pas du seul enseignant-chercheur, mais elle est évidemment liée au développement et à l'orientation des disciplines à un moment de l'histoire sociale et scientifique.

Ce chapitre traite de la place de l'économie de l'éducation. Il brosse les grandes lignes de l'identité d'une discipline marginale en se référant principalement à la situation française pour donner quelques exemples. Il décrit l'évolution des rapports de l'économie de l'éducation avec l'objet éducation, c'est-à-dire comment l'économie de l'éducation gère son identité. La première partie met en perspective historique l'économie de l'éducation (l'identité pour soi). La deuxième partie place l'économie de l'éducation devant les différents visages qu'on lui renvoie (l'identité attribuée). La réflexion sur ces facettes montre que l'insertion de l'économie de l'éducation dans la communauté scientifique est délicate. Pour illustrer ces jeux, la troisième partie ouvre la discussion sur la «mathématisation» de l'économie. Le débat sur l'utilisation intensive de l'outil mathématique au détriment d'autres approches a comme utilité de définir l'économie en fonction des enjeux sociaux de cette discipline. A partir de ce débat, la question traitée dans la quatrième partie est de savoir si la mathématisation de l'économie devint excessive parce que les économistes ne savent plus communiquer. On peut déceler, en fait, une difficulté à maîtriser le dialogue avec la société à propos de l'économie de l'éducation.

UNE DOUBLE MARGINALISATION

Les économistes ont commencé à s'intéresser réellement à l'éducation il y a une cinquantaine d'années, lorsqu'ils ont étudié sa rentabilité de façon d'abord théorique, puis dans la foulée, de façon empirique. Depuis, l'économie de l'éducation appartient à la «marginalité d'une majorité»: elle a une petite place au sein des sciences économiques et des sciences de l'éducation. Ce constat permet un double questionnement portant sur l'intérêt de l'économie pour l'éducation et sur l'intérêt des sciences de l'éducation pour l'économie.

Unité de l'économie de l'éducation

Comme pour la plupart des autres pays occidentaux, la situation française repose sur les deux faces suivantes: d'un côté, l'économie pour les sciences de l'éducation est une discipline de référence en tant qu'économie appliquée. De l'autre côté, il est difficile de dissocier sciences économiques et économie de l'éducation tant l'éducation est perçue à la fois comme une question essentielle et un des domaines de l'économie.

Comme entité duale l'économie de l'éducation propose un panorama intéressant. On constate une forte concentration de recherches, un «noyau dur», sur quelques domaines légitimes tels que la contribution de l'éducation à la croissance, l'efficacité des systèmes éducatifs, la relation emploi-formation ou encore l'investissement en capital humain. Sur

Les voies et les voix de l'économie de l'éducation 247

ces quatre grands thèmes, les chercheurs et les équipes d'économie de l'éducation ont acquis une renommée scientifique et une légitimité.[1] Toutefois, ces équipes sont dans une situation singulière: elles sont en concurrence non seulement avec les autres sciences sociales qui prétendent produire une représentation scientifique de l'éducation, mais aussi avec les laboratoires d'économie des départements d'économie et plus largement avec les spécialistes du champ éducatif.

LE TROUBLE D'UNE NOUVELLE GÉNÉRATION

En France, l'IREDU, laboratoire de recherche en économie de l'éducation reconnu par le CNRS est, selon la formule consacrée, l'arbre qui cache la diversité des situations mais qui, aussi, favorise les alignements. Le «noyau dur» de l'économie éclaire un ensemble de faits relatifs à l'éducation et en laisse d'autres dans la pénombre.

Mais des évolutions sont en cours. Premièrement, en France, les sciences de l'éducation arrivent à un tournant, celui du départ de la génération qui a fondé, en grand partie, les sciences de l'éducation sur une base disciplinaire: philosophie de l'éducation, sociologie de l'éducation, psychologie de l'éducation et aussi économie de l'éducation. Deuxièmement, pour une partie de la nouvelle génération, deux enjeux apparaissent: celui de l'interdisciplinarité et celui de la gestion d'un héritage.

Multiples et divers, les enjeux de l'interdisciplinarité peuvent être regroupés actuellement autour des tentatives d'ouvrir «la boîte noire» en analysant le fonctionnement interne du système éducatif. De fait, un ensemble actuel d'analyses propose une approche qui s'ouvre à la complexité des logiques d'apprentissage. Cela est fort différent d'une économie de l'éducation qui rend compte de l'efficacité de l'éducation avec des critères portant, par exemple, sur la maîtrise comptable du financement de l'éducation. En ne considérant pas l'éducation comme une compétition qui s'imposerait à tous ou encore comme une action rationnelle clivée par l'obtention d'un résultat, les perspectives individualistes et utilitaristes en éducation sont l'objet de remise en cause plus ou moins radicale. Par exemple, Chatel (2001) exprime une thèse où:

---

1 On peut signaler à ce propos trois recherches sur l'évaluation des politiques éducatives, celles de Grin (1994), de Carnoy (2000) et d'Orivel (1995), commandées respectivement par le PNR 33 suisse, l'OCDE et la Banque mondiale.

Soutenir une idée forte de l'éducation en économie impose, à notre sens, de
ne pas y voir un mode de sélection de personnes déjà dotées de qualités intrinsèques ou socialement héritées. Soutenir une idée forte de l'éducation en
économie impose de rompre avec l'utilitarisme – l'éducation est plus qu'une
accumulation de compétences productives – au profit d'une vision de
l'homme conçu comme un être moral, raisonnable et potentiellement en devenir. Alors l'action éducative devient plus complexe, elle inclut nécessairement de l'incertitude et son évaluation ne peut se réduire à une prise de mesure car elle implique des valeurs au pluriel (p. 9).

En ce qui concerne la gestion d'un héritage, c'est une situation singulière
pour les sciences de l'éducation et particulièrement pour l'économie de
l'éducation. Les économistes de l'éducation ont notamment à assumer
une ancienne position de domination: celle d'experts. En effet, au cours
des années soixante, dans la lutte menée par les économistes de l'éducation pour prescrire la définition des politiques éducatives, ceux-ci sont
devenus des conseillés du prince. Ils ont «pactisé» avec les politiques. Ce
compromis français peut s'expliquer notamment par l'importance de la
planification dans un état de tradition jacobine.[2] Mais rien n'imposait cependant cette relation «contre nature» entre le savant et le politique. Aujourd'hui, se pose la question du statut de l'expert ou de celui de consul-
tant pour la conduite des politiques éducatives. Comment opérer la
passerelle entre la recherche et les instances décisionnelles (Région, Ministère, Organisation internationale)? Maintenir un positionnement d'expert est-il un enjeu pour exercer une influence? Ce statut privilégié est-il
porteur de «pensée unique» et donc de sclérose?

Socialement, les pratiques de conseils, qu'elles soient prestigieuses
ou qu'elles relèvent de la simple formulation d'avis pour des choix de
formation, ont changé de position (au sens de Bourdieu). Il est juste désormais de parler d'un champ de l'économie de l'éducation, avec ses

---

2   Ainsi, *grosso modo*, la question de l'administration de l'éducation en France
    est encore pensée en termes de système éducatif (Paul, 1999). Cette approche
    est évidemment différente pour les pays anglo-saxons où la question des éta-
    blissements est centrale. Au Québec, par exemple, il existe un département
    d'administration scolaire dans toutes les facultés d'éducation. Et, en consé-
    quence, on se retrouve face à un milieu scientifique organisé avec des para-
    digmes scientifiques bien différents de ceux convoqués en France (Evers &
    Lakomski, 1991).

Les voies et les voix de l'économie de l'éducation 249

hiérarchies endogènes, ses stratifications, ses nouveaux domaines et porte-parole. Une nouvelle légitimation se met en place.[3]

UNE CHAÎNE D'INTERDÉPENDANCES

Dans le dialogue avec la communauté scientifique, ce que rencontre l'économiste de l'éducation, ce ne sont pas des personnes, bien vivantes par ailleurs, mais des postures de chercheurs différentes.[4] Chacun est amené à faire des choix et donc à construire sa personnalité propre au sein de ce petit monde. Est-ce original? Non, bien sûr. Elias (1985) ou Lazega (2001) posent comme centraux dans leurs travaux sur la «société de cour» et sur le «phénomène collégial» les réseaux de dépendances réciproques qui font que chaque action individuelle dépend de toute une série d'autres. Les chaînes d'interdépendances plus ou moins complexes définissent la spécificité de chaque configuration sociale. Dans chaque «groupe», «communauté épistémique» ou «société» les interdépendances se distribuent en séries d'antagonismes.

L'économie de l'éducation peut être présentée comme une communauté marquée par une diversité de courants. Cependant les différences, aussi fortes soient-elles, s'expriment à partir de l'existence d'un patrimoine commun critiqué ou revendiqué.

De plus, la définition de l'identité de l'économie de l'éducation passe par le regard des autres. Il n'y a pas d'économie de l'éducation seule. En conséquence, naturellement, il n'est pas possible de présenter, même schématiquement, ce qui constitue la «société» économie de l'éducation, mais d'éclairer autant que possible les termes du débat, car les pro-

---

3 Si l'on poursuit le thème de l'administration de l'éducation, il apparaît aujourd'hui que le problème se pose différemment avec la décentralisation, c'est-à-dire le retrait relatif de l'Etat et la montée du «local». Cette tendance modifie les problématiques avec, par exemple, le concept de gouvernance (Dutercq, 1999). Et, incontestablement, de nouvelles recherches se sont développées en France à la frontière de la sociologie et des sciences politiques (Derouët, 2000).
4 On peut, par exemple, différencier, en termes de posture, les études critiques de Meuret sur la politique de réduction de la taille des classes qui alimentent le premier avis rendu par le Haut Conseil de l'Evaluation de l'Ecole (Thélot, 2000) et l'approche de l'évaluation par Chatel (2001).

blèmes auxquels sont confrontés les économistes de l'éducation sont certainement ceux des sciences de l'éducation.

POUR LES SCIENCES DE L'ÉDUCATION,
L'APPROCHE ÉCONOMIQUE EST À LA FOIS RESPECTÉE ET CRAINTE

L'économie est respectée, car elle a apporté, dans les années soixante, une forme de légitimité aux nouvelles sciences de l'éducation. Cependant, les économistes sont reconnus tout en subissant une dénonciation idéologique: dans un univers qui voudrait être géré par d'autres valeurs, l'économie de l'éducation c'est le loup dans la bergerie. Elle constitue l'introduction d'une pensée gestionnaire (ou pire d'une pensée économique libérale)[5]. Est-ce le fait de cette réputation que l'enseignement de l'économie de l'éducation n'existe pas dans tous les départements universitaires français de sciences de l'éducation?

POUR LE MONDE DES POLITIQUES,
L'ÉCONOMIE DE L'ÉDUCATION EST UNE SCIENCE APPLIQUÉE

Pour la pensée managériale dominante, l'affaire est entendue: c'est le libre jeu des intérêts et du calcul égoïste propres à l'*homo œconomicus* qui gouverne la société. Et comme l'éducation n'est que le terrain d'une mise en application technique des théories économiques, au bout du compte l'économie de l'éducation participe à la domination de cette raison technicienne qui croit savoir comment organiser au mieux les choses et les personnes, assignant à chacun un rôle, des objectifs et des usages. De la Banque mondiale ou de l'Unesco aux cabinets ministériels de différents pays francophones, en passant par l'Union européenne, les spécialistes des politiques éducatives sont formés à partir de la même théorisation économique.[6] La cooptation et le pouvoir des anciens favorisent

---

5   Voir par exemple en France les diatribes de Monteux (2000) au sein de l'association Attac, mouvement «alter-mondialiste» sur l'éducation et plus généralement le courant critique anti-libéral anglais dans le journal *Education Policy*.
6   Il n'est pas superflu de rappeler comment les politiques d'ajustement structurel de la Banque mondiale ou du FMI, exigeant la réduction souvent drastique des dépenses publiques pour permettre un accroissement des transferts vers la sphère privée, ont systématiquement frappé les services publics de santé et d'éducation. En Afrique subsaharienne, le FMI a notamment pro-

Les voies et les voix de l'économie de l'éducation 251

une stabilité de la pensée, car les recherches et les propositions s'organisent à partir d'une même conception du monde.

Il y a un quasi-consensus chez les économistes pour reconnaître le caractère nécessaire de l'éducation et le manque d'efficacité de son organisation. Et les dix ouvrages qui paraissent environ chaque année sur le fonctionnement des systèmes éducatifs sont généralement enclins à dénoncer leurs faiblesses et à proposer en creux des solutions.

POUR LES ÉCONOMISTES,
L'ÉCONOMIE DE L'ÉDUCATION EST UNE SPÉCIALITÉ DÉPASSÉE

L'économie de l'éducation a évolué comme les anciens empires coloniaux: elle a annexé les territoires et les postes. Les économistes concentrent entre leurs mains les moyens d'enseigner et de diffuser leurs idées dans les instances nationales et internationales. A la limite, on peut dire que l'économie a «en main» la formation des décideurs et des cadres de l'éducation.

A partir de concepts robustes, il semble impossible de dissocier la formation professionnelle de l'économie du travail, l'évaluation des politiques éducatives de l'analyse de la productivité, sans parler de la «marchandisation» des biens éducatifs de la société de service. Cependant les concepts de planification, de capital humain, élaborés dans les années soixante semblent usés. Au contraire, on parle de plus en plus d'une économie des savoirs.[7] Caspar (1988), par exemple, considère que:

> Les questions des dernières années ont été celles de la diffusion des technologies et de leur impact sur les principaux ressorts de l'économie industrielle. L'interrogation qui va s'y substituer est celle du changement de nature du

---

posé, au début des années 90, de supprimer l'enseignement supérieur national en vue de concentrer sur l'«éducation de base» les ressources disponibles. Partout on tente de développer un marché potentiel. L'OMC estime que santé et l'éducation sont mûrs pour la libéralisation. Parallèlement, au World Education Market de Vancouver (printemps 2000), les propositions ont fusé pour capter dans le monde entier les 80 millions d'étudiants.

7 Ainsi, par exemple, Foray (2000), spécialiste de l'économie de la recherche, étend son domaine au champ éducatif. L'auteur analyse l'essor des technologies de l'information et le processus de destruction créatrice induit par la course à l'innovation. Il distingue information et connaissance et affirme les limites d'une société du savoir.

système socio-économique lui-même. Les raisonnements classiques sur le travail et le capital ne paraîtront plus pertinents face à un système de production et d'échange qui se structure autour de la gestion du savoir, véritable investissement des temps modernes. A condition, bien sûr, d'accepter que la «matière première stratégique» de l'industrie, ne soit plus le charbon, le pétrole ou quelque métal rare mais la «matière grise (p. 107).

Pour dire la vérité, chez certains économistes (Blaug 1986; Eicher 1990), l'économie de l'éducation est jugée comme vieillotte: elle a connu son heure de gloire, mais n'est-elle pas en situation de décadence scientifique?

Dès lors, on s'explique pourquoi, en économie de l'éducation, on observe de façon récurrente la tentation d'un positionnement plus «interdisciplinaire» au sein des sciences de l'éducation. L'insertion dans un département de sciences de l'éducation peut permettre la transformation des approches méthodologiques, la construction de nouveaux objets de recherche et, pourquoi pas, l'affirmation d'une nouvelle légitimité.

La question de la modélisation

Pourquoi enseigner telle chose plutôt que telle autre en économie de l'éducation? Quels sont les choix politiques qui sous-tendent l'élaboration et la mise en œuvre des contenus d'enseignement? Dans le contexte d'une société libérale que peut-on enseigner de commun et de différent? En quel sens peut-on dire que la formalisation de l'économie est une «construction sociale»?

Le débat lancé, au début des années 2000, par les étudiants de l'Ecole Normale Supérieure (rue d'Ulm) sur l'excès de mathématisation en économie n'est pas nouveau. Il n'est normalement pas propre au contexte français. Cependant, la querelle y prend une tournure particulière compte tenu du fait que l'attaque vient de groupes d'étudiants et d'enseignants qui s'opposent fondamentalement à l'enseignement de la théorie néoclassique qui se trouve être aussi le courant de la pensée économique le plus formalisé.[8]

---

8 Le débat sur la mathématisation de l'économie a été ravivé par la pétition d'étudiants de l'Ecole Normale, parue dans le journal *Le Monde* du 21 juin 2000, qui exprimait leur «révolte» contre l'utilisation intensive de l'outil mathématique au détriment d'autres approches: littéraire, historique, sociologique voire politique comme dans le mot «économie politique».

Les voies et les voix de l'économie de l'éducation 253

La mathématisation de l'économie est à l'œuvre depuis longtemps en économie. Mais elle n'est pas la seule voie. Depuis la deuxième moitié du 19e siècle, approche littéraire et approche mathématique de l'économie coexistent pour expliquer les phénomènes économiques (Huriot, 1994). Reste que le débat sur la mathématisation de l'économie soulève trois questions fondamentales sur lesquelles semble-t-il l'ensemble des économistes sont d'accord.[9]

UNE QUESTION MÉTHODOLOGIQUE

L'outil mathématique adapté aux sciences de la nature serait inapproprié aux sciences de la société. C'est la position de Say. Dans son traité de 1852, il fait le commentaire suivant:

> On nuit encore au progrès de l'économie politique, lorsqu'on établit ses principes par des raisonnements trop abstraits [...]. La mécanique rationnelle ou abstraite, qui explique les lois du mouvement, est presque toujours en défaut, lorsqu'il s'agit d'expliquer comment les mouvements s'opèrent dans nos arts (p. 44).

L'antagonisme entre les économistes «mathématiciens» et «littéraires» n'est pas seulement un désaccord sur la procédure la plus adéquate à l'étude scientifique de l'économie. Car, dans ce cas, le débat pourrait être tranché par la compétition scientifique: la meilleure méthode ferait preuve de sa supériorité en montrant de meilleurs résultats. Il ne s'agit pas, en vérité, d'une simple dispute sur des questions heuristiques mais d'une controverse portant sur les fondations de la science économique. Pour l'école autrichienne, la méthode mathématique doit être rejetée, et pas seulement en raison de sa stérilité. C'est une méthode partant de postulats faux qui conduit à des déductions fallacieuses et qui, surtout, détourne l'esprit de l'étude des problèmes réels en déformant les relations entre les divers phénomènes (Von Mises, 1966).

---

9 Voir notamment la remarquable synthèse sur cette question proposée par Gertchev et Lemennicier du Laboratoire d'Economie Publique Université de Paris II, lors de la conférence du 9 décembre 2000.

UNE QUESTION TECHNIQUE

Les mathématiques sont souvent prônées parce qu'elles permettraient de simplifier, de généraliser et de rendre plus rigoureuse la pensée économique. Elles se légitiment à partir des limites et des défauts de l'approche «littéraire» qui pourraient être plus grands que les qualités attendues comme le rappelle le Prix Nobel Allais (1954):

> Il est absolument essentiel de souligner que le verbalisme, l'insuffisance et l'impuissance de la pensée que l'on rencontre régulièrement, sauf de très rares mais très brillantes exceptions, chez les économistes littéraires, ne sont que les conséquences absolument inévitables de l'attitude d'esprit erronée suivant laquelle le langage ordinaire constitue un instrument suffisant pour surmonter toute difficulté de raisonnement. En réalité le langage ordinaire ne saurait suffire à tout et en économique comme ailleurs il connaît des limites au-delà desquelles on ne saurait progresser sans faire appel à cette partie de la logique que constituent les mathématiques (p. 511).

Le Prix Nobel exprime cependant des doléances et des craintes concernant l'outil mathématique:

> A vrai dire le véritable danger d'aujourd'hui ne réside plus dans la résistance des esprits arriérés de l'utilisation de l'outil mathématique, résistance que l'on peut considérer aujourd'hui comme totalement et définitivement liquidée; il se trouve dans l'abus possible des mathématiques que l'on peut être tenté de faire en raison de leur extraordinaire succès. Notre crainte d'aujourd'hui n'est pas que les mathématiques ne s'imposent pas en économique, mais qu'elles y réussissent trop bien (p. 513).

Reste que, pour la communauté des économistes, il est clair qu'en aucun cas l'emploi des mathématiques les plus sophistiquées ne doit être considéré comme une garantie de qualité. Dit autrement, la modélisation mathématique s'avère-t-elle seule suffisante?

> La science économique est avant tout une science d'observation et une science appliquée. L'utilisation des mathématiques y est indispensable en tant que procédé de déduction et d'analyse, mais elle ne peut être féconde que si elle part d'une excellente connaissance des faits. C'est la raison pour laquelle il est indispensable pour un économiste digne de ce nom de ne pas rester étroitement spécialisé, mais d'avoir de vastes connaissances, non pas seulement en économique pure et appliquée, mais également en sociologie,

Les voies et les voix de l'économie de l'éducation 255

en science politique et en histoire. En aucun cas, il ne doit se cantonner dans l'économie pure. Il n'y a pas de plus grand danger (p. 513).

Les mathématiques ne sont et ne peuvent être qu'un moyen d'expression et de raisonnement. La substance même sur laquelle l'économiste travaille reste économique et sociale. Il ne faut donc pas se tromper sur la nature réelle de cette attaque contre la mathématisation de l'économie. Cette querelle en fait n'est pas toujours dirigée contre l'usage des mathématiques en soi, mais surtout contre la tradition «néoclassique» qui est très mathématisée. Elle cache comme on va le voir une dimension politique.

UNE QUESTION RHÉTORIQUE

Il existe, de fait, dans la société contemporaine, une dimension politique à la science, et donc aussi à la science économique, parce qu'elle est utilisée par certains comme caution pour justifier les interférences de l'Etat dans la vie privée des individus. La «science économique» et celle qui est «mathématisée», encore plus, jouent alors un rôle fondamental dans la *rhétorique de l'intimidation* pour persuader des bienfaits de l'intervention étatique (ou de sa non-intervention). Un outil d'analyse que seuls quelques spécialistes peuvent comprendre et qui obtient le statut de «scientifique» dans les croyances collectives, ouvre une voie royale à l'argument d'autorité dans les débats publics.

Le débat sur la mathématisation de l'économie cacherait-il alors un enjeu différent? L'économiste aurait-il pour rôle, et l'Etat (ou les puissances d'argent) le paierait pour cela, de persuader ses contemporains? Plus le langage est abstrait et obscur, moins il y a de contestation et plus il est facile d'homogénéiser les experts économistes qui parleront d'une même voix permettant ainsi de convaincre l'opinion publique des bienfaits de l'intervention (ou de la non-intervention). Pour Bourdieu (2000), le discours économique dominant repose sur deux postulats:

> L'économie est un domaine séparé gouverné par des lois naturelles et universelles que les gouvernements ne doivent pas contrarier par des interventions intempestives; le marché est le moyen optimal d'organiser la production et les échanges de manière efficace et équitable dans les sociétés démocratiques (p. 23).

Dans ce qui suit, nous allons centrer notre propos uniquement sur la question *rhétorique* en délaissant les dimensions *méthodologiques* ou *techniques* de l'analyse économique.

LA QUESTION DES LANGAGES DISPONIBLES

Encensée par les uns, diabolisée par les autres, la modélisation est une réalité. La formalisation, comme mode d'investigation, permet-elle réellement d'impressionner le lecteur non mathématicien? La réponse n'est pas évidente. Sous divers aspects, elle constitue un outillage pour la science. Elle présente alors un intérêt parce qu'elle aide à comprendre, et peut-être à résoudre des problèmes concrets auxquels nos sociétés sont confrontées (Grin, 2000).
La critique de la modélisation est loin d'être simple et linéaire. Et il ne faut pas se tromper sur la nature réelle de l'attaque contre la mathématisation de l'économie. Il faut donc poursuivre le débat dans le domaine idéologique et l'orienter vers le champ éducatif. De manière positive, quelquefois, la formalisation permet d'aborder ironiquement des sujets tabous. Par exemple l'économie mathématique prend en compte la question de la religion. Ainsi James (1989), ayant observé le rôle important joué par les mouvements religieux dans les organismes à but non lucratif, tels que les établissements de santé ou d'éducation, propose des explications en termes de *maximalisation de la foi*. En revanche, de manière critique, on peut s'étonner que les pourfendeurs de l'économie dominante n'aient pas, depuis longtemps, formulé des remarques acerbes sur la manière conformiste de formuler les problèmes dans les domaines de la santé, de la culture et de l'éducation.

LE DÉPÉRISSEMENT DU DISCOURS DE L'ÉCONOMIE DE L'ÉDUCATION

Jusqu'à présent, la présentation de l'éducation dans sa globalité est fondée sur l'appréhension de deux espaces, celui des enjeux externes et celui des enjeux internes, chacun disposant d'un langage propre: le premier langage peut être caractérisé comme un langage politique. Il permet de parler, avec des équations, d'investissement dans l'éducation, d'effort national, de gestion du chômage; le second langage structure l'espace pédagogique. Il permet de parler de la formation dans sa pratique: contenus, méthodes de formation, modalités de la formation. La

Les voies et les voix de l'économie de l'éducation 257

légitimité de ce dernier langage a largement reposé sur les relations de comptabilité qu'il entretenait avec le langage politique: un langage didactique pour l'intérieur, un langage politique pour l'extérieur.

Ces deux langages, qui ont entretenu des relations complexes, sont ordonnés autour de multiples complémentarités et contradictions. On savait de quoi on parlait, on savait aussi comment en parler: adéquation emploi-formation, d'une part, et analyse des besoins, d'autre part. Ainsi l'espace de la pédagogie protégé des tensions externes qui lui parvenaient, filtrées par le langage politico-économique, semblait à l'abri. Le problème est que simultanément, les deux langages perdent de leur pertinence; il semble qu'aucun des deux ne suffise à rendre intelligibles les évolutions actuelles. Observons rapidement la situation actuelle. D'une part, le discours économique gagne les sphères de l'éducation. Et, comme le souligne Moeglin (1998) à propos du multimédia, lentement, se mettent en place des pratiques pédagogiques liées aux nouvelles formes innovantes de gestion et de production des «prestations éducatives». D'autre part, les tenants du libéralisme et de la marchandisation se servent de la référence à l'innovation pour contester la nature et le statut public du service éducatif. De l'un à l'autre de ces deux niveaux, analyse pédagogique et réflexion politique, la confusion est telle qu'involontairement les économistes de l'éducation donnent des armes aux tenants de l'alignement de la formation sur les normes du marché.

Dès lors, un des enjeux essentiels de la période contemporaine devient celui de la production de nouveaux langages. L'économie de l'éducation en a t-elle les moyens?

TROIS TYPES DE DISCOURS

Contre cette confusion des genres, les économistes et d'autres tentent de marquer plus nettement la distinction entre chacun des types de discours. Nous entreprendrons, pour notre part, de distinguer plus exactement trois types de discours.

Sur un premier registre, il y a la parole circulante. L'on y trouve de tout: l'inefficacité des fonctionnaires et/ou le conservatisme des professeurs; les nouvelles technologies et le savoir à domicile; compétition et mondialisation, etc. L'éducation serait à l'aube d'une de ces révolutions qui fait son histoire à intervalles plus ou moins réguliers. Ces prophéties ne mériteraient cependant pas d'être relevées si elles n'opposaient de graves obstacles à la compréhension de ce qui est véritablement en jeu aujourd'hui. Ces discours tendent en effet à masquer la réalité, somme toute modeste, de la mutation du monde éducatif. Pire, les excès des discours ont ceci de préjudiciable qu'ils tendent à dissuader les observateurs que nous sommes d'examiner ce qu'il y a de nouveau et d'économique dans les pratiques.

Sur un second registre, on trouve le discours de l'expertise. Là, les économistes de l'éducation ont le champ libre pour établir une réflexion graduée et approfondie sur les questions du type: la circulation et la transmission des savoirs, la productivité des services éducatifs; emploi et organisation du travail dans les établissements scolaires; la gouvernance des territoires.

La mode est aujourd'hui à l'observation des établissements scolaires. Et, là, sans doute, certains clivages s'estompent-ils comme celui qui, naguère encore, séparait sociologues et économistes. Dans ce cadre, présenter l'apport de l'économie de l'éducation à la définition de l'éducation ne présuppose aucune supériorité, incontestable et permanente, de cette discipline par rapport à d'autres. Simplement, la science économique, comme toute science sociale, observe les activités humaines et tente de les modéliser afin de mieux les comprendre. Certes, il est difficile de prétendre à l'exhaustivité mais il est, néanmoins, utile de proposer des modèles d'analyse pour mieux choisir et agir.

Cependant, le discours est trop économique pour la plupart des acteurs de l'éducation et de la formation et pas assez économique pour les économistes non spécialisés en éducation. Indirecte, la responsabilité des économistes de l'éducation n'en est pas moins lourde. Car, ce discours n'évite pas celui excessif ou flou du premier registre.

Sur un troisième et dernier registre, se pose la question du socle épistémologique de l'économie de l'éducation. Qu'elle le veuille ou non, la science économique est aujourd'hui interpellée par ces présupposés. Chacun sait, bien que peu le dise, que l'économie repose sur des dogmes (Delamotte, 1998). En effet, pourquoi faut-il considérer les acteurs à l'aune d'une rationalité unique et instrumentale? La division du travail est-elle l'unique piste pour améliorer l'efficacité des organisations? Les références implicites aux modèles industriels et marchands sont-elles les seules disponibles pour analyser la production et la circulation des savoirs?

La foi en une «économie de l'éducation» est devenue une option singulière. Nous avons perdu l'évidence d'une institution vénérable – la discipline scientifique – d'où nous venaient une tradition de modèles

Les voies et les voix de l'économie de l'éducation 259

d'action et de règles de vie, des références doctrinales, une identité sociale. Le seul exemple très médiatique en France de la «décentralisation» suffit à montrer que, à chaque étape des controverses, se déploient des enjeux, se forment des interrogations inédites, se lève le célébrissime «peuple des problèmes» de Bachelard (1938). Ceux qui sont occultés depuis le plus longtemps sont évidemment les plus coriaces (le marché scolaire, son fonctionnement, son efficacité, ses gagnants et ses perdants, etc.). Sur le thème de la marchandisation ou sur d'autres, la construction d'un dialogue avec les autres disciplines est un des indices forts de l'appel à de nouveaux «paradigmes». L'idée de dépassement des postures héritées du modèle classique (orthodoxe) est un des enjeux transversaux de la nouvelle économie de l'éducation.

Ecartant les regrets et les paroles convenues, la question des paradigmes est aujourd'hui cruciale pour l'économie de l'éducation. Elle l'était dans le passé, elle le reste aujourd'hui. Aujourd'hui, privé de certitudes, chaque chercheur doit chercher sa voie. En parallèle, collectivement s'engage avec prudence, mais sereinement, ce pari pour la transformation des paradigmes constitutifs de l'économie de l'éducation. S'il est discret, ce discours est néanmoins à entendre.

CONCLUSIONS

Si imparfaites soient-elles, les quelques considérations qui viennent d'être présentées ne nous ont pas apporté de solutions définitives aux problèmes de positionnement des économistes de l'éducation. Il apparaît que le monde bipolaire (sciences économiques/sciences de l'éducation) que nous connaissons repose sur un ensemble d'interdépendances et de tensions durables. Il y a peu de chances que la difficulté à se définir s'atténue. Plus encore, en dépit du caractère sérieux du problème, le couple discipline/interdisciplinarité ne se ramène pas nécessairement à un conflit de domination. Car, au regard d'une situation scientifique et institutionnelle, il n'est pas sûr que l'éducation soit un objet si convoité.

S'intéresser à la voix de l'économie au sein des sciences de l'éducation révèle non seulement la fragilité et la diversité des positions, mais aussi dévoile des aspects nocifs comme la volonté de certains acteurs de l'éducation de se servir de l'économie de l'éducation comme d'un simple alibi ou plus exactement de faire jouer à une discipline un rôle qui n'est pas le sien. Pour éviter ce piège, réagissant après bien d'autres contre une science occupée à maintenir un langage hermétique, nous allons emprunter, pour conclure, deux arguments, l'un de Hayek (1994) qui a proposé le terme de «scientisme» pour décrire l'imitation servile des méthodes des sciences de la nature de la part des économistes. L'autre est de Allais (1954) que nous avons déjà mentionné:

> Il est indispensable pour un économiste digne de ce nom de ne pas rester étroitement spécialisé, mais d'avoir de vastes connaissances, non pas seulement en économique pure et appliquée, mais également en sociologie, en science politique et en histoire. En aucun cas, il ne doit se cantonner dans l'économie pure. Il n'y a pas de plus grand danger (p. 513).

Le mouvement actuel, entre héritage d'un passé et quête d'un ailleurs, ne sert ni à effacer les différences ni à réduire les antagonismes, il aide à prendre conscience du caractère «régional» de chaque discipline. Ce qui compte aujourd'hui, c'est que, même provisoirement, les économistes de l'éducation se montrent vigilants contre tout amalgame et surtout qu'ils ne confondent pas les niveaux de discours pour construire un dialogue avec la société.

RÉFÉRENCES BIBLIOGRAPHIQUES

Allais, M. (1954). Puissance et dangers de l'utilisation des mathématiques en économique. *Econometrica, 21*, 503-546.
Bachelard, G. (1938). *La formation de l'esprit scientifique.* Paris: Vrin (édition format poche, 1993).
Blaug, M. (1985). Where Are We Now in Economics of Education? *Economics of Education Review*, 4(1), 17-28.
Bourdieu, P. (2000). *Les structures sociales de l'économie.* Paris: Seuil.
Carnoy, M. (2000). *La gestion du savoir* (Notes sur la production et l'utilisation du savoir dans le secteur de l'éducation). Paris: Rapport OCDE.
Caspar, P. (1988). L'investissement intellectuel. *Revue d'économie industrielle, 43*, 107-118.
Chatel, E. (2001). *Comment évaluer l'éducation? Pour une théorie sociale de l'action éducative.* Paris, Lausanne: Delachaux & Niestlé.
Delamotte, E. (1998). *Une introduction à la pensée économique en éducation.* Paris: PUF (collection Pédagogie d'aujourd'hui).

Derouët, J.-L. (2000). L'administration de l'éducation. *Revue Française de Pédagogie, 130* (dossier).
Dutercq, Y. (1999). Vertus et limites d'un gouvernement local éducatif. *Administration et éducation, 2,* 61-62.
Eicher, J. C. (1990). *Education.* Encyclopédie Economique. Paris: Economica.
Elias, N. (1985). *La société de cour.* Paris: Flammarion (collection Champs).
Evers, C. W. & Lakomski, G. (1991). Knowing Educational Administration. Contemporary Methodological Controversies. *Educational Administration Research.* Oxford, New York: Pergamon Press (ouvrage collectif).
Foray, D. (2000). *L'économie de la connaissance.* Paris: Editions de La Découverte (collection Repères).
Grin, F. (1994). *L'économie de l'éducation et l'évaluation des systèmes de formation.* Berne: PNR 33.
Grin, F. (2000). *Compétences et récompenses. La valeur des langues en Suisse.* Fribourg: Editions Universitaires.
Hayek, F. (1994). *La constitution de la liberté.* Paris: Litec.
Huriot, J. M. (1994). Qui a peur des mathématiques: histoire d'un faux débat. *Economie, Mathématiques et Méthodologie.* Paris: Economica.
James, E. (1989). *The Nonprofit Sector in International Perspective.* London, Oxford: Oxford University Press.
Lazega, E. (2001). *The Collegial Phenomenon: A Structural Theory of Collective Action among Peers.* Oxford: Oxford University Press.
Moeglin, P. (1998). *L'industrialisation de la formation. Etat de la question.* Paris: CNDP (ouvrage collectif).
Monteux, D. (2000). *L'éducation en périls de marchandisation.* Paris: ATTAC (Document du conseil scientifique).
Orivel, F. (1995). Education primaire et croissance économique en Afrique subsaharienne: les conditions d'une relation efficace. *Revue d'économie du développement, 1,* 77-102.
Paul, J. J. (1999). *Administrer, gérer, évaluer les systèmes éducatifs.* Paris: ESF (ouvrage collectif).
Say, J. B. (1852). *Cours Complet d'Economie Politique Pratique.* Paris: Guillaumin.
Thélot, C. (2000). *Rapport du Haut Conseil de l'Evaluation de l'Ecole.* Paris: Ministère de l'éducation (mars).
Von Mises, L. (1966). *Human Action, A treatise on Economics.* Chicago: Regnery Company (Traduction française: (1985). *L'action Humaine.* Paris: PUF).

Auteur(e)s

Cristina Allemann-Ghionda est professeure à la Faculté de philosophie de l'Université de Cologne. Elle est titulaire d'une habilitation en sciences de l'éducation, dans le domaine de l'éducation comparée. Son enseignement et ses recherches portent sur les aspects internationaux et interculturels de l'éducation. Elle a réalisé des recherches sur la gestion de la pluralité linguistique et socioculturelle dans les politiques et les pratiques scolaires de plusieurs pays européens ainsi que dans le domaine de la formation des enseignants. Elle étudie actuellement les compétences des enseignants en matière d'observation des élèves et diagnostic scolaire dans les classes plurilingues. Elle co-dirige la *Zeitschrift für Pädagogik*.
Adresse: Universität zu Köln, Philosophische Fakultät, Pädagogisches Seminar, Albertus-Magnus-Platz, D-50923 Köln
e-mail: Cristina.Allemann-Ghionda@uni-koeln.de

Kristine Balslev est assistante-doctorante auprès de la professeure Saada-Robert dans la section des sciences de l'éducation (FPSE) de l'Université de Genève. Elle a une licence en sciences de l'éducation et s'est spécialisée dans l'étude de l'enseignement/apprentissage du français écrit. Elle collabore actuellement à une recherche sur l'apprentissage situé de l'écrit chez de jeunes enfants (recherche dirigée par M. Saada-Robert) et mène une recherche de thèse dans le domaine de la formation des adultes, en s'intéressant spécifiquement à la manière dont l'enseignant et l'apprenant co-construisent des significations à propos du français écrit.
Adresse: Université de Genève, Uni Mail FPSE-SSED, CH-1211 Genève 4
e-mail: Kristine.Balslev@pse.unige.ch

Felice Carugati est professeur de Psychologie du développement à la Faculté de psychologie de l'Alma Mater Studiorum – Université de Bologne. Médecin et psychiatre de formation, il conduit depuis les années 70 des recherches sur les interventions de resocialisation des enfants et des adolescents en orphelinat; les dynamiques de construction sociale des instruments cognitifs; les représentations sociales de l'intelligence et des processus de développement et de l'éducation; les conduites des en-

seignants et des étudiants face aux technologies de l'information et de la communication. Il dirige le *European Journal of Psychology of Education* et préside le Conseil scientifique de la Società Italiana di Psicologia dell'Educazione e della Formazione.
Adresse: Alma Mater Studiorum Università di Bologna, Dipartimento di Scienze dell'Educazione, via Zamboni, 34, I-40126 Bologna
e-mail: fcarugati@scform.unibo.it

Gisela Chatelanat est professeure adjointe à la Faculté de Psychologie et des Sciences de l'Education dans le domaine de l'éducation spéciale et plus particulièrement de l'éducation précoce spécialisée. Elle s'est notamment intéressée au développement du jeune enfant avec une déficience intellectuelle et à son intégration sociale et éducative. Ses dernières recherches ont porté sur les rapports entre parents d'enfants avec handicap et professionnels impliqués dans leur prise en charge.
Adresse: Université de Genève, Uni Mail FPSE SSED, CH-1211 Genève 4
e-mail: gisela.chatelanat@pse.unige.ch

Eric Delamotte est professeur des universités dans l'UFR «Information Documentation, Information Scientifique et Technique» de l'Université de Lille 3. Socio-économiste, spécialiste de l'anthropologie des savoirs, ses recherches actuelles portent sur l'économie des savoirs, la créativité, les communautés de savoirs et les doctrines professionnelles. Il dirige le DEA de sciences de l'information et de la communication de Lille 3 et il est membre du laboratoire CERSATES CNRS 8529.
Adresse: Université Lille 3, UFR IDIST, B.P. 149, F-59653 Villeneuve d'Ascq Cedex
e-mail: delamotte@univ-lille3.fr

Joaquim Dolz est maître d'enseignement et de recherche dans la Section des sciences de l'éducation (FPSE) de l'Université de Genève. Didacticien des langues, ses recherches portent actuellement sur l'enseignement de l'oral et sur les objets enseignés en classe de français.
Adresse: Université de Genève, Uni Mail FPSE-SSED, CH-1211 Genève 4
e-mail: Joaquim.Dolz-Mestre@pse.unige.ch

Bernard Favre est collaborateur de recherche au Service de la Recherche en Education à Genève. Spécialisé dans le domaine de la sociologie de l'éducation, il a consacré plusieurs recherches aux processus d'innova-

tion dans le système scolaire, aux relations entre les familles et l'école et à l'analyse des établissements scolaires en tant que communautés éducatives. Il collabore actuellement à l'analyse du processus d'implantation de la rénovation de l'enseignement primaire genevois.
Adresse: Service de la Recherche en Education, 12, Quai du Rhône, CH-1205 Genève
e-mail: bernard.favre@etat.ge.ch

Christiane Moro, docteure es sciences de l'éducation de l'Université de Genève et es psychologie de l'Université de Bordeaux 2, est professeure en sciences de l'éducation à l'Université Nancy 2. Ses enseignements portent sur l'éducation et le développement dans la petite enfance et sur les méthodologies qualitatives de la recherche. Elle poursuit des travaux sur l'éducation et le développement du jeune enfant dans une perspective sémiotique et, à l'âge scolaire, sur l'enseignement-apprentissage du français oral. Depuis 2002, elle est directrice du laboratoire de recherche de sciences de l'éducation E.R.A.E.F. (JE 2351) à Nancy 2 et est membre du comité de rédaction de la collection *Raisons Educatives* de la Section des sciences de l'éducation de l'Université de Genève.
Adresse: Université Nancy 2, Département de Sciences de l'Education, 23 boulevard Albert 1er, F-54015 Nancy Cedex
e-mail: Christiane.Moro@univ-nancy2.fr

Isaline Panchaud Mingrone est enseignante à l'école d'études sociales et pédagogiques, Hes-s2, Lausanne. Pédagogue et ergothérapeute, ses domaines d'enseignement et de recherche portent d'une part sur les dimensions sociales du handicap, et en particulier la question de l'intégration pré-scolaire et scolaire des enfants handicapés, et d'autre part sur les rapports entre parents et professionnels.
Adresse: Ecole d'études sociales et pédagogiques, chemin des Abeilles 14, CH-1000 Lausanne 24
e-mail: ipanchaud@eesp.ch

Anne-Nelly Perret-Clermont est professeur de psychologie à l'Université de Neuchâtel. Psychologue sociale intéressée aux processus de pensée et de transmission des connaissances, elle a conduit des recherches notamment sur la construction sociale de l'intelligence, l'éducation en situation pluriculturelle, l'arrivée des nouvelles technologies de l'information et de la communication dans l'enseignement technique et l'école de base.

Elle co-préside DORE, action du Fonds National de la Recherche Scientifique et de la Commission pour la Technologie et l'Innovation, qui cofinance une centaine de projets de recherche appliquée dans les champs de l'éducation, du travail social, de la santé, de l'art et de la musique.
Adresse: Université de Neuchâtel, Institut de Psychologie de la Faculté des Lettres et Sciences humaines, Espace Louis Agassiz 1, CH-2000 Neuchâtel
e-mail: anne-nelly.perret-clermont@unine.ch

Cintia Rodríguez est professeur à la Facultad de Formación de Profesorado y Educación de l'Université Autónoma de Madrid. Spécialisée dans la petite enfance, le développement du bébé avant le langage, ses recherches portent actuellement sur l'apparition et développement des symboles chez l'enfant normal et à risque. Une partie de son enseignement sur la petite enfance a lieu dans la Faculté de Médecine. Elle fait partie de la rédaction de la revue *Estudios de Psicología*.
Adresse: Universidad Autónoma de Madrid, Facultad de Formación de Profesorado y Educación, Cantoblanco, E-28049 Madrid
e-mail: cintia.rodriguez@uam.es

Madelon Saada-Robert est professeure en Sciences de l'Education à l'université de Genève (FPSE). Elle est psychologue de formation et a travaillé en psychologie génétique avec Piaget et Inhelder, sous la direction desquels elle a effectué une thèse de doctorat sur le thème des microgenèses cognitives. Depuis 1986, ses recherches portent sur les apprentissages contextualisés et plus spécifiquement sur ceux de la littéracie chez l'enfant au cycle élémentaire. Elle assume le mandat de directrice de la Maison des Petits, école publique rattachée à l'université par un contrat DEP-FPSE, portant sur le développement de la recherche et sur la formation des enseignants.
Adresse: Université de Genève, Uni Mail FPSE-SSED, CH-1211 Genève 4
e-mail: Madelon.Saada@pse.unige.ch

Peter Sieber est professeur et vice-recteur en «recherche et innovation» à la Haute Ecole pédagogique de Zurich et privat-docent à l'Université de Zurich, section germanistique. Spécialisé en didactique de l'allemand, ses recherches portent sur la littéracie, les compétences en écriture et la situation de l'allemand en Suisse alémanique. Il est membre de la rédaction de la *Revue suisse des sciences de l'éducation*.

Auteur(e)s

Adresse: Pädagogische Hochschule Zürich, Prorektorat Forschung und Innovation, Hirschengraben 28, Postfach, CH-8021 Zürich
e-mail: peter.sieber@phzh.ch

Agnès van Zanten est directrice de recherche au Centre National de la Recherche Scientifique et travaille à l'Observatoire Sociologique du Changement (CNRS – Fondation Nationale des Sciences Politiques) à Paris. Sociologue de l'éducation, ses recherches portent sur les dynamiques éducatives locales, les politiques d'éducation et les comparaisons des systèmes éducatifs. Elle dirige le Groupement de Recherches «Réseau d'Analyse Pluridisciplinaire des Politiques Educatives» et est membre du comité de rédaction d'*Education et sociétés* et de la *Revue française de pédagogie*.
Adresse: OSC, 11 rue de Grenelle, F-75007 Paris
e-mail: agnes.vanzanten@sciences-po.fr

Exploration

Ouvrages parus

Education: histoire et pensée

- Loïc Chalmel: *La petite école dans l'école – Origine piétiste-morave de l'école maternelle française*. Préface de J. Houssaye. 375 p., 1996, 2000.
- Loïc Chalmel: *Jean Georges Stuber (1722-1797) – Pédagogie pastorale*. Préface de D. Hameline, XXII, 187 p., 2001.
- Loïc Chalmel: *Réseaux philanthropinistes et pédagogie au 18e siècle*. XXVI, 270 p., 2004.
- Nanine Charbonnel: *Pour une critique de la raison éducative*. 189 p., 1988.
- Marie-Madeleine Compère: *L'histoire de l'éducation en Europe. Essai comparatif sur la façon dont elle s'écrit*. (En coédition avec INRP, Paris). 302 p., 1995.
- Lucien Criblez, Rita Hofstetter (éds/Hg.), Danièle Périsset Bagnoud (avec la collaboration de/unter Mitarbeit von): *La formation des enseignant(e)s primaires. Histoire et réformes actuelles / Die Ausbildung von PrimarlehrerInnen. Geschichte und aktuelle Reformen*. VIII, 595 p., 2000.
- Marcelle Denis: *Comenius. Une pédagogie à l'échelle de l'Europe*. 288 p., 1992.

- Patrick Dubois: *Le Dictionnaire de Ferdinand Buisson. Aux fondations de l'école républicaine (1878-1911)*. VIII, 243 p., 2002.
- Jacqueline Gautherin: *Une discipline pour la République. La science de l'éducation en France (1882-1914)*. Préface de Viviane Isambert-Jamati. XX, 357 p., 2003.
- Daniel Hameline, Jürgen Helmchen, Jürgen Oelkers (éds): *L'éducation nouvelle et les enjeux de son histoire*. Actes du colloque international des archives Institut Jean-Jacques Rousseau. VI, 250 p., 1995.
- Rita Hofstetter: *Les lumières de la démocratie. Histoire de l'école primaire publique à Genève au XIXe siècle*. VII, 378 p., 1998.
- Rita Hofstetter, Charles Magnin, Lucien Criblez, Carlo Jenzer (†) (éds): *Une école pour la démocratie. Naissance et développement de l'école primaire publique en Suisse au 19e siècle*. XIV, 376 p., 1999.
- Rita Hofstetter, Bernard Schneuwly (éds/Hg.): *Science(s) de l'éducation (19e-20e siècles) – Erziehungswissenschaft(en) (19.–20. Jahrhundert). Entre champs professionnels et champs disciplinaires – Zwischen Profession und Disziplin*. 512 p., 2002.
- Jean Houssaye: *Théorie et pratiques de l'éducation scolaire (1): Le triangle pédagogique*. Préface de D. Hameline. 267 p., 1988, 1992, 2000.
- Jean Houssaye: *Théorie et pratiques de l'éducation scolaire (2): Pratique pédagogique*. 295 p., 1988.
- Alain Kerlan: *La science n'éduquera pas. Comte, Durkheim, le modèle introuvable*. Préface de N. Charbonnel. 326 p., 1998.
- Francesca Matasci: *L'inimitable et l'exemplaire: Maria Boschetti Alberti. Histoire et figures de l'Ecole sereine*. Préface de Daniel Hameline. 232 p., 1987.
- Pierre Ognier: *L'Ecole républicaine française et ses miroirs*. Préface de D. Hameline. 297 p., 1988.
- Johann Heinrich Pestalozzi: *Ecrits sur l'expérience du Neuhof*. Suivi de quatre études de P.-Ph. Bugnard, D. Tröhler, M. Soëtard et L. Chalmel. Traduit de l'allemand par P.-G. Martin. X, 160 p., 2001.
- Johann Heinrich Pestalozzi: *Sur la législation et l'infanticide. Vérités, recherches et visions*. Suivi de quatre études de M. Porret, M.-F. Vouilloz Burnier, C. A. Muller et M. Soëtard. Traduit de l'allemand par P.-G. Matin. VI, 264 p., 2003.
- Martine Ruchat: *Inventer les arriérés pour créer l'intelligence. L'arriéré scolaire et la classe spéciale. Histoire d'un concept et d'une innovation psychopédagogique 1874–1914*. Préface de Daniel Hameline. XX, 239 p., 2003.
- Jean-François Saffange: *Libres regards sur Summerhill. L'œuvre pédagogique de A.-S. Neill*. Préface de D. Hameline. 216 p., 1985.
- Michel Soëtard, Christian Jamet (éds): *Le pédagogue et la modernité. A l'occasion du 250e anniversaire de la naissance de Johann Heinrich Pestalozzi (1746-1827)*. Actes du colloque d'Angers (9-11 juillet 1996). IX, 238 p., 1998.
- Alain Vergnioux: *Pédagogie et théorie de la connaissance. Platon contre Piaget?* 198 p., 1991.
- Marie-Thérèse Weber: *La pédagogie fribourgeoise, du concile de Trente à Vatican II. Continuité ou discontinuité?* Préface de G. Avanzini. 223 p., 1997.

Recherches en sciences de l'éducation

- Linda Allal, Jean Cardinet, Phillipe Perrenoud (éds): *L'évaluation formative dans un enseignement différencié.* Actes du Colloque à l'Université de Genève, mars 1978. 264 p., 1979, 1981, 1983, 1985, 1989, 1991, 1995.

- Claudine Amstutz, Dorothée Baumgartner, Michel Croisier, Michelle Impériali, Claude Piquilloud: *L'investissement intellectuel des adolescents. Recherche clinique.* XVII, 510 p., 1994.

- Guy Avanzini (éd.): *Sciences de l'éducation: regards multiples.* 212 p., 1994.

- Daniel Bain: *Orientation scolaire et fonctionnement de l'école.* Préface de J. B. Dupont et F. Gendre. VI, 617 p., 1979.

- Ana Benavente, António Firmino da Costa, Fernando Luis Machado, Manuela Castro Neves: *De l'autre côté de l'école.* 165 p., 1993.

- Anne-Claude Berthoud, Bernard Py: *Des linguistes et des enseignants. Maîtrise et acquisition des langues secondes.* 124 p., 1993.

- Dominique Bucheton: *Ecritures-réécritures – Récits d'adolescents.* 320 p., 1995.

- Jean Cardinet, Yvan Tourneur (†): *Assurer la mesure. Guide pour les études de généralisabilité.* 381 p., 1985.

- Felice Carugati, Francesca Emiliani, Augusto Palmonari: *Tenter le possible. Une expérience de socialisation d'adolescents en milieu communautaire.* Traduit de l'italien par Claude Béguin. Préface de R. Zazzo. 216 p., 1981.

- Evelyne Cauzinille-Marmèche, Jacques Mathieu, Annick Weil-Barais: *Les savants en herbe.* Préface de J.-F. Richard. XVI, 210 p., 1983, 1985.

- Vittoria Cesari Lusso: *Quand le défi est appelé intégration. Parcours de socialisation et de personnalisation de jeunes issus de la migration.* XVIII, 328 p., 2001.

- Nanine Charbonnel (éd.): *Le Don de la Parole. Mélanges offerts à Daniel Hameline pour son soixante-cinquième anniversaire.* VIII, 461 p., 1997.

- Gisèle Chatelanat, Christiane Moro, Madelon Saada-Robert (éds): *Unité et pluralité des sciences de l'éducation. Sondages au cœur de la recherche.* VI, 267 p., 2004.

- Christian Daudel: *Les fondements de la recherche en didactique de la géographie.* 246 p., 1990.

- Bertrand Daunay: *La paraphrase dans l'enseignement du français.* XIV, 262 p., 2002.

- Jean-Marie De Ketele: *Observer pour éduquer.* (Epuisé)

- Joaquim Dolz, Jean-Claude Meyer (sous la direction de): *Activités métalangagières et enseignement du français. Actes des journées d'étude en didactique du français (Cartigny, 28 février – 1 mars 1997).* XIII, 283 p., 1998.

- Pierre Dominicé: *La formation, enjeu de l'évaluation.* Préface de B. Schwartz. (Epuisé)

- Pierre-André Doudin, Daniel Martin, Ottavia Albanese (sous la direction de): *Métacognition et éducation.* XIV, 392 p., 1999, 2001.

- Pierre Dominicé, Michel Rousson: *L'éducation des adultes et ses effets. Problématique et étude de cas.* (Epuisé)

- Andrée Dumas Carré, Annick Weil-Barais (éds.): *Tutelle et médiation dans l'éducation scientifique*. VIII, 360 p., 1998.
- Jean-Blaise Dupont, Claire Jobin, Roland Capel: *Choix professionnels adolescents. Etude longitudinale à la fin de la scolarité secondaire*. 2 vol., 419 p., 1992.
- Raymond Duval: *Sémiosis et pensée humaine – Registres sémiotiques et apprentissages intellectuels*. 412 p., 1995.
- Eric Espéret: *Langage et origine sociale des élèves*. (Epuisé)
- Jean-Marc Fabre: *Jugement et certitude. Recherche sur l'évaluation des connaissances*. Préface de G. Noizet. (Epuisé)
- Monique Frumholz: *Ecriture et orthophonie*. 272 p., 1997.
- Pierre Furter: *Les systèmes de formation dans leurs contextes*. (Epuisé)
- André Gauthier (éd.): *Explorations en linguistique anglaise. Aperçus didactiques*. Avec Jean-Claude Souesme, Viviane Arigne, Ruth Huart-Friedlander. 243 p., 1989.
- Michel Gilly, Arlette Brucher, Patricia Broadfoot, Marylin Osborn: *Instituteurs anglais instituteurs francais. Pratiques et conceptions du rôle*. XIV, 202 p., 1993.
- André Giordan: *L'élève et/ou les connaissances scientifiques. Approche didactique de la construction des concepts scientifiques par les élèves*. 3e édition, revue et corrigée. 180 p., 1994.
- André Giordan, Yves Girault, Pierre Clément (éds): *Conceptions et connaissances*. 319 p., 1994.
- André Giordan (éd.): *Psychologie genétique et didactique des sciences*. Avec Androula Henriques et Vinh Bang. (Epuisé)
- Armin Gretler, Ruth Gurny, Anne-Nelly Perret-Clermont, Edo Poglia (éds): *Etre migrant. Approches des problèmes socio-culturels et linguistiques des enfants migrants en Suisse*. 383 p., 1981, 1989.
- Francis Grossmann: *Enfances de la lecture. Manières de faire, manières de lire à l'école maternelle*. Préface de Michel Dabène. 260 p., 1996, 2000.
- Jean-Pascal Simon, Francis Grossmann (éds): *Lecture à l'Université. Langue maternelle, seconde et étrangère*. VII, 289 p., 2004.
- Michael Huberman, Monica Gather Thurler: *De la recherche à la pratique. Eléments de base et mode d'emploi*. 2 vol., 335 p., 1991.
- Institut romand de recherches et de documentation pédagogiques (Neuchâtel): Connaissances mathématiques à l'école primaire: J.-F. Perret: *Présentation et synthèse d'une évaluation romande*; F. Jaquet, J. Cardinet: *Bilan des acquisitions en fin de première année*; F. Jaquet, E. George, J.-F. Perret: *Bilan des acquisitions en fin de deuxième année*; J.-F. Perret: *Bilan des acquisitions en fin de troisième année*; R. Hutin, L.-O. Pochon, J.-F. Perret: *Bilan des acquisitions en fin de quatrième année*; L.-O. Pochon: *Bilan des acquisitions en fin de cinquième et sixième année*. 1988-1991.
- Daniel Jacobi: *Textes et images de la vulgarisation scientifique*. Préface de J. B. Grize. (Epuisé)
- René Jeanneret (éd.): *Universités du troisième âge en Suisse*. Préface de P. Vellas. 215 p., 1985.

- Samuel Johsua, Jean-Jacques Dupin: *Représentations et modélisations: le «débat scientifique» dans la classe et l'apprentissage de la physique*. 220 p., 1989.
- Constance Kamii: *Les jeunes enfants réinventent l'arithmétique*. Préface de B. Inhelder. 171 p., 1990, 1994.
- Helga Kilcher-Hagedorn, Christine Othenin-Girard, Geneviève de Weck: *Le savoir grammatical des élèves. Recherches et réflexions critiques*. Préface de J.-P. Bronckart. 241 p., 1986.
- Georges Leresche (†): *Calcul des probabilités*. (Epuisé)
- Even Loarer, Daniel Chartier, Michel Huteau, Jacques Lautrey: *Peut-on éduquer l'intelligence? L'évaluation d'une méthode d'éducation cognitive*. 232 p., 1995.
- Georges Lüdi, Bernard Py: *Etre bilingue*. 3ᵉ édition. XII, 203 p., 2003.
- Pierre Marc: *Autour de la notion pédagogique d'attente*. 235 p., 1983, 1991, 1995.
- Jean-Louis Martinand: *Connaître et transformer la matière*. Préface de G. Delacôte. (Epuisé)
- Marinette Matthey: *Apprentissage d'une langue et interaction verbale*. XII, 247 p., 1996, 2003.
- Paul Mengal: *Statistique descriptive appliquée aux sciences humaines*. VII, 107 p., 1979, 1984, 1991, 1994, 1999 (5ᵉ + 6ᵉ), 2004.
- Henri Moniot (éd.): *Enseigner l'histoire. Des manuels à la mémoire*. (Epuisé)
- Cléopâtre Montandon, Philippe Perrenoud: *Entre parents et enseignants: un dialogue impossible?* Nouvelle édition, revue et augmentée. 216 p., 1994.
- Christiane Moro, Bernard Schneuwly, Michel Brossard (éds): *Outils et signes. Perspectives actuelles de la théorie de Vygotski*. 221 p., 1997.
- Gabriel Mugny (éd.): *Psychologie sociale du développement cognitif*. Préface de M. Gilly. (Epuisé)
- Sara Pain: *Les difficultés d'apprentissage. Diagnostic et traitement*. 125 p., 1981, 1985, 1992.
- Sara Pain: *La fonction de l'ignorance*. (Epuisé)
- Christiane Perregaux: *Les enfants à deux voix. Des effets du bilinguisme successif sur l'apprentissage de la lecture*. 399 p., 1994.
- Jean-François Perret: *Comprendre l'écriture des nombres*. 293 p., 1985.
- Anne-Nelly Perret-Clermont: *La construction de l'intelligence dans l'interaction sociale*. Edition revue et augmentée avec la collaboration de Michèle Grossen, Michel Nicolet et Maria-Luisa Schubauer-Leoni. 305 p., 1979, 1981, 1986, 1996, 2000.
- Edo Poglia, Anne-Nelly Perret-Clermont, Armin Gretler, Pierre Dasen (éds): *Pluralité culturelle et éducation en Suisse. Etre migrant*. 476 p., 1995.
- Jean Portugais: *Didactique des mathématiques et formation des enseignants*. 340 p., 1995.
- Yves Reuter (éd.): *Les interactions lecture-écriture*. Actes du colloque organisé par THÉODILE-CREL (Lille III, 1993). XII, 404 p., 1994, 1998.
- Philippe R. Richard: *Raisonnement et stratégies de preuve dans l'enseignement des mathématiques*. XII, 324 p., 2004.

- Guy Rumelhard: *La génétique et ses représentations dans l'enseignement.* Préface de A. Jacquard. 169 p., 1986.
- El Hadi Saada: *Les langues et l'école. Bilinguisme inégal dans l'école algérienne.* Préface de J.-P. Bronckart. 257 p., 1983.
- Gérard Vergnaud: *L'enfant, la mathématique et la réalité. Problèmes de l'enseignement des mathématiques à l'école élémentaire.* V, 218 p., 1981, 1983, 1985, 1991, 1994.
- Jacques Weiss (éd.): *A la recherche d'une pédagogie de la lecture.* (Epuisé)